国家中等职业教育改革发展示范学校重点建设专业规划教

车削项目实训

CHEXIAO XIANGMU SHIXUN

金 忠 主编

江苏大学出版社
JIANGSU UNIVERSITY PRESS

镇 江

图书在版编目(CIP)数据

车削项目实训/金忠主编.—镇江：江苏大学出
版社,2014.1(2018.6 重印)
ISBN 978-7-81130-639-2

Ⅰ.①车… Ⅱ.①金… Ⅲ.①车削—中等专业学校—
教材 Ⅳ.①TG51

中国版本图书馆 CIP 数据核字(2014)第 016461 号

车削项目实训

主　　编/金　　忠
责任编辑/汪再非
出版发行/江苏大学出版社
地　　址/江苏省镇江市梦溪园巷 30 号(邮编：212003)
电　　话/0511-84446464(传真)
网　　址/http://press.ujs.edu.cn
排　　版/镇江文苑制版印刷有限责任公司
印　　刷/镇江文苑制版印刷有限责任公司
开　　本/787 mm×1 092 mm　1/16
印　　张/18.75
字　　数/433 千字
版　　次/2014 年 1 月第 1 版　2018 年 6 月第 2 次印刷
书　　号/ISBN 978-7-81130-639-2
定　　价/48.00 元

如有印装质量问题请与本社营销部联系(电话：0511-84440882)

前　　言

　　本书是江苏省交通高级技工学校建设"国家中等职业教育改革发展示范学校"项目的规划教材,全书以国家职业标准《车床操作工》(中级)规定的理论知识和技能要求为教学目标,以企业岗位对职业技术工人的综合素质要求为导向,采用了"项目引领、任务驱动"编写框架,在内容组织上强化图文对照对知识技能讲解的直观作用,使得本书更具有针对性和可读性。

　　本书的编写突出了以下特点。

　　1. 定位准确。

　　本书将中级车床操作工的国家职业标准的规定要求作为教学目标,依据《车床操作工》(中级)要求的理论知识点和技能训练点来设计书中的教学项目,按照"理论够用、技能实用"的原则,通过项目实训,对理论知识进行阐述,对操作技能加以培训,对实践经验进行总结和积累。

　　2. 理念先进。

　　本书编写以企业岗位对中等职业教育综合素质培养的要求为导向,书中的每个加工任务实例均以生产车间常见的工艺卡片的形式编写,让学生在学习过程中获得实际企业生产过程的真实体验,缩短了教学与生产环节之间的距离,将实训课程的教与学落实到实处。同时,对书中实训检测与评价环节进行了改进,增加了学生自评环节,改变了教学评价的单一模式,提高学生的自主意识。

　　3. 形式新颖。

　　本书以"项目引领、任务驱动"为编写方式,每个教学项目开宗明义地点明该项目教学要求,并用两到三个任务将教学内容渐进展开,在理论知识的阐述上体现"必需、够用"的原则,在直白简明的语言描述中对照运用了大量的图例,将每个工步的操作技巧分解并进行图文"直播",使得学生易懂易学。

　　4. 风格清新。

　　书中以小贴士的形式增设了"提示"、"想一想"、"加油站"等内容,用通俗易懂的文字和图片,对一些操作的技巧、可能存在的问题、需要补充的内容作了深入浅出的剖解,让学习不再枯燥,提高学生的学习兴趣。

　　本书既可以作为中、高职机电类学校的车床操作培训教材,也可以作为从事车床操作人员的参考资料。本书由江苏省交通高级技工学校金忠老师担任主编,董金梁和高娟老师共同承担了理论和实践部分内容的编写工作,中船动力有限公司王永隆高级技师承担了本书的主审工作。由于编者水平有限,难免有疏漏和谬误之处,恳请读者批评指正。

Contents

目　录

项目一

外阶台的加工

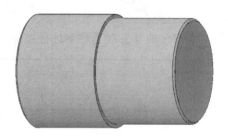

阶台轴三维图

　　本项目围绕阶台轴的加工和配套刀具的刃磨，通过实施两个任务，讲解阶台轴的加工方法和工艺知识，以及刀具的几何参数及刃磨方法。

任务一　加工外阶台

◎ **知识目标**：掌握阶台轴的技术要求。

◎ **技能目标**：掌握外圆、端面的车削方法；掌握精车阶台轴的尺寸控制技巧。

◎ **素养目标**：锻炼学生的动手能力，培养其分析问题、解决问题的能力。

任务描述

本部分的任务就是将毛坯件按照图样要求（如图 1.1 所示）加工出成品零件。

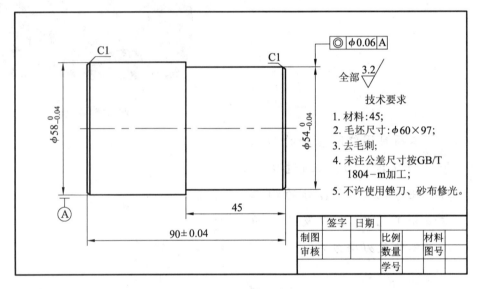

图 1.1　阶台轴零件图

任务分析

外阶台的车削，可以分解为外圆、端面和倒角的车削，掌握各项基本操作方法和尺寸控制技巧，是车工必备的基本功之一。

1. 图样分析

本任务的加工内容就是外圆、端面和倒角的车削。它的技术要求主要有：

① 尺寸精度：外圆直径 $\phi 58_{-0.04}^{0}$ mm，$\phi 54_{-0.04}^{0}$ mm 和阶台长度 45 mm，总长 90 ± 0.04 mm。

② 位置精度:同轴度 ◎ $\phi 0.06$ A ,即小圆与大圆(基准圆 A)的同轴度误差不大于 $\phi 0.06$ mm。

③ 表面粗糙度: $Ra 3.2~\mu m$ 。

2. 加工路线描述

① 装夹右端→车左端面及大外圆→倒角;

② 调头→车右端面(保证总长)→粗、精车小圆→倒角。

3. 工艺分析

加工外阶台的工序卡见表1.1,刀具选择见表1.2。

表1.1　加工外阶台工序卡

工厂名称		产品型号		零(部)件型号			第 页	
		产品名称		零(部)件名称			共 页	
材料牌号	45	毛坯种类	棒料	毛坯尺寸	$\phi 60$ mm×97 mm	备注		

工序名称	工步	工步内容	切削用量			设备名称及型号	工艺装备名称及型号			工时	
			主轴转速/(r/min)	进给量/(mm/r)	背吃刀量/mm		夹具	刀具	量具	单件	终准
锯		锯割下料				锯床 GZT－180		带锯	钢直尺	2 min	
车一		三爪自定心卡盘装夹工件右端,使伸出长度大于50 mm(可取55 mm)				CA6140A	三爪卡盘		钢直尺		
	1	车端面,车平即可	800	0.05~0.20	0.1~1.0	CA6140A	三爪卡盘	45°车刀			
	2	粗、精车直径为 $\phi 58_{-0.04}^{0}$ mm 的外圆至公差要求	500,1 250	0.05~0.20	0.1~3.0	CA6140A	三爪卡盘	90°车刀	游标卡尺、外径千分尺		
	3	倒角 $C1$ mm,去毛刺	800			CA6140A	三爪卡盘	45°车刀			
车二		调头垫铜皮装夹 $\phi 58_{-0.04}^{0}$ mm 外圆,找正外圆后夹紧				CA6140A	三爪卡盘		百分表及磁力表座		
	1	粗、精车端面,保证总长至公差要求	800	0.05~0.20	0.1~1.0	CA6140A	三爪卡盘	45°车刀	钢直尺、游标卡尺		

续表

工序	工步	工步内容	切削用量			设备名称及型号	工艺装备名称及型号			工时	
			主轴转速/(r/min)	进给量/(mm/r)	背吃刀量/mm		夹具	刀具	量具	单件	终准
	2	粗、精车直径为$\phi 54_{-0.04}^{0}$ mm 的外圆至公差要求	500,1 250	0.05～0.20	0.1～3.0	CA6140A	三爪卡盘	90°车刀	游标卡尺、外径千分尺		
	3	倒角 C1 mm,去毛刺 C0.5 mm	800			CA6140A	三爪卡盘	45°车刀			
	4	检测、下车									
保养		打扫卫生,保养机床									
							编制/日期		审核/日期	会签/日期	
标记	标记	更改文件号	签字	日期	标记	标记	更改文件号	签字		日期	

表 1.2 车外阶台刀具卡片

零件型号			零件名称	阶台轴	产品型号			共 页	第 页
工步号	刀号	刀具名称	刀具规格	数量	刀具			备注 1	备注 2
					直径/mm	长度/mm			
	T01	45°车刀	YT15	1					
	T02	90°粗车刀	YT15	1					
	T03	90°精车刀	YT15	1					
标记	标记	更改文件号	签字	编制/日期		审核/日期		会签/日期	

任务实施

1. 准备工作

任务实施前的各项准备见表1.3。

表 1.3 车外阶台的准备事项

准备项目	准备内容
材料	45 钢,尺寸为 $\phi 60$ mm×97 mm 的棒料
设备	CA6140A 车床(三爪自定心卡盘)

刀具	45°车刀及90°车刀(如图1.2所示) 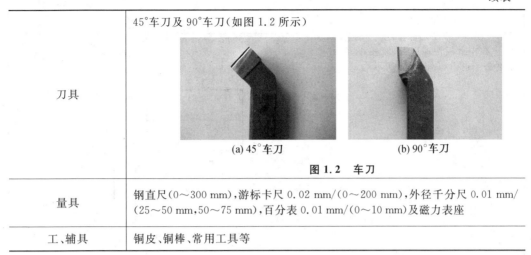 (a)45°车刀 (b)90°车刀 图1.2 车刀
量具	钢直尺(0~300 mm),游标卡尺0.02 mm/(0~200 mm),外径千分尺0.01 mm/(25~50 mm,50~75 mm),百分表0.01 mm/(0~10 mm)及磁力表座
工、辅具	铜皮、铜棒、常用工具等

2. 操作步骤

车削工序一 三爪自定心卡盘装夹工件右端,使伸出长度大于50 mm(可取55 mm),各工步内容见表1.4。

表1.4 车削工序一的工步内容

工步内容	图 示
1. 车端面。 第一步:端面对刀 ① 开车,移动床鞍和中滑板,使车刀距离工件端面3~5 mm(如图1.3所示)。	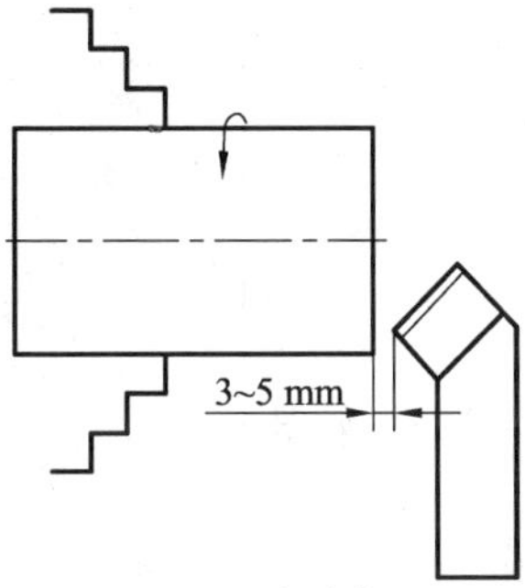 3~5 mm 图1.3 移动车刀
② 缓慢摇动小滑板,使刀尖轻微接触工件端面(如图1.4所示)。 👁 提示 眼睛要观察刀尖的位置,并时刻注意安全。	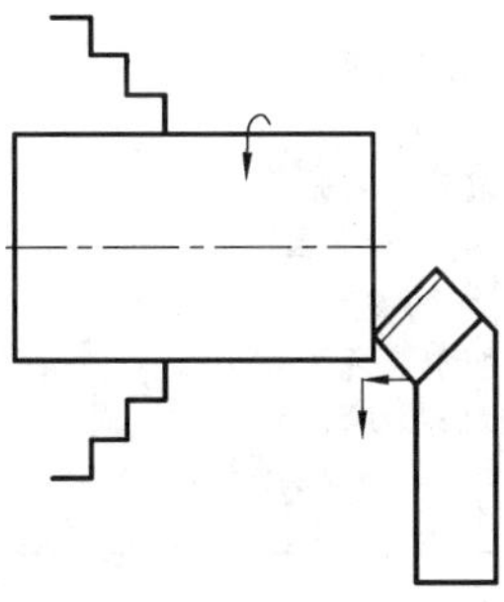 图1.4 刀尖轻触端面

工步内容	图　示
③中滑板快速退刀,床鞍和小滑板不退刀(如图1.5所示)。	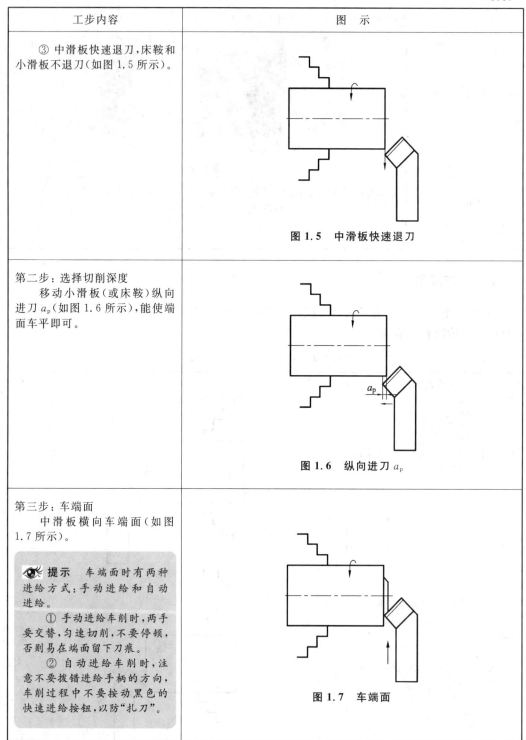图1.5　中滑板快速退刀
第二步:选择切削深度 移动小滑板(或床鞍)纵向进刀a_p(如图1.6所示),能使端面车平即可。	图1.6　纵向进刀a_p
第三步:车端面 中滑板横向车端面(如图1.7所示)。 提示　车端面时有两种进给方式:手动进给和自动进给。 ①手动进给车削时,两手要交替,匀速切削,不要停顿,否则易在端面留下刀痕。 ②自动进给车削时,注意不要拨错进给手柄的方向,车削过程中不要按动黑色的快速进给按钮,以防"扎刀"。	图1.7　车端面

续表

工步内容	图　示
第四步：退刀 退刀有两种方式。 方式一：纵向退刀（如图 1.8 所示）。如果端面已车平，则车至中心后，纵向快速退刀，完成端面车削。 🔍 **提示**　自动进给换手动：当快车至中心时，停止自动进给，改用手动进给并小心车至中心，纵向快速退刀。手动进给车至中心附近时，进给速度要慢，并注意观察刀尖情况，否则容易使刀尖"崩刃"。	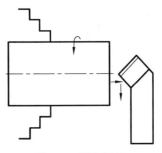 图 1.8　纵向退刀
方式二：横向退刀（如图 1.9 所示）。如果端面未车平，则车至中心后，摇动中滑板横向快速退刀（纵向不变），继续重复车削端面。 🖐 **想一想**　什么情况下会采用纵向退刀？什么情况下又会采用横向退刀？有哪些注意事项？为什么？	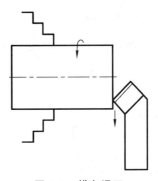 图 1.9　横向退刀
2. 粗、精车直径为 $\phi 58_{-0.04}^{\ 0}$ mm 的外圆至公差要求。 🔍 **提示**　粗车时留外圆精车余量 0.3～0.6 mm，长度方向精车余量 0.1 mm；精车时将外圆车至公差要求，并车平阶台面。 **第一步：端面对刀，选择长度基准（如图 1.10 所示）。** ① 开车，移动刀架，转动小滑板手柄，使 90° 车刀刀尖轻触刚车平的端面（尽量不要刻出线痕）； ② 横向快速退刀，纵向不变，只将大滑板的刻度盘调零。 🔍 **提示**　注意刻度盘调零时消除机械间隙；刻度盘调零时，只动刻度盘，不要变动床鞍的纵向位置。	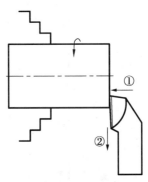 图 1.10　端面对刀

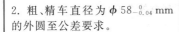

续表

工步内容	图　示

第二步：外圆对刀

　　① 移动滑板使刀尖靠近工件外圆表面3～5 mm（如图1.11所示）。

　　② 使刀尖轻轻接触外圆表面（如图1.12所示）。

　　③ 向右快速退刀（横向不变，如图1.13所示）。

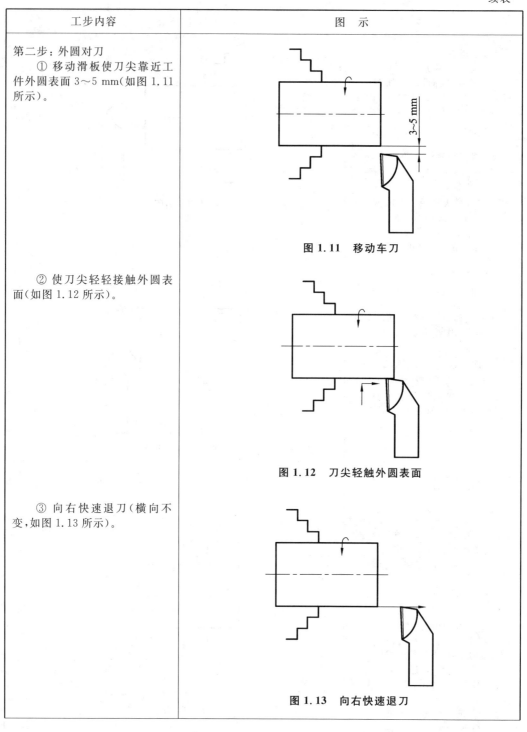

图1.11　移动车刀

图1.12　刀尖轻触外圆表面

图1.13　向右快速退刀

工步内容	图　示
第三步：试切削 ① 按要求用中滑板横向进刀试切削深度 a_{p1}，以车削后能测量外圆为准，不宜大（如图1.14 所示）。 ② 车刀在外圆上纵向试切 1～3 mm（如图1.15 所示）。 ③ 向右快速退刀（横向不变，如图1.16 所示），停车，测量外径。 提示　注意要先退刀，再停车，否则容易使刀尖"崩刀"。	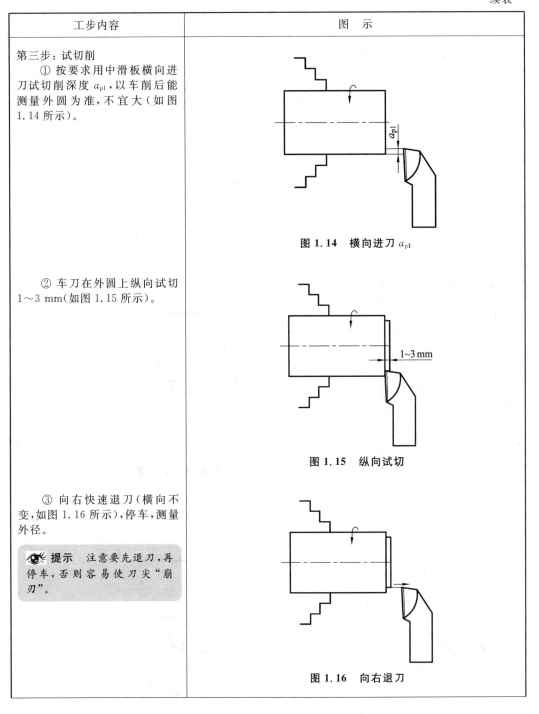 图 1.14　横向进刀 a_{p1} 图 1.15　纵向试切 图 1.16　向右退刀

工步内容	图示
④ 调整切削深度 a_{p2}（如图1.17所示）。	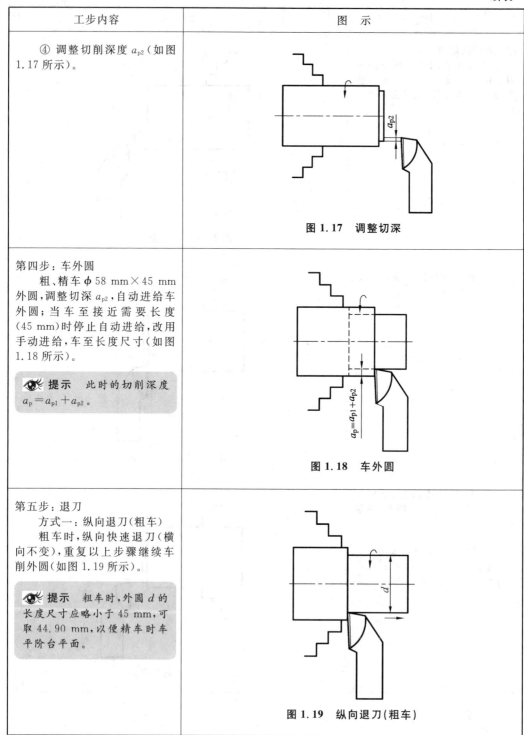 图 1.17　调整切深
第四步：车外圆 　粗、精车 $\phi58\ \mathrm{mm}\times45\ \mathrm{mm}$ 外圆，调整切深 a_{p2}，自动进给车外圆；当车至接近需要长度（45 mm）时停止自动进给，改用手动进给，车至长度尺寸（如图1.18所示）。 👁 提示　此时的切削深度 $a_p=a_{p1}+a_{p2}$。	图 1.18　车外圆
第五步：退刀 　方式一：纵向退刀（粗车） 　粗车时，纵向快速退刀（横向不变），重复以上步骤继续车削外圆（如图1.19所示）。 👁 提示　粗车时，外圆 d 的长度尺寸应略小于 45 mm，可取 44.90 mm，以便精车时车平阶台平面。	图 1.19　纵向退刀（粗车）

续表

工步内容	图　示
方式二：横向退刀（精车） 　　最后一刀精车时，车至长度尺寸等于 45 mm，横向匀速缓慢从里向外车平阶台处端面，完成外圆车削（如图 1.20 所示）。 👁 **提示**　横向退刀后，纵向先保持不变，停车测量台阶长度。如果长度短于 45 mm，可用小滑板纵向微进后，摇动中滑板车削至原外圆处，从而兼顾外圆和长度尺寸。	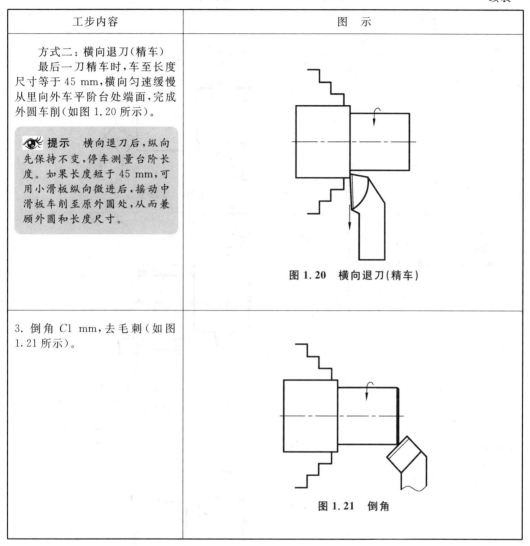 图 1.20　横向退刀（精车）
3. 倒角 C1 mm，去毛刺（如图 1.21 所示）。	图 1.21　倒角

　　车削工序二　调头，垫铜皮装夹 $\phi 58_{-0.04}^{0}$ mm 外圆，找正后夹紧（如图 1.22 所示）。各工步操作内容见表 1.5。

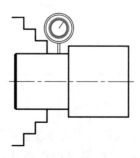

图 1.22　调头找正

表 1.5   车削工序二的工步内容

工步内容	图 示
1. 粗、精车端面。 保证总长至公差要求（90±0.04 mm）（如图 1.23 所示）。	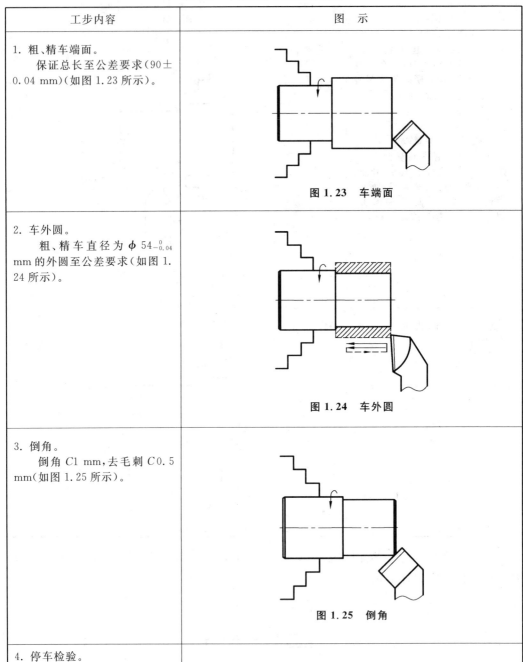 图 1.23 车端面
2. 车外圆。 粗、精车直径为 $\phi 54_{-0.04}^{0}$ mm 的外圆至公差要求（如图 1.24 所示）。	图 1.24 车外圆
3. 倒角。 倒角 $C1$ mm，去毛刺 $C0.5$ mm（如图 1.25 所示）。	图 1.25 倒角
4. 停车检验。	

3. 注意事项

① 车削前要根据阶台长度，提前算出床鞍刻度盘要进给的刻度格数。

② 装夹车刀车端面时，刀尖必须严格对准中心线，外圆车刀刀尖可以对准或稍高一些。

③ 车削端面时,注意观察刀尖位置,快车至工件旋转中心时,最好换为手动进给缓慢车削,并且不要车过中心,否则容易"崩刃"。

④ 车削外圆时,注意观察床鞍刻度盘快到示数时将自动进给转换为手动进给车削。

4. 检测评价

(1) 外径的测量

① 游标卡尺测量外径:轻微滑动主尺和游标尺,使正爪与被测外圆素线垂直,保证正爪在垂直于工件轴线的横截面内。为了防止测量读数变动,最好在工件上读取示数(如图 1.26 所示),或者锁紧紧固螺钉后再读数。

② 外径千分尺测量外径:用手拧动测力装置,使千分尺的测砧面与被测外圆素线垂直,旋动测力装置

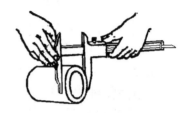

图 1.26 用游标卡尺测外径

使测砧面与被测面均匀贴合(如图 1.27a 所示)。为了防止测量读数变动,可以先把锁紧装置锁紧后,再进行读数。

> 👁 **提示** 测量时,要拧动测力装置,不要直接旋转旋钮,以免破坏千分尺内部结构,影响测量精度。

要注意避免错误操作,比如:为快一点得出读数,握着微分筒来回转动测量(如图 1.27b 所示),这样会破坏千分尺的内部结构;用千分尺测量旋转的工件(如图 1.27c 所示),这很容易使千分尺磨损,测量不准,而且很危险。

  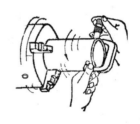

(a) 正确操作   (b) 错误操作一   (c) 错误操作二

图 1.27 外径千分尺的使用方法

(2) 长度的测量

① 用游标卡尺测量外圆长度(如图 1.28 所示)。

② 测量阶台长度可以用游标卡尺的深度尺测量,也可用深度游标卡尺测量阶台长度(如图 1.29 所示)。

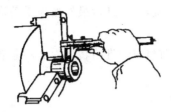

图 1.28　用游标卡尺测量外圆长度

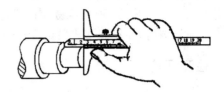

图 1.29　用深度游标卡尺测量阶台长度

（3）测量过程中的注意事项

① 使用游标卡尺测量时,测量平面要垂直于工件中心线,不许敲打卡尺或拿游标卡尺清除切屑。

② 工件转动时禁止测量。

③ 可以使用千分尺和游标卡尺配合测量,即:卡尺测量粗略数,千分尺测量精确数。

④ 用千分尺测量时,左右移动找最小尺寸,前后移动找最大尺寸,当测量头接触工件时应旋转棘轮测力装置,以免造成测量误差。

⑤ 用游标卡尺、千分尺前须校对"零"位,用后应擦净涂油放入盒内。

⑥ 不要把卡尺、千分尺与其他工具、刀具混放,更不要把卡尺、千分尺当卡规使用,以免降低精度。

⑦ 千分尺不允许测量粗糙表面。

按照图样要求,逐项检测质量,并参照表1.6评价及反馈。

表 1.6　质量检测评分反馈表

零件:				姓名:		成绩:		
项目	序号	考核内容和要求	配分	评分标准	学生自测		教师评测	
					自测	得分	检测	得分
外圆	1	$\phi 58_{-0.04}^{0}$ mm	15	每超差 0.01 mm 扣 2 分;超差 0.03 mm 以上不得分				
	2	$\phi 54_{-0.04}^{0}$ mm	15					
长度	3	45 mm	10	超差不得分				
	4	95±0.10 mm	15	超差不得分				
其他	5	C1 mm(2 处)	2×5	超差不得分				
	6	C0.5 mm	5	超差不得分				
	7	◎ $\phi 0.06$ A	10	超差不得分				
	8	Ra3.2 μm	10	超差不得分				
安全文明生产	9	无违章操作	10	否则扣 5~10 分				
	10	无撞刀及其他事故		否则扣 5~10 分				
	11	机床清洁保养		否则扣 5~10 分				

续表

需改进的地方			
教师评语			
学生签名		小组长签名	
日期		教师签名	

5. 废品原因与预防措施

车阶台轴时产生废品的原因与预防措施见表1.7。

表1.7　阶台轴车削废品原因及预防措施

废品表现	产生原因	预防措施
外圆产生锥度	小滑板导轨与床身导轨不平行车削	调整分度盘使小滑板平行于床身导轨
	切削时车刀磨损严重	及时修磨刀具或更换锋利刀具
	横向进给时未消除空行程	消除机械间隙
工件表面痕迹粗细不一	手动进给不均匀	双手匀速进给
	刀具磨损	修磨刀具或更换锋利车刀
端面产生凹形或凸形	用右偏刀由外至里车削时,床鞍没锁紧,车刀扎入工件产生凹面	车削较大端面时,务必锁紧床鞍紧固螺钉;可以采用由里至外的车削方法
	车刀不锋利,车至中心时线速度降低,车削时出现"让刀"现象,产生凸面	保持刀刃锋利;适当调紧中、小滑板镶条;压紧车刀,锁紧刀架;适当提高转速
阶台不垂直	较低阶台因为车刀装夹,主偏角小于90°而无法车垂直阶台面	装刀时必须使主切削刃垂直于工件轴线或主偏角大于等于90°,车削平面时由里至外车削
	较高阶台的原因同端面产生凹形或凸形的原因	与端面产生凹形或凸形时的预防措施相同
阶台的长度不正确	粗心大意,没有按照图样要求车削,没有正确测量	树立认真意识,看清尺寸,细心操作,仔细测量
	自动进给没来得及换手动进给,致使阶台长度车过	在自动进给车至近阶台处时,迅速或提前以手动代替自动进给
毛坯表面没完全车出	加工余量不够	粗车前测量毛坯必须有足够余量;粗加工后要留适当精加工余量
	工件装夹歪斜	装夹工件必须找正外圆和端面;掉头装夹,特别是精加工时必须找正工件

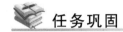

任务巩固

试编制图1.30所示图样的加工工艺,并实际操作检验工艺的可行性。

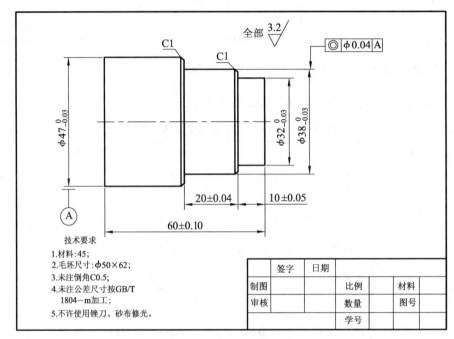

全部 $\frac{3.2}{\bigtriangledown}$ ◎ $\phi 0.04$ A

C1   C1

$\phi 47_{-0.03}^{0}$

$\phi 32_{-0.03}^{0}$ $\phi 38_{-0.03}^{0}$

20 ± 0.04 10 ± 0.05

60 ± 0.10

A

技术要求

1.材料:45;
2.毛坯尺寸:$\phi 50\times62$;
3.未注倒角C0.5;
4.未注公差尺寸按GB/T
  1804—m加工;
5.不许使用锉刀、砂布修光。

	签字	日期			
制图			比例		材料
审核			数量		图号
			学号		

(a)外阶台零件图样

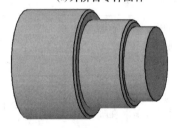

(b) 外阶台三维图

图1.30　外阶台

1. 参考加工步骤

车削工序一　用三爪卡盘装夹工件,伸出长度大于30 mm。

① 车端面,车平即可;

② 粗车$\phi 47_{-0.03}^{0}$ mm外圆至$\phi 47.5$ mm,长度大于30 mm(取32 mm);

③ 精车$\phi 47_{-0.03}^{0}$ mm外圆至公差要求,控制长度尺寸30 mm;

④ 倒角C0.5 mm。

车削工序二　调头装夹$\phi 47_{-0.03}^{0}$ mm外圆,装夹长度20 mm左右,找正后夹紧。

① 车端面,控制总长;

② 粗车 $\phi 38_{-0.03}^{0}$ mm 外圆至 $\phi 38.5$ mm,控制长度 29.8 mm;

③ 粗车 $\phi 32_{-0.03}^{0}$ mm 外圆至 $\phi 32.5$ mm,控制长度 9.8 mm;

④ 精车 $\phi 38_{-0.03}^{0}$ mm 外圆和长度尺寸至公差要求;

⑤ 精车 $\phi 32_{-0.03}^{0}$ mm 外圆和长度尺寸至公差要求;

⑥ 倒角 C1 mm,C0.5 mm;

⑦ 检查下车。

2. 评价反馈

按照图样要求,逐项检测质量,并参照表 1.8 评价及反馈。

表 1.8　质量检测评分反馈表

零件：				姓名：		成绩：			
项目	序号	考核内容和要求	配分	评分标准		学生自测		教师评测	
						自测	得分	检测	得分
外圆	1	$\phi 47_{-0.03}^{0}$ mm	15	每超差0.01 mm 扣 2 分；超差 0.03 mm 以上不得分					
	2	$\phi 38_{-0.03}^{0}$ mm	15						
	3	$\phi 32_{-0.03}^{0}$ mm	15						
长度	4	10 ± 0.05 mm	6	不合格不得分					
	5	20 ± 0.04 mm	8	不合格不得分					
	6	60 ± 0.10 mm	6	不合格不得分					
其他	7	C1 mm(2 处)	2×3	不合格不得分					
	8	C0.5 mm(2 处)	2×3	不合格不得分					
	9	◎ $\phi 0.04$ A	3	不合格不得分					
	10	Ra3.2 μm	10	不合格不得分					
安全文明生产	11	无违章操作	10	否则扣5～10 分					
	12	无撞刀及其他事故		否则扣5～10 分					
	13	机床清洁保养		否则扣5～10 分					
需改进的地方									
教师评语									
学生签名				小组长签名					
日期				教师签名					

知识拓展

1. 消除机械间隙

在车削工件时,为了正确和迅速地控制阶台长度、切削深度等尺寸,通常利用床鞍(大滑板)、中滑板和小滑板的刻度盘,将距离换算成应转过的刻度格数。

使用刻度盘时,由于螺杆和螺母之间配合往往存在间隙,因此会产生空行程(即刻度盘转动而滑板未移动)。所以使用刻度盘进给超过格数时,必须向相反方向退回全部空行程,然后再转至需要的格数,而不能直接退回至需要的格数。

> **例 1.1**　现在要求中滑板转至目标刻度"30",但不小心转过了(如图 1.31a 所示),可以直接退至"30"吗(如图 1.31b 所示)?
>
> **答:**不可以。应向相反方向退出全部空行程后,再单方向转至所需格数,如图 1.31c 所示。
>
>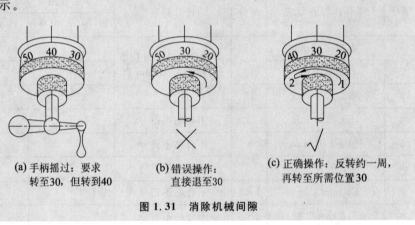
>
> (a)手柄摇过:要求　　(b)错误操作:　　　(c)正确操作:反转约一周,
> 转至30,但转到40　　　直接退至30　　　　再转至所需位置30
>
> **图 1.31　消除机械间隙**

2. 阶台长度的尺寸控制

尺寸控制的关键是找出正确的测量基准,避免产生累积误差(特别是多阶台轴)而造成废品。

(1)粗、精车时阶台长度尺寸的控制

粗车时的阶台长度除第一级阶台略短些外(留够精车余量),其余各级可车至目标长度。

精车阶台时,通常在自动进给精车外圆至近阶台处时,以手动进给代替自动进给,车至阶台长度处的平面,然后变纵向进给为横向进给,匀速摇动中滑板由里向外车平阶台平面,以保证阶台平面与轴心线的垂直度要求。停车测量,如果长度尺寸不够,可利用小滑板纵向进刀后,中滑板由外向里车至阶台底。

(2)阶台长度尺寸的几种控制方法

方法一:刻线法。

先用钢直尺或样板量出阶台的位置,用刀尖在工件表面轻轻地刻出细线痕作为参考,然后车削,如图 1.32 所示。

方法二:刻度盘控制法。

车削外圆时,阶台长度从床鞍刻度盘的"0"刻度开始算起,车至计算的刻度数为止。具体操作如下:

① 端面对刀;

② 将床鞍刻度盘调到"0"刻度(注意单方向进给消除机械间隙);

图 1.32 刻线法控制阶台长度

③ 试切法车外圆;

④ 快要车到目标刻度数时,纵向自动进给换为手动进给;

⑤ 车到阶台处时,纵向进给转为横向进给,从中心向外车平阶台平面;

⑥ 停车,测量。

3. 切削用量的选择

在车削加工时,选择合理的切削用量可以提高劳动生产率,延长车刀的使用寿命,保证加工质量,降低生产成本,有着重要的实践意义。

（1）切削速度

切削速度 v_c 是指在进行切削时,刀具切削刃上选定的某一点(如刀尖)相对于待加工表面在主运动方向上的瞬时线速度(单位为 m/min)。车削时的切削速度可以理解为车刀 1 min 内车削工件表面的理论展开直线长度,如图 1.33 所示。

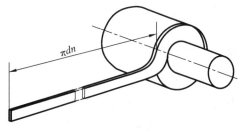
图 1.33 切削速度示意图

切削速度的计算公式为

$$v_c = \frac{\pi d n}{1\,000},$$

式中:

d——切削刃上选定点所对应的工件直径,mm;

n——车床的主轴转速,r/min。

车削端面时,切削速度随着车削靠近中心而减小,但是计算时仍按照工件的最大直径处计算。车削外圆时,切削速度的计算也按照工件最大直径处计算。

例 1.2 车削直径 $d = 50$ mm 工件外圆,选用硬质合金车刀,当车床主轴转速为 570 r/min 时,求切削速度 v_c。

答: $$v_c = \frac{\pi d n}{1\,000} = \frac{3.14 \times 50 \times 570}{1\,000} = 89.49 \ (\text{m/min})。$$

在实际生产中,往往已知工件的直径和材料,可根据刀具材料的性质和加工要求等因素选定切削速度,再换算成对应的主轴转速。

例1.3 车削直径 $d=50$ mm 工件外圆,选用硬质合金车刀,查表选定切削速度 $v_c=80$ m/min,求车床主轴转速 n。

答: 根据公式 $v_c=\dfrac{\pi d n}{1\,000}$,得

$$n=\frac{1\,000 v_c}{\pi d}=\frac{1\,000\times80}{3.14\times50}=510\ (\text{r/min})。$$

👁 **提示** 调整主轴转速时,应取最接近于计算转速的较小值。

在实际车削时,切削速度可以参照表1.9选择。

表1.9　切削速度及进给量的选择

工件材料			刀具加工参数			
材料种类	硬度 HBS	背吃刀具 a_p/mm	v_c/(m/min)		f/(mm/r)	
			高速钢	硬质合金	高速钢	硬质合金
碳素钢	低碳钢 125～225	1	43～46	140～150	0.18	0.18
		4	30～43	115～125	0.4	0.5
		8	27～30	88～100	0.5	0.75
	中碳钢 175～275	1	34～40	115～130	0.18	0.18
		4	23～30	90～100	0.4	0.5
		8	20～26	70～78	0.5	0.75
	高碳钢 175～275	1	30～37	115～130	0.18	0.18
		4	24～27	88～95	0.4	0.5
		8	18～21	69～76	0.5	0.75
铸铁	160～260	1	26～43	84～135	0.18	0.18～0.25
		4	17～27	69～110	0.4	0.4～0.5
		8	14～23	60～90	0.5	0.50～0.75

（2）进给量

进给量 f 指工件每转一周,车刀在进给方向上相对于工件的位移量(单位为 mm/r),如图1.34所示。

进给量按照进给运动方向可分为纵向进给量和横向进给量。

纵向进给量即沿车床床身导轨方向的进给量;横向进给量即沿垂直于车床床身导轨方向的进给量。

一般地,粗车时选择 $f=0.3～0.7$ mm/r,精车时选择 $f=0.05～0.30$ mm/r,具体可参照表1.9。

（3）背吃刀量 a_p

背吃刀量指工件上已加工表面和待加工表面之间的垂直距离,也就是每次进给时车刀切入工件的深度(单

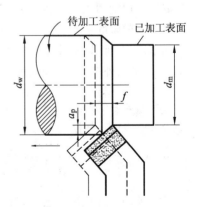

图1.34　进给量示意图

位为 mm),如图 1.34 所示。车削外圆时,切削深度 a_p 可按下式计算:

$$a_p = \frac{d_w - d_m}{2},$$

式中:

d_w——工件待加工表面的直径,mm;

d_m——工件已加工表面的直径,mm。

粗车时选择 $a_p = 2 \sim 5$ mm,精车时选择 $a_p = 0.1 \sim 1.0$ mm。

> **例 1.4**　车削直径 $d_0 = 60$ mm 棒料,一次进刀车至 $d_1 = 56$ mm,求背吃刀量 a_p。
>
> **答:**　$a_p = \dfrac{d_w - d_m}{2} = \dfrac{60 - 56}{2} = 2$ (mm)。

任务二　刃磨车刀

◎ **知识目标**:掌握 90°车刀的几何参数要求。

◎ **技能目标**:学会 90°车刀的刃磨方法;掌握 90°车刀的角度控制技巧。

◎ **素养目标**:培养分析问题、解决问题的能力,养成团队协作互助的习惯。

 任务描述

本部分的任务就是如何将毛坯刀(如图 1.35a 所示)按照图样要求(如图 1.36 所示)刃磨成符合角度的成品刀(如图 1.35b 所示),刀具材料为硬质合金。

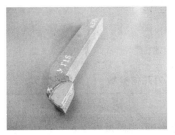　

(a) 90°毛坯刀　　　　　　　(b) 90°成品刀

图 1.35　车刀刃磨前后

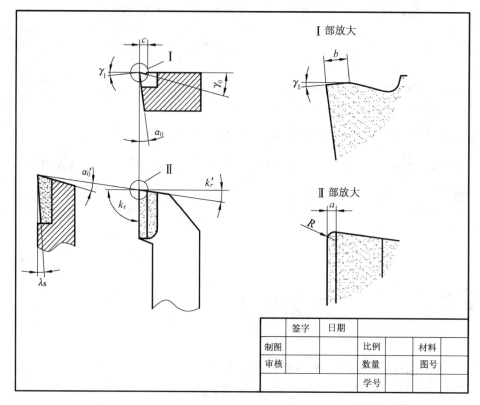

图1.36 90°车刀图样

为什么要磨刀呢？因为车削过程中,刀具磨损,致使切削效率下降、工件表面质量受影响。正确的车刀刃磨,能够保证刀刃锋利,提高车削效率,从而加工出合格的零件。

 任务分析

1. 图样分析

图样中车刀的几何参数见表1.10。

表1.10 90°车刀几何参数

名称	图样中数值	名称	图样中数值
前角 γ_0	15°	刀尖圆弧半径 R	0.3 mm
主后角 α_0	8°	断屑槽宽度 c	3 mm
副后角 α_0'	8°	*负倒棱倾斜角 γ_1	−5°
主偏角 k_r	92°	*负倒棱宽度 b	0.2 mm
副偏角 k_r'	8°	*主切削刃宽度 a	$a \approx b = 0.2$ mm
刃倾角 λ_s	2°		

2. 加工路线描述

① 粗磨主后面、副后面；

② 粗精磨前面、断屑槽；

③ 精磨主后面、副后面；

④ 刃磨刀尖过渡刃、负倒棱倾斜角。

3. 工艺分析

90°车刀的主要几何参数选择原则如下：

① 要根据加工材料、车削要求选择前角，如车削45钢材料可取较大前角 $\gamma_0 = 15° \sim 25°$，以减小车削时工件的径向受力，不容易把工件表面挤伤或顶弯。

② 取主后角等于副后角 $\alpha_0 = \alpha_0' = 6° \sim 8°$，主偏角 $k_r = 90° \sim 93°$，副偏角 $k_r' = 6° \sim 8°$。

③ 刃倾角 λ_s 决定排屑方式。当 $\lambda_s > 0$ 时，切屑流向待加工表面；当 $\lambda_s < 0$ 时，切屑流向已加工表面。

▌▌▌▌ 任务实施

1. 准备工作

任务实施前的各项准备见表1.11。

表 1.11　刃磨刀具前的准备事项

准备事项	准备内容
材料	YT15硬质合金90°车刀刀坯
设备	粒度号为46♯~60♯，80♯~120♯，硬度为H~K的白色氧化铝砂轮，绿色碳化硅砂轮
刀具	YT15硬质合金90°车刀
量具	游标卡尺0.02 mm/(0~200 mm)，钢直尺(0~150 mm)，万能量角器2′/(0~320°)
工、辅具	细油石，常用工具等

👁 **提示**　粒度砂又称碳化硅砂、碳化硅分目砂，一般分为8♯~320♯，牌号越大，粒度越细，大于320♯一般称作碳化硅微粉，碳化硅粒度砂分为绿色和黑色两种，是理想的磨料，被广泛运用于磨料行业，最主要的运用是制作砂轮、切割片等。

2. 90°车刀的刃磨步骤

90°车刀的刃磨步骤见表1.12。

表 1.12　车刀刃磨步骤

操作步骤	图　示
第一步:粗磨焊渣和刀杆 　　选用粒度号为 46♯～60♯、硬度为 H～K 的白色氧化铝砂轮,磨去刀头焊渣和主、副后面的刀杆部分,使后角比所要求的角度大 2°～3°,以便刃磨刀的后角。	
第二步:粗磨主后面 　　选择粒度号为 46♯～60♯ 的绿色碳化硅砂轮,使刀尖略高于砂轮中心线,粗磨主后面,同时磨出主后角和主偏角(如图 1.37 所示)。	 图 1.37　粗磨主后面
第三步:粗磨副后面 　　粗磨副后面,同时磨出副后角和副偏角(如图 1.38 所示)。	 图 1.38　粗磨副后面
第四步:粗、精磨前面 　　先粗磨前面,然后选择粒度号为 80♯～120♯ 的绿色碳化硅砂轮,精磨前面,同时磨出前角、刃倾角(如图 1.39 所示)。	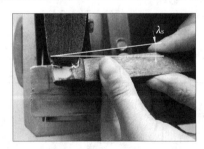 图 1.39　粗、精磨前面

操作步骤	图 示
第五步:磨断屑槽(俗称开槽) 刃磨时,从中间向两侧磨,起点位置应在前面上离主切削刃 2~3 mm 处的中间部分,先磨出一小凹槽,然后缓慢向上或向下直线移动,磨出一条细长槽,直至磨出整个断屑槽。 👁 **提示** 开槽时注意双手稳住,用力均匀,不能左右转动。开槽的两种方法如图 1.40 所示。	 (a) 开槽方法一 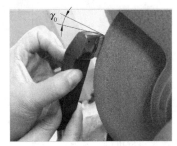 (b) 开槽方法二 **图 1.40 磨断屑槽(开槽)**
第六步:精磨主后面 同时磨出主后角和主偏角(如图 1.41 所示)。	 **图 1.41 精磨主后面**
第七步:精磨副后面 同时磨出副后角和副偏角(如图 1.42 所示)。	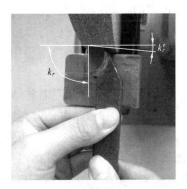 **图 1.42 精磨副后面**

续表

操作步骤	图 示
第八步:磨刀尖过渡刃 　　常见的刀尖过渡刃主要有直线形过渡刃和圆弧形过渡刃(如图1.43所示)。	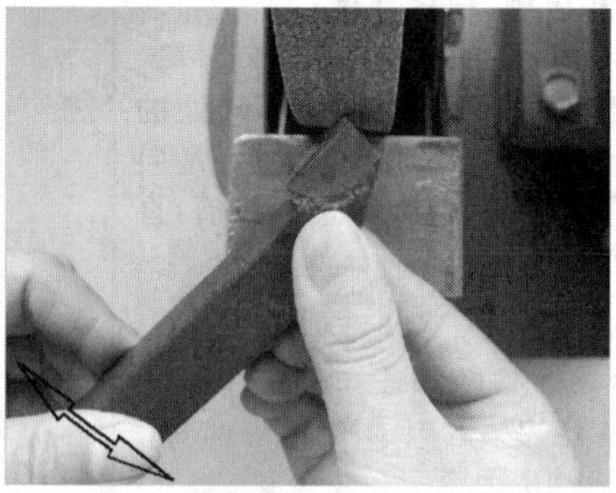 (a)刃磨刀尖过渡刃 (b)直线形过渡　(c)圆弧形过渡刃 图 1.43　刃磨刀尖过渡刃
第九步:磨负倒棱倾斜角 　　刃磨负倒棱倾斜角时,用力要轻微,从主切削刃的后端向刀尖方向刃磨(如图1.44所示)。	 图 1.44　刃磨负倒棱

3. 注意事项

① 人站立在砂轮侧面,以防砂轮碎裂时,碎片飞出伤人;

② 两手握刀的距离放开,两肘夹紧腰部,这样可以减小磨刀时的抖动;

③ 刃磨车刀时,不能用力过大,以防打滑伤手;

④ 车刀高低必须控制在砂轮水平中心,刀头略向上翘,否则会出现后角过大或负后角等缺陷;

⑤ 刃磨车刀时应作水平的左右移动,以免砂轮表面出现凹坑;

⑥ 在平砂轮上磨刀时,尽可能避免磨砂轮侧面;

⑦ 磨刀时要求戴防护镜,女生把头发梳起来,戴帽子,并把头发放到帽子里;

⑧ 刃磨硬质合金车刀时,不可把刀头部分放入水中冷却,以防刀片突然冷却而碎裂;刃磨高速钢车刀时,应及时用水冷却,以防车刀过热退火,降低硬度;

⑨ 在磨刀前,要对砂轮机的防护设施进行检查;

⑩ 结束后,应随手关闭砂轮机电源。

4．检测评价

（1）主要位置检测方法

车刀角度检测有目测法、量角器和样板测量法、万能车刀量角台测量法。

① 目测法

目视观察车刀角度是否合乎切削要求，刀刃是否锋利，表面是否有裂痕和其他不符合切削要求的缺陷。

② 量角器和样板测量法

对于角度要求高的车刀，可用此法检查，如图 1.45 所示。

③ 万能车刀量角台检测

需要精密测量车刀的角度时，可以选择万能车刀量角台测量（如图 1.46 所示），具体方法可查阅相关资料。

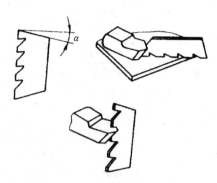

图 1.45　角度的样板检测示意图

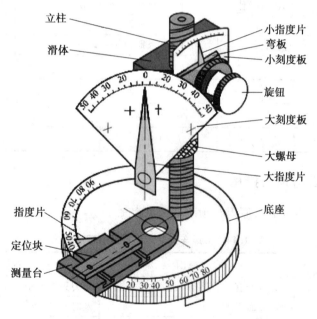

图 1.46　万能车刀量角台

（2）评价反馈

按照图样要求，逐项检测质量，并参照表 1.13 评价及反馈。

表 1.13　质量检测评分反馈表

零件：				姓名：		成绩：		
项目	序号	考核内容和要求	配分	评分标准	学生自测		教师评测	
					自测	得分	检测	得分
角度	1	前角 $\gamma_0 = 15°$	10	超差不得分				
	2	主后角 $\alpha_0 = 8°$	10	超差不得分				
	3	副后角 $\alpha_0' = 8°$	10	超差不得分				
	4	主偏角 $k_r = 92°$	10	超差不得分				
	5	副偏角 $k_r' = 8°$	10	超差不得分				
	6	刃倾角 $\lambda_s = 2°$	10	超差不得分				
	7	负倒棱倾斜角 $\gamma_1 = -5°$	10	超差不得分				
其他	8	负倒棱宽度 $b = 0.2$ mm	5	超差不得分				
	9	刀尖过渡刃 $R = 0.3$ mm	5	超差不得分				
	10	刀面平整	5	超差不得分				
	11	刃口平直	5	超差不得分				
安全文明生产	12	无违章操作	10	否则扣 5～10 分				
	13	无事故		否则扣 5～10 分				
	14	清洁保养		否则扣 5～10 分				
需改进的地方								
教师评语								
学生签名				小组长签名				
日期				教师签名				

5. 废品原因与预防措施

刃磨车刀时产生废品的原因与预防措施见表 1.14。

表 1.14　刃磨车刀的废品原因及预防措施

废品表现	产生原因	预防措施
主切削刃不直	刃磨时没有左右移动	车刀刃磨时应作水平的左右移动
	砂轮表面不平	及时修整砂轮
	磨刀时手抖动	双手握刀，保持平稳
前角不正确	刃磨时前角过小或为负值	偏转刀杆角度，刃磨前面时保证前角
	前角过大，偏转刀杆角度过大	合理控制刀杆尾部偏转角度
后角过小或为负值	刃磨时刀杆偏转过小	使刀头微微上翘一个后角
	离开砂轮时刀刃附近被磨损	刃磨后面时，使刀刃先离开砂轮
断屑槽不正确	断屑槽过宽是因为砂轮边角太钝	用金刚笔修整砂轮边角
	断屑槽过浅是因为砂轮未充分开槽或边角太钝	继续开槽或修整砂轮边角

续表

废品表现	产生原因	预防措施
刀尖过渡刃不正确	刀尖过渡刃太小是因为刃磨太少	继续刃磨
	刀尖过渡刃太大是因为砂轮选用不当或用力过大	更换细砂轮修磨过渡刃;刃磨时用力不要过大
刃倾角不正确	刃倾角过大是因为刃磨时偏角过大或用力过大	换细砂轮,偏角合理,轻微用力修整

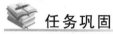 任务巩固

试刃磨图 1.47 所示的 45°车刀,并在小组内对照评分反馈表检验刃磨效果。

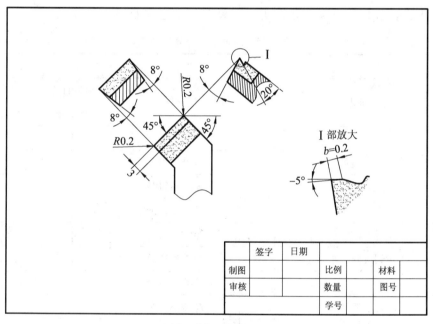

(a) 45°车刀图样

(b) 45°车刀实物图

图 1.47　45°车刀

1. 参考步骤

① 选择白色氧化铝砂轮磨去刀头部分焊渣；
② 选择绿色碳化硅砂轮,粗磨主后面,同时磨出主后角和主偏角；
③ 粗磨副后面,同时磨出副后角和副偏角；
④ 粗、精磨前面；
⑤ 磨断屑槽；
⑥ 修整砂轮,精磨各面；
⑦ 磨刀尖过渡圆弧。

2. 评价反馈

按照图样要求,逐项检测质量,并参照表1.15评价及反馈。

表 1.15　质量检测评分反馈表

零件：					姓名：		成绩：		
项目	序号	考核内容和要求	配分	评分标准	学生自测		教师评测		
					自测	得分	检测	得分	
角度	1	前角 $\gamma_0=0°$	10	超差不得分					
	2	主后角 $\alpha_0=8°$	10	超差不得分					
	3	副后角 $\alpha_0'=8°$	10	超差不得分					
	4	主偏角 $k_r=45°$	10	超差不得分					
	5	副偏角 $k_r'=45°$	10	超差不得分					
	6	负倒棱倾斜角 $\gamma_1=-5°$	10	超差不得分					
其他	7	负倒棱宽度 $b=0.2$ mm	5	超差不得分					
	8	刀尖过渡刃 $R=0.2$ mm	5	超差不得分					
	9	刀面平整	10	超差不得分					
	10	刃口平直	10	超差不得分					
安全文明生产	11	无违章操作	10	否则扣5~10分					
	12	无事故		否则扣5~10分					
	13	清洁保养		否则扣5~10分					
需改进的地方									
教师评语									
学生签名			小组长签名						
日期			教师签名						

知识拓展

——车刀的几何参数及选择

90°外圆车刀是最基本、最典型的切削刀具,其他刀具都可以看作是其衍变得到的。

(1)90°车刀的组成

90°车刀主要由刀杆和刀头组成,刀头主要由"三面、两刃、一尖"组成(如图1.48)。

① 前面:刀具上切屑流过的表面。

② 主后面:刀具上与工件过渡表面相对的表面,与主切削刃相连。

③ 副后面:刀具上与工件已加工表面相对的表面,与副切削刃相连。

④ 主切削刃:前面与主后面的交线。

⑤ 副切削刃:前面与副后面的交线。

⑥ 刀尖:主切削刃与副切削刃的交点。为了提高刀尖的强度,利于散热,常刃磨刀尖圆弧或直线过渡刃。一般高速钢车刀刀尖圆弧半径 r_n 约为 $0.1 \sim 0.2$ mm,硬质合金车刀 r_n 约为 $0.2 \sim 0.4$ mm。

(2)车刀角度的辅助平面

车刀角度的辅助平面见图1.49。

① 基面 P_r:通过切削刃上选定点,垂直于该点的切削速度的平面。基面一般平行于刀具的安装平面。

② 切削平面 P_s:通过切削刃上选定点,与切削刃相切并垂直于基面的平面。

③ 正交平面 P_o:通过切削刃上选定点,同时垂直于基面和切削平面的平面。

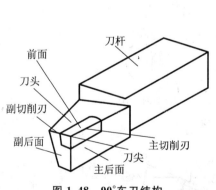

图 1.48   90°车刀结构

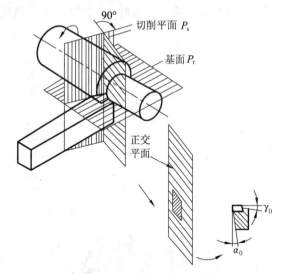

图 1.49   车刀几何角度的辅助平面

(3)车刀的角度

车刀主要有6个独立的基本角度和2个派生角度,如图1.50所示。

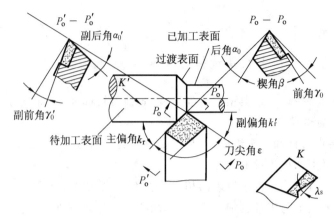

图 1.50 车刀主要角度的标注

① 6 个基本角度

a. 前角 γ_0：前面和基面之间的夹角。粗车刀取较小前角,精车刀取较大前角。车削 45 钢料可取前角 $\gamma_0 = 10° \sim 25°$,以减小车削时工件的径向受力,不容易把工件表面挤伤或顶弯。

b. 主后角 α_0：主后面与主切削平面之间的夹角。一般取 $\alpha_0 \geqslant 6° \sim 8°$。

c. 副后角 $\alpha_0{}'$：副后面与副切削平面之间的夹角。一般取 $\alpha_0{}' = \alpha_0 = 6° \sim 8°$。

d. 主偏角 k_r：主切削刃在基面上的投影与进给运动方向之间的夹角。一般取 $k_r = 90° \sim 95°$。

e. 副偏角 $k_r{}'$：副切削刃在基面上的投影与进给运动方向反方向之间的夹角。90° 车刀取 $k_r{}' = 3° \sim 8°$。

f. 刃倾角 λ_s：主切削刃与基面之间的夹角。刃倾角主要是控制排屑方向(如图 1.51 所示)。当刃倾角为负值时,可增加刀头的强度,并在车刀受冲击时保护车刀(如图 1.52 所示)。

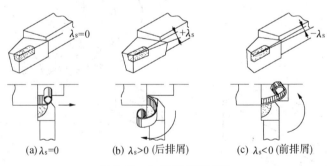

(a) $\lambda_s = 0$ (b) $\lambda_s > 0$ (后排屑)   (c) $\lambda_s < 0$ (前排屑)

图 1.51 λ_s 控制排屑方向

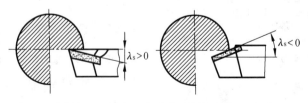

图 1.52 车刀受冲击时保护刀尖

② 两个派生角度

a. 楔角 β：在主截面内前面与主后面之间的夹角。它影响刀头的强度。

$$\beta = 90° - (\alpha_0 + \gamma_0)。$$

b. 刀尖角 ε：主切削刃和副切削刃在基面上的投影之间的夹角。它影响刀尖强度和散热性能。

$$\varepsilon = 180° - (k_r + k_r')。$$

（4）断屑槽的选择

在车塑性材料时，解决断屑是一个突出的问题。如果切屑连绵不断，成带状缠绕在工件或车刀上，将影响切削，易损坏车刀，拉毛工件表面，还可能产生事故。因此必须根据切削用量、工件材料和切削的要求，在前面上磨出形状和尺寸合理的断屑槽，以达到断屑的目的。

断屑槽的形状通常有直线形、直线圆弧形和圆弧形三种，如图 1.53 所示。

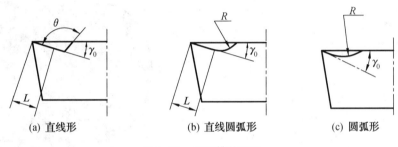

(a) 直线形　　　　(b) 直线圆弧形　　　　(c) 圆弧形

图 1.53　断屑槽的形式

断屑槽的宽度大小对切削的影响是：

① 断屑槽过宽时，一般会造成切屑自由流窜，不受断屑槽的控制，达不到断屑的目的。只有再加大进给量时，才有可能断屑。

② 断屑槽过窄时，一般会使切屑挤在断屑槽里互相撞击，虽然能折断切屑，但容易划伤工件表面和冲击刀具。只有减少进给量，才有可能达到正常的断屑要求。

因此，断屑槽的宽窄不仅与材料性质有关，而且对背吃刀量、进给量亦有明显影响。

项目二

内阶台的加工

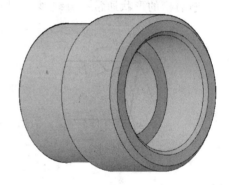

阶台孔三维图

　　本项目围绕内阶台孔的加工和内孔车刀的刃磨,通过两个任务,讲解套类零件的加工方法和工艺知识,以及内孔车刀和麻花钻的几何参数及修磨方法。

任务一　加工阶台孔

◎ **知识目标**：了解孔加工的工艺知识。

◎ **技能目标**：掌握钻孔方法；掌握车阶台孔的方法；掌握孔尺寸的控制方法；能够进行套类工件的检测。

◎ **素养目标**：养成一丝不苟和有耐心的习惯，能够与同组成员进行细致的协作讨论，服从小组的商议决定。

任务描述

本任务就是加工图 2.1 所示的阶台孔零件。

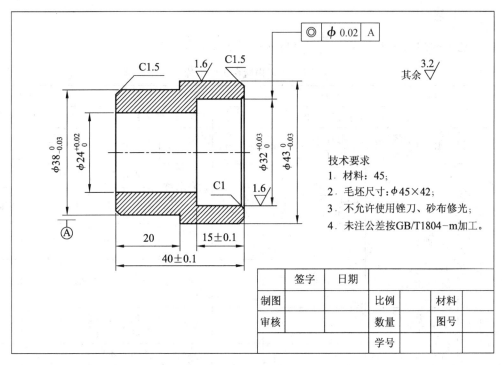

图 2.1　阶台孔零件图

任务分析

完成本任务零件加工的重点是车阶台孔，关键是如何解决内孔车刀的刚性和排屑问题。

1. 图样分析

图样中的阶台孔,毛坯材料为 45 钢,尺寸为 ϕ45 mm×42 mm,中间孔的直径较小,由于刀柄受孔尺寸的限制,刀柄细长,车削时易振动,故有一定难度。它的主要技术要求有:

① 尺寸精度:外圆直径 $\phi 43_{-0.03}^{0}$,$\phi 38_{-0.03}^{0}$ mm,内孔直径 $\phi 32_{0}^{+0.03}$ mm,$\phi 24_{0}^{+0.02}$ mm,外阶台长度 20 mm,孔深 15±0.1 mm,总长 40±0.1 mm,外圆倒角 C1.5 mm(2 处),内孔倒角 C1 mm。

② 位置精度:同轴度 ◎ $\phi 0.02$ A ,即内孔 $\phi 32_{0}^{+0.03}$ mm 与外圆 $\phi 38_{-0.03}^{0}$ mm 的同轴度不大于 $\phi 0.02$ mm。

③ 表面粗糙度:重要表面粗糙度值 Ra 小于 1.6 μm,其余为 Ra3.2 μm 以下。

④ 其他要求:不允许使用锉刀、砂布修光,未注公差按照 GB/T1804-m 加工。

2. 加工路线描述

① 车端面→钻通孔→粗、精车外圆→倒角;
② 车端面(保证总长)→粗、精车外圆、通孔、阶台孔→倒角→检验工件。

3. 工艺分析

工艺过程的工序卡见表 2.1,刀具的选择见表 2.2。

表 2.1　车内阶台工序卡片

工厂名称			产品型号			零(部)件型号				第　页	
			产品名称			零(部)件名称				共　页	
材料牌号	45	毛坯种类	棒料	毛坯尺寸	ϕ45 mm×42 mm	备注					
工序名称	工步	工步内容	切削用量			设备名称及型号	工艺装备名称及型号			工时	
			主轴转速/(r/min)	进给量/(mm/r)	背吃刀量/mm		夹具	刀具	量具	单件	终准
锯	1	锯割下料				锯床 GZT—180		带锯	钢直尺		
车一		夹持毛坯外圆,使伸出长度约 25 mm				CA6140A	三爪卡盘		钢直尺		
	1	车平端面	800	0.1	0.2~1.0	CA6140A	三爪卡盘	45°车刀			
	2	钻 ϕ22 mm 的通孔	450 (冷却液)	0.15~0.40	11	CA6140A	锥柄钻套	ϕ22 麻花钻			
	3	粗、精车外圆 $\phi 38_{-0.03}^{0}$ mm 至公差要求,并保证长度 20 mm	500,1 250	0.05~0.20	0.1~3.0	CA6140A	三爪卡盘	90°车刀	游标卡尺、外径千分尺		

续表

工序名称	工步	工步内容	切削用量			设备名称及型号	工艺装备名称及型号			工时	
			主轴转速/(r/min)	进给量/(mm/r)	背吃刀量/mm		夹具	刀具	量具	单件	终准
	4	倒角 $C1.5$ mm	800			CA6140A	三爪卡盘	45°车刀			
车二		调头装夹 $\phi 38_{-0.03}^{0}$ mm外圆（垫铜皮或用软卡爪），找正外圆后夹紧				CA6140A	三爪卡盘				
	1	车端面，保证总长	800	0.1	0.2～1.0	CA6140A	三爪卡盘	45°车刀			
	2	粗、精车外圆 $\phi 43_{-0.03}^{0}$ mm至公差要求	500，1 250	0.05～0.2	0.1～3.0	CA6140A	三爪卡盘	90°车刀	游标卡尺、外径千分尺		
	3	粗、精车通孔 $\phi 24_{0}^{+0.02}$ mm至公差要求	450，800	0.05～0.15	0.1～2.0	CA6140A	三爪卡盘	内孔车刀	游标卡尺、内测千分尺、内径百分表		
	4	粗、精车孔径为 $\phi 32_{0}^{+0.03}$ mm，深度为 15 ± 0.1 mm的阶台孔至公差要求	450，800	0.05～0.15	0.1～2.0	CA6140A	三爪卡盘	盲孔车刀	游标卡尺、内测千分尺、内径百分表		
	5	外圆倒角 $C1.5$ mm，$C1$ mm	800	0.1	0.2～1.0	CA6140A	三爪卡盘	45°车刀			
	6	检测下车									
保养		打扫卫生，保养机床									
						编制/日期	审核/日期		会签/日期		
标记	标记	更改文件号	签字	日期	标记	标记	更改文件号	签字	日期		

表 2.2　车内阶台刀具卡片

零件型号			零件名称			产品型号		共　页	第　页
工步号	刀具号	刀具名称	刀具规格	数量	刀具		备注1	备注2	
					直径/mm	长度/mm			
	T01	45°车刀	YT15	1					
	T02	90°粗车刀	YT15	1					

续表

零件型号			零件名称		产品型号		共 页	第 页
工步号	刀号	刀具名称	刀具规格	数量	刀具		备注1	备注2
					直径/mm	长度/mm		
	T03	90°精车刀	YT15	1				
	T04	盲孔粗车刀	YT15	1	小于22	有效长度大于40		
	T05	盲孔精车刀	YT15	1	小于22	有效长度大于40		
	T06	φ22麻花钻	高速钢	1	22	大于40		
标记	标记	更改文件号	签字	编制/日期	审核/日期		会签/日期	

4. 相关工艺知识

（1）孔的加工方法

孔加工可分为钻孔（包括钻中心孔）和车孔，按照加工要求不同，车孔又可分为车通孔和车盲孔，如图2.2所示，其中阶台孔属于盲孔的范畴。

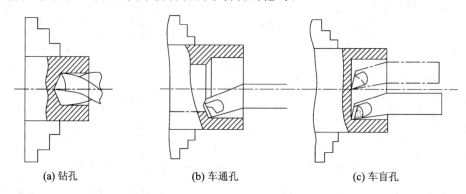

(a) 钻孔   (b) 车通孔   (c) 车盲孔

图 2.2　内孔的加工方法

① 钻孔常用于车孔前的粗加工，切削用量选择应较低。采用高速钢钻头钻削时，其钻削速度一般为 20～40 m/min，进给量为 0.15～0.40 mm/r，可用手慢慢转动车床尾座手轮来实现，背吃刀量是钻头直径的一半。

② 车孔可作为零件的粗、精加工，由于内孔车刀刀杆细长、刚性差，车削时难观察，排屑困难，其切削用量要比车外圆时小，切削速度应比车外圆时低 10%～20%，进给量应比车外圆时小 20%～40%，背吃刀量应比车外圆低 10%～20%。

（2）内孔车刀的安装要求

①"等高"。刀尖应对准工件的旋转中心。

② 内孔车刀刀杆伸出长度"能短则短"，主要是为了减少振动，提高内孔表面质量。

③ 角度要求。装夹盲孔车刀时,应使主偏角大于90°,有适当的副偏角(6°~15°),刀杆平行于内孔。

④ 留有退刀空间。车削内孔时,需留有足够的横向退刀空间,以防退刀时刀杆碰到工件内壁。

▌▌▌ 任务实施

1. 准备工作

任务实施前的各项准备见表2.3。

表2.3　车内阶台的准备事项

准备事项	准备内容
材料	45钢,尺寸为ϕ45 mm×42 mm的棒料
设备	CA6140A车床(三爪自定心卡盘)
刀具	45°车刀,90°车刀,ϕ22 mm×40 mm通孔车刀,ϕ24 mm×40 mm盲孔车刀,ϕ22 mm麻花钻,中心钻
量具	游标卡尺0.02 mm/(0~200 mm),外径千分尺0.01 mm/(25~50 mm),百分表0.01 mm/(0~10 mm)及磁力表座,内径百分表0.01 mm/(18~35 mm),钢直尺(0~150 mm),游标深度尺0.02 mm/(0~200 mm),万能量角器
工、辅具	铜皮,铜棒,变径钻套,常用工具等

2. 操作步骤

车削工序一　夹持毛坯外圆,使伸出长度约25 mm,各工步内容见表2.4。

表2.4　车削工序一的工步内容

工步内容	图　示
1. 车平端面(如图2.3所示)。	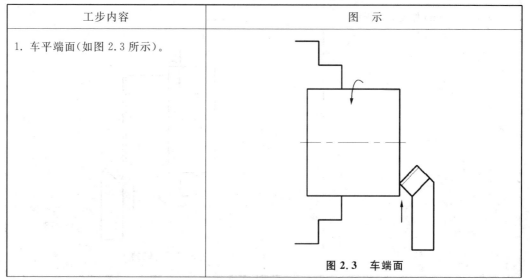图2.3　车端面

续表

工 步 内 容	图　示
2. 钻 $\phi 22$ mm 的通孔(如图 2.4 所示)。	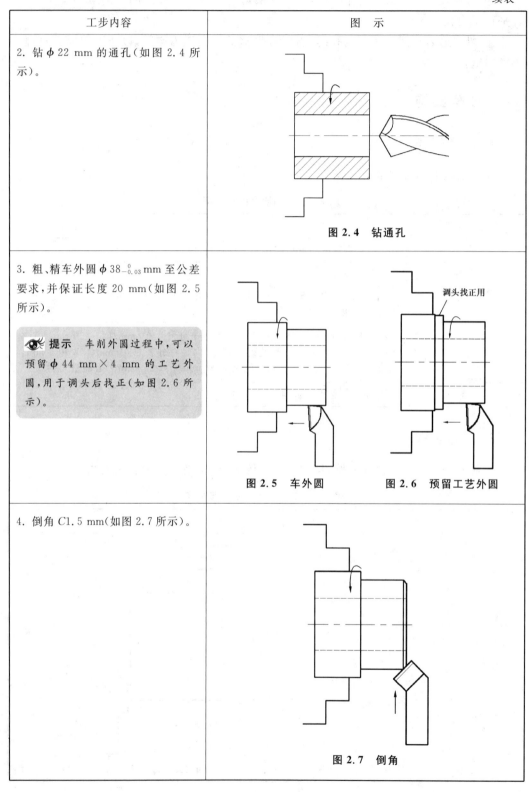
3. 粗、精车外圆 $\phi 38_{-0.03}^{0}$ mm 至公差要求,并保证长度 20 mm(如图 2.5 所示)。 提示　车削外圆过程中,可以预留 $\phi 44$ mm×4 mm 的工艺外圆,用于调头后找正(如图 2.6 所示)。	
4. 倒角 $C1.5$ mm(如图 2.7 所示)。	

车削工序二　调头装夹 $\phi 38_{-0.03}^{0}$ mm 外圆（垫铜皮或用软卡爪），找正外圆后夹紧。各工步内容见表2.5。

表2.5　车削工序二的工步内容

工步内容	图　示
1. 车端面,保证总长(如图2.8所示)。	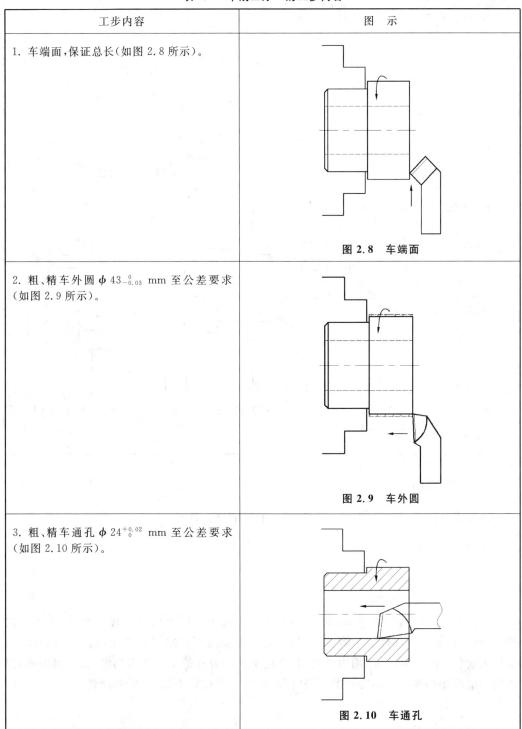 图2.8　车端面
2. 粗、精车外圆 $\phi 43_{-0.03}^{0}$ mm 至公差要求(如图2.9所示)。	图2.9　车外圆
3. 粗、精车通孔 $\phi 24_{0}^{+0.02}$ mm 至公差要求(如图2.10所示)。	图2.10　车通孔

续表

工步内容	图　示
4. 粗、精车孔径为 $\phi 32^{+0.03}_{0}$ mm、深度为 15 ± 0.1 mm 的阶台孔至公差要求（如图 2.11 所示）。	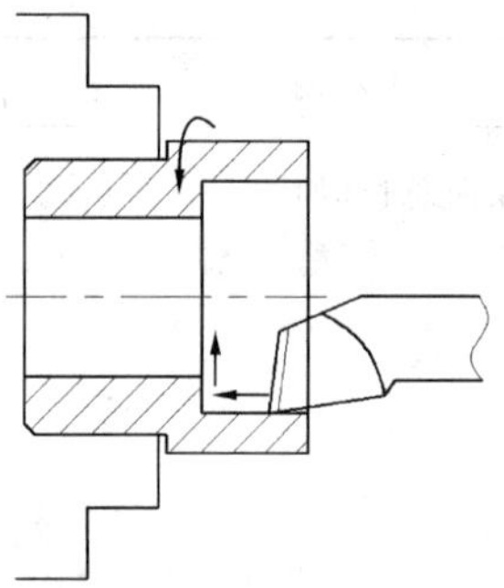 图 2.11　车内阶台
5. 外圆倒角 C1.5 mm（如图 2.12 所示），内孔倒角 C1 mm（如图 2.13 所示）。 👁 提示 　①注意内孔倒角应开反转，否则会损坏 45° 车刀； 　②退刀时，应先纵向退刀，防止碰撞工件孔壁。	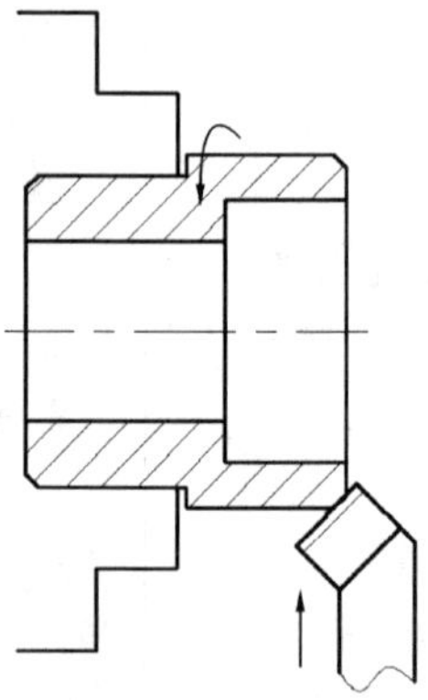 图 2.12　倒角 C1.5 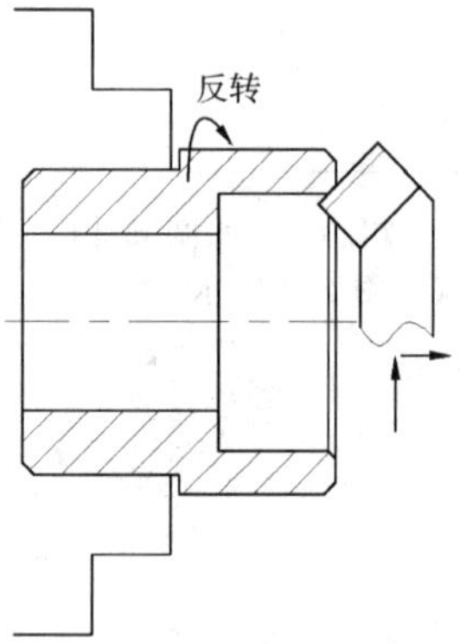　　　图 2.13　倒角 C1
6. 检测下车。	

3. 注意事项

需要进行尺寸链换算的尺寸，应在加工前提前进行计算。

4. 检测评价

（1）内孔尺寸的测量

① 游标卡尺测量内径

如图 2.14 所示，要使量爪（测量刃）分开的距离小于所测内孔直径尺寸，进入零件内孔后，再慢慢张开并轻轻接触零件内表面，直接读数或用固定螺钉固定尺框后，轻轻取出卡尺来读数。取出量爪时，用力要均匀，并使卡尺沿着孔的中心线方向滑出，不可歪斜，以避免使量爪扭伤变形和不必要的磨损，同时这还会使尺框走动，影响测量精度。

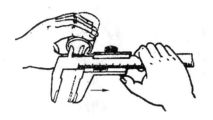

图 2.14 用游标卡尺测量工件内径

例 2.1 图 2.15 所示的为带有刀口形量爪和带有圆柱面形量爪的游标卡尺,在测量内孔时所处的正确的和错误的位置。当量爪在错误位置时,其测量结果将比实际孔径 D 要小。

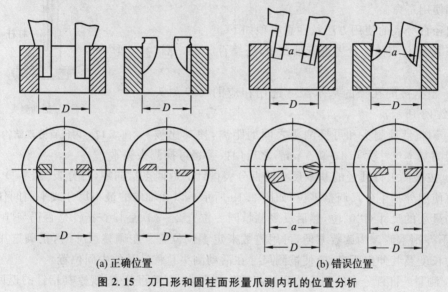

(a)正确位置   (b)错误位置

图 2.15 刀口形和圆柱面形量爪测内孔的位置分析

② 内测千分尺测量内径

内测千分尺用于测量尺寸不大的内径,其特点是容易找正内孔直径,测量方便。读数方法与外径千分尺相同,只是套筒上的刻线尺寸大小方向与外径千分尺相反,测量方向和读数方向也都与外径千分尺相反。内测千分尺的读数值为 0.01 mm,测量范围有 5～30 mm 和 25～50 mm 两种。用内测千分尺测量内径方法如图 2.16 所示。

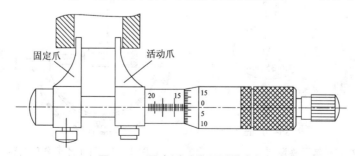

固定爪   活动爪

图 2.16 用内测千分尺测量内径

③ 内径百分表测量内径

内径百分表是将测头的直线位移变为指针的角位移的量具,主要测量或检验零件的内孔、深孔直径,其结构如图 2.17 所示。它附有成套的可换测头,使用前必须先进行组合和校对零位(又称"调零")。内径百分表活动测头的移动量,小尺寸的只有 0~1 mm,大尺寸的有 0~3 mm,它的测量范围由更换或调整可换测头的长度来确定。测量范围有:10~18,18~35,35~50,50~100,100~160,160~250,250~450 mm 等。内径百分表是精密量具,属贵重仪器,其质量高低与精确度直接影响到零件的加工精度和使用寿命。

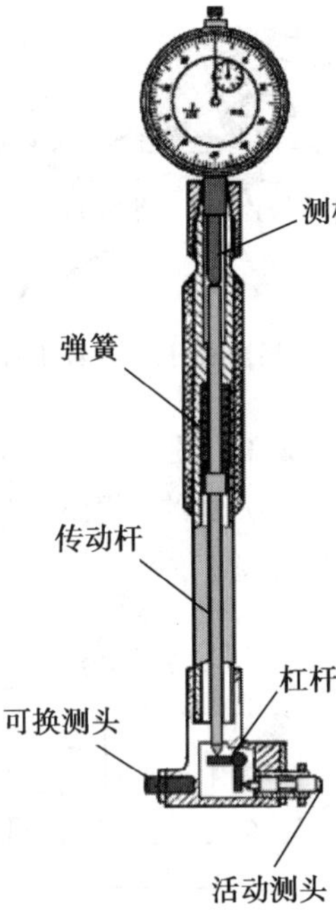

内径百分表的使用方法及注意事项如下:

a. 把百分表插入量表直管轴孔中,压缩百分表一圈,紧固。

b. 根据被测孔径的基本尺寸选用相应的可换测头(如图 2.18 所示)。

c. 调整活动测头和可换测头之间的距离,使其比被测孔径的基本尺寸大 0.4~0.5 mm,之后用扳手将可换测头锁紧。

图 2.17　内径百分表结构图

（测杆　弹簧　传动杆　杠杆　可换测头　活动测头）

d. 按被测工件孔径的基本尺寸使百分表指针的返回点指向零(百分表"调零")。

可使用外径千分尺调整零位(如图 2.19 所示):以孔轴向的最小尺寸或平面间任意方向内均最小的尺寸对"0"位,然后反复测量同一位置 2~3 次后检查指针是否仍与"0"线对齐,如不齐则重调。为读数方便,可用整数来定零位位置。在调整尺寸时,正确选用可换测头的长度及其伸出距离,应使被测尺寸在活动测头总移动量的中间位置。

e. 测量:将百分表的测头放到被测零件的孔内,摆动百分表,观察其指针的返回点。

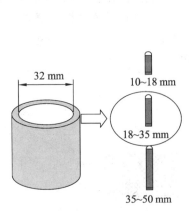

图 2.18　选可换测头

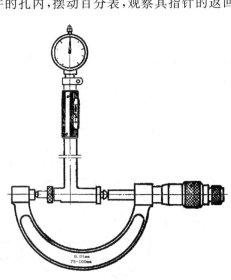

图 2.19　用外径千分尺调整零位

测量时,摆动内径百分表,找到轴向平面的最小尺寸(转折点)作为读数,测量方法如图 2.20 所示。应在圆周上多测几个点,找出孔径的实际尺寸,看是否在公差范围以内。

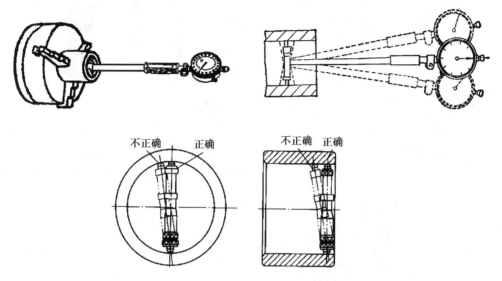

图 2.20　用内径百分表测量内径

👁 提示

① 测杆、测头、百分表等配套使用,不要与其他表混用。

② 测量时手握隔热装置。

④ 内卡钳测量

内卡钳测量内径如图 2.21 所示。

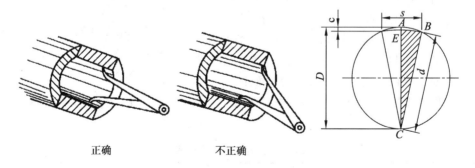

正确　　　　　　　不正确

图 2.21　用内卡钳测量工件的内径

⑤ 塞规测量

塞规由过端、止端和柄组成,如图 2.22 所示。过端按孔的最小极限尺寸制成,测量时应塞入孔内。止端按孔的最大极限尺寸制成,测量时不允许插入孔内。当过端塞入孔内,而止端插不进去时,就说明此孔尺寸是在最小极限尺寸与最大极限尺寸之间,是合格的。

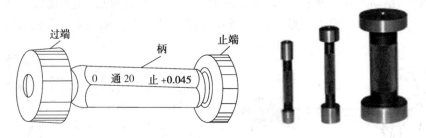

图 2.22   内径塞规测量

（2）孔深的测量

深度游标卡尺用于测量零件的深度尺寸（如阶台高低和槽的深度），其结构如图 2.23 所示，尺框的两个量爪连在一起成为一个带游标的测量基座，基座的端面和主尺的端面就是它的两个测量面。

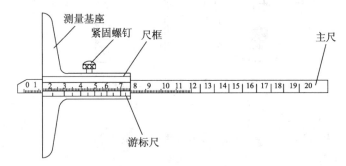

图 2.23   深度游标卡尺的结构

测量内孔深度时，应把基座的端面紧靠在被测孔的端面上，使尺身与被测孔的中心线平行，尺身紧贴孔壁伸入孔中（如图 2.24 所示），则尺身的端面至基座端面之间的距离，就是被测零件的深度。深度游标卡尺的读数方法和游标卡尺完全一样。测量孔深时，要注意尺身的端面是否在要测量的阶台面上。

按照图样要求，逐项检测质量，并参照表 2.6 评价及反馈。

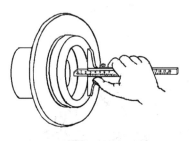

图 2.24   深度游标卡尺测量孔深

表 2.6   质量检测评分反馈表

零件：				姓名：			成绩：	
项目	序号	考核内容和要求	配分	评分标准	学生自测		教师评测	
					自测	得分	检测	得分
外圆	1	$\phi\,43_{-0.03}^{\ 0}$ mm	10	每超差0.01 mm 扣1分；超差0.03 mm 以上不得分				
	2	$\phi\,38_{-0.03}^{\ 0}$ mm	10					

续表

项目	序号	考核内容和要求	配分	评分标准	学生自测		教师评测	
					自测	得分	检测	得分
内孔	3	$\phi 32^{+0.03}_{0}$ mm	12	每超差 0.01 mm 扣 1 分;超差 0.03 mm 以上不得分				
	4	$\phi 24^{+0.02}_{0}$ mm	14					
长度	5	15 ± 0.1 mm	8	超差不得分				
	6	20 mm	6	超差不得分				
	7	40 ± 0.1 mm	8	超差不得分				
其他	8	$C1.5$ mm(2 处)	2×3	超差不得分				
	9	$C1$ mm	3	超差不得分				
	10	◎ $\phi 0.02$ A	3	超差不得分				
	11	$Ra1.6$ mm(2 处)	2×3	超差不得分				
	12	$Ra3.2$ mm	4	超差不得分				
安全文明生产	13	无违章操作		否则扣 5~10 分				
	14	无撞刀及其他事故		否则扣 5~10 分				
	15	机床清洁保养		否则扣 5~10 分				
需改进的地方								
教师评语								
学生签名			小组长签名					
日期			教师签名					

5. 废品原因与预防措施

钻孔常见的问题及预防措施见表 2.7。

表 2.7　钻孔时产生废品的原因与预防措施

废品种类	产生原因	预防措施
孔扩大	钻头角度刃磨不正确	修正刃磨角度
	钻头的轴线和工件轴线不重合	安放钻头的位置与工件轴线重合
孔歪斜	2 个角不等,且顶点不在钻头轴线上	重新装夹钻头
	尾座高于中心	调整尾座高度
孔错位	工件端面不平或与工件轴线不垂直	车平端面,并保证其与轴线垂直
	钻头刚性差,进给量过大	刃磨钻头,减小进给量

车孔常见的问题及预防措施见表 2.8。

表 2.8 车孔时产生废品的原因与预防措施

废品种类	产生原因	预防措施
内孔不圆	主轴承间隙过大	修理机床
	加工余量不均,没有分粗、精车	分粗、精车加工
	薄壁零件夹紧变形	改变装夹方法
内孔有锥度	刀具磨损	提高刀具寿命
	刀尖轨迹和主轴轴线不平行	校正导轨和主轴轴线平行
	刀杆过粗,与工件内壁相撞	选小刀杆
	主轴轴线歪斜,需要校正主轴轴线使之与导轨平行	大修机床导轨
	工件没有找正	仔细找正工件
	刀杆刚性差,产生让刀	选用较粗的刀杆
内孔不光	切削用量不当	选择合理的切削用量
	车刀磨损,刀具振动	刃磨车刀,增强刀杆强度
	车刀几何角度不合理	修正几何角度
	刀尖低于工件中心	加上合适的垫刀片

任务巩固

试加工如图 2.25 所示的零件,讨论加工步骤,并验证工艺的可行性。

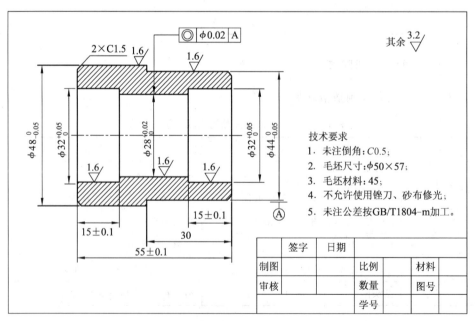

(a) 套零件示意图

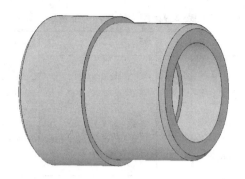

(b) 套三维图

图 2.25　套

1. 参考加工步骤

车削工序一　装夹工件,伸出长度大于 20 mm。

① 车端面,车平即可;

② 粗车装夹阶台外圆至 ϕ49 mm,长度约为 20 mm;

③ 钻 ϕ26 mm 通孔。

车削工序二　调头装夹工艺阶台。

① 车端面,车平即可;

② 粗车 $\phi 44_{-0.05}^{0}$ mm 外圆至 ϕ45 mm,长度为 30 mm;

③ 粗、精车 $\phi 28_{0}^{+0.02}$ mm 内孔至公差要求,深度大于 40 mm(取 43 mm);

④ 粗、精车 $\phi 32_{0}^{+0.05}$ mm、深度为 15±0.1 mm 的内孔至公差要求;

⑤ 距右端面 30 mm 处车工艺外圆(外径 ϕ48.5 mm,宽 5 mm,调头找正用);

⑥ 外圆倒角 C1.5 mm。

车削工序三　调头装夹工件,找正 ϕ48.5 mm 工艺外圆,控制同轴度在 ϕ0.02 mm 之内。

① 车端面,控制总长 55±0.1 mm;

② 粗、精车 $\phi 48_{-0.05}^{0}$ mm 外圆至公差要求;

③ 粗、精车 $\phi 32_{0}^{+0.05}$ mm、深度为 15±0.1 mm 的内孔至公差要求;

④ 外圆倒角 C1.5 mm,倒钝锐边 C0.5 mm。

车削工序四　车前顶尖,装鸡心夹头,两顶尖装夹工件。

① 精车 $\phi 44_{-0.05}^{0}$ mm 外圆至公差要求;

② 检测下车。

2. 检测评价

按照图样要求,逐项检测质量,并参照表 2.9 评价及反馈。

表 2.9　质量检测评分反馈表

项目	序号	考核内容和要求	配分	评分标准	学生自测		教师评测	
					自测	得分	检测	得分
外圆	1	$\phi 48_{-0.05}^{0}$ mm	8	每超差 0.01 mm 扣 1 分;超差 0.03 mm 以上不得分				
	2	$\phi 44_{-0.05}^{0}$ mm	8					
内孔	3	$\phi 28_{0}^{+0.02}$ mm	9	每超差 0.01 mm 扣 1 分;超差 0.03 mm 以上不得分				
	4	左侧 $\phi 32_{0}^{+0.05}$ mm	8					
	5	右侧 $\phi 32_{0}^{+0.05}$ mm	8					
长度	6	15±0.1 mm(2 处)	2×6	超差不得分				
	7	30 mm	6	超差不得分				
	8	55±0.1 mm	6	超差不得分				
其他	9	◎ $\phi 0.02$ A	4	超差不得分				
	10	Ra1.6 mm(5 处)	5×3	超差不得分				
	11	C1.5 mm(2 处)	2×3	超差不得分				
安全文明生产	12	无违章操作	10	否则扣 5~10 分				
	13	无撞刀及其他事故		否则扣 5~10 分				
	14	机床清洁保养		否则扣 5~10 分				
需改进的地方								
教师评语								
学生签名			小组长签名					
日期			教师签名					

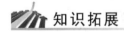 知识拓展

1. 工件的装夹与找正

(1) 目测找正

目测找正主要用于毛坯件的找正,需要操作者具备娴熟的技术和丰富的经验。具体方法为:工件在找正前应轻微夹紧,调整至较低转速(约 110 r/min),启动车床,注视工件表面晃动的虚影,当虚影转过时用铜棒或铜锤轻敲,直至工件转动平稳后,再停车夹紧工件。

（2）铜棒找正

铜棒找正适用于找正已车削过的工件表面，不能用该方法找正表面粗糙的毛坯件。具体方法如图 2.26 所示：轻微夹紧工件，将铜棒装夹在刀架上，调整至较低转速（约 290 r/min），启动车床，转动中滑板，使铜棒缓慢轻靠工件表面，直至工件旋转平稳后，再停车夹紧工件。

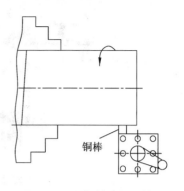

图 2.26 用铜棒找正工件

（3）划针盘找正

此方法用于加工精度不高的场合。具体方法如图 2.27 所示：将划针盘放在中滑板上，使针尖靠近工件表面，手动缓慢转动卡盘，观察针尖与工件表面的间隙变化，用铜棒轻敲工件，直至旋转一圈时各处间隙均匀后，再停车夹紧工件。

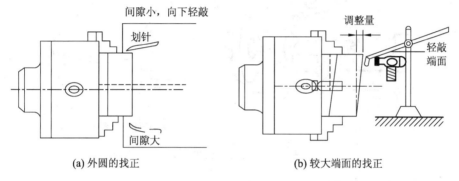

(a) 外圆的找正　　　　　　(b) 较大端面的找正

图 2.27 用划针盘找正工件

（4）磁力表座（百分表）找正

本任务中调头后找正就用此法。具体步骤为：

① 将磁力表座装上百分表，放在中滑板上，开启磁力开关，固定表座，如图 2.28 所示；

② 调整支架，使百分表测量杆轻微接触工件表面（注意：测量杆要垂直于工件表面，如图 2.29 所示），小指针压下一格左右，消除测量杆和工件表面的间隙；

③ 旋转工件半周左右，当看到旋转至某点附近时，百分表的指针示数先变大后变小，则说明测点为工件表面的最高点，反之为最低点；

④ 根据测点位置，用铜棒轻敲工件表面最高点找正，使误差控制在要求的范围内；

⑤ 找正后夹紧工件。

对于精度要求较高的工件装夹，可以利用以上方法，再找一点，然后沿着工件表面滑动测杆，检查工件素线与导轨的平行度，根据百分表在两个测量点中间的变化情况，来进一步找正工件。

（5）工件的调头找正和车削

根据习惯的找正方法，应先找正卡爪处工件外圆，后找正阶台处平面。这样反复多次找正后才能进行车削。当粗车完毕时，宜再进行一次复查，以防粗车时工件发生移位。

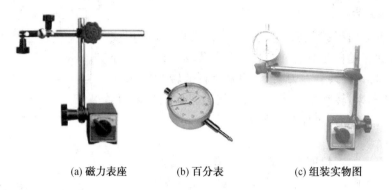

(a) 磁力表座　　(b) 百分表　　(c) 组装实物图

图 2.28　磁力表座与百分表

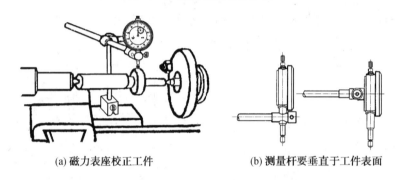

(a) 磁力表座校正工件　　(b) 测量杆要垂直于工件表面

图 2.29　磁力表座校正工件

2. 车内孔时装夹定位方式的选择

车削套类零件常用的定位基准有外圆和内孔定位基准。本任务中内阶台车削选用的是外圆为基准,车削套选用的是以内孔为基准定位,采用胀力心轴装夹工件,从而保证零件外圆和内孔的同轴度要求。

（1）以外圆为基准定位

如果工件的外圆已精加工,只要加工内孔,并要求内外圆同轴,可用未经淬火的软卡爪来装夹工件外圆车内孔,如图 2.30 所示,这样可以保正装夹精度且不易夹伤工件表面。

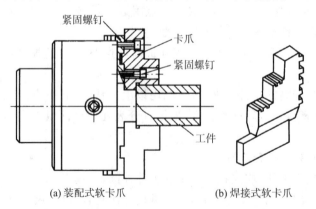

(a) 装配式软卡爪　　(b) 焊接式软卡爪

图 2.30　用软卡爪装夹零件

（2）以内孔为基准定位

以内孔为基准保证位置精度的中小型套、带轮、齿轮等零件，一般可用心轴装夹（如图2.31所示），以内孔作为定位基准来保证工件的同轴度和垂直度。心轴制造容易、使用方便，在工厂中被广泛应用。常用的心轴有下列几种：小锥度心轴、带台阶心轴、胀力心轴，其中胀力心轴需预制三等分槽（如图2.31d所示）。

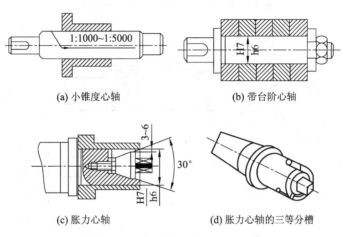

(a) 小锥度心轴   (b) 带台阶心轴

(c) 胀力心轴   (d) 胀力心轴的三等分槽

图 2.31   常用的心轴

任务二　刃磨内孔车刀

◎ **知识目标**：正确掌握内孔车刀和麻花钻的角度选择方法。

◎ **技能目标**：掌握内孔车刀的刃磨步骤；正确刃磨内孔车刀的角度。

◎ **素养目标**：安全文明操作，团结、协作、互助。

 任务描述

本任务就是刃磨图2.32所示盲孔车刀，车刀为焊接式硬质合金车刀。

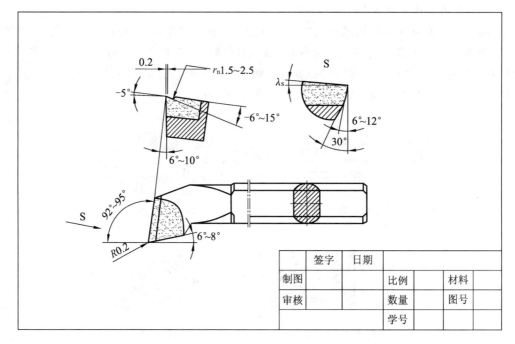

图 2.32 焊接式硬质合金盲孔车刀

 任务分析

1. 图样分析

图样所示的盲孔车刀,主要用于盲孔或阶台孔的车削,其几何参数见表 2.10。

表 2.10 盲孔车刀的几何参数

名　称	图样中数值
前角 γ_o	6°～15°
主后角 α_o	6°～10°
副后角 α_o'	$\alpha_{o1}' = 6°～12°$，$\alpha_{o2}' = 30°$
主偏角 k_r	92°～95°
副偏角 k_r'	6°～8°
刃倾角 λ_s	$-2°～0°$
切削刃宽度 b	0.2 mm
断屑槽圆弧半径 r_n	1.5～2.5 mm
刀尖圆弧半径 R	0.2 mm
刀尖到刀杆外端的距离 a	车平底孔的盲孔车刀刀尖到刀杆外端的距离 a 应小于孔半径,否则无法车平孔的底面

2. 加工路线描述

① 粗磨前面→粗磨主后面、副后面；

② 磨断屑槽并控制前角和刃倾角；

③ 精磨主后面、副后面→磨过渡刃。

3. 工艺分析

① 盲孔车刀

盲孔车刀主要用于盲孔或阶台孔的车削。其切削部分几何形状与 90°车刀相似，如图 2.33a 所示。

当切削中碳钢时，前角可以稍大些；当切削铸铁时，前角稍小些。

主后角 $\alpha_0 = 6° \sim 10°$，通常要磨出小于被加工孔径的圆弧后面（防止车削时摩擦孔壁），或者磨出两个副后角 α_{o1}' 和 α_{o2}'（如图 2.33b 所示），可取 $\alpha_{o1}' = 6° \sim 12°$，$\alpha_{o2}' \approx 30°$。

主偏角 k_r 一般为 $92° \sim 95°$，副偏角 $k_r' = 6° \sim 8°$，从而使刀尖在刀杆的最前端。

为了便于排屑，刃倾角 λ_s 常取负值（后排屑方式）。

② 通孔车刀

通孔车刀主要用于大切削用量通孔的车削。其切削部分几何形状与 75°车刀相似，如图 2.33c 所示。刃磨时，选择主偏角 $k_r = 45° \sim 75°$，副偏角 $k_r' = 15° \sim 30°$，后角的选择类似于盲孔车刀。

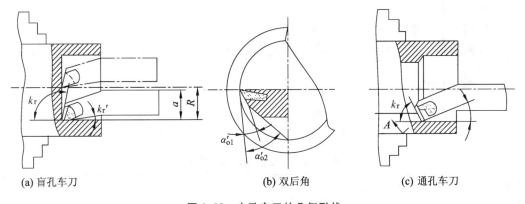

(a) 盲孔车刀   (b) 双后角   (c) 通孔车刀

图 2.33 内孔车刀的几何形状

任务实施

1. 准备工作

任务实施前的各项准备工作见表 2.11。

表 2.11　刃磨盲孔车刀的准备事项

准备项目	准备内容
材　料	YT15 硬质合金盲孔车刀刀坯
设　备	粒度号为 46♯～60♯,80♯～120♯,硬度为 H～K 的白色氧化铝砂轮,绿色碳化硅砂轮
量　具	游标卡尺 0.02 mm/(0～200 mm),钢直尺(0～150 mm),万能量角器 $2'$/(0°～320°)
工、辅具	细油石,常用工具等

2. 盲孔车刀的刃磨步骤

① 粗磨前面;

② 粗磨主后面;

③ 粗磨副后面;

④ 粗、精磨断屑槽并控制前角和刃倾角;

⑤ 精磨主后面;

⑥ 精磨副后面;

⑦ 磨过渡刃。

3. 注意事项

① 刃磨时,注意车刀发烫后不能浸水冷却,防止出现裂纹。

② 刃磨断屑槽前,应先修整砂轮边缘处成为小圆角。

③ 断屑槽不能磨得太宽,以防车孔时排屑困难。

4. 检测评价

主要位置检测参照 90°车刀检测。

按照图样要求,逐项检测质量,并参照表 2.12 评价及反馈。

表 2.12　质量检测评分反馈表

零件:				姓名:	成绩:			
项目	序号	考核内容和要求	配分	评分标准	学生自测		教师评测	
					自测	得分	检测	得分
角度	1	前角 $\gamma_0=6°\sim15°$	10	超差不得分				
	2	主后角 $\alpha_0=6°\sim10°$	10	超差不得分				
	3	双副后角 $\alpha_{01}'=6°\sim12°/\alpha_{02}'=30°$	10	超差不得分				
	4	主偏角 $k_r=92°\sim95°$	10	超差不得分				
	5	副偏角 $k_r'=6°\sim8°$	10	超差不得分				

项目	序号	考核内容和要求	配分	评分标准	学生自测		教师评测	
					自测	得分	检测	得分
其他	6	断屑槽圆弧半径 r_n $=1.5\sim2.5$ mm	10	超差不得分				
	7	刀尖圆弧半径 $R=$ 0.2 mm	5	超差不得分				
	8	切削刃宽度 $b=$ 0.2 mm	10	超差不得分				
	9	刃倾角 $\lambda_s=-2°\sim0°$	5	超差不得分				
	10	刀面平整	5	超差不得分				
	11	刃口平直	5	超差不得分				
安全文明生产	12	无违章操作	10	否则扣 $5\sim10$ 分				
	13	无事故		否则扣 $5\sim10$ 分				
	14	清洁保养		否则扣 $5\sim10$ 分				
需改进的地方								
教师评语								
学生签名			小组长签名					
日期			教师签名					

5. 废品原因与预防措施

刃磨车刀常见的问题及预防措施见表 2.13。

表 2.13 刃磨车刀时产生废品的原因与预防措施

废品种类	产生原因	预防措施
前角不对	刃磨时前角过小或为负值	偏转刀杆角度,刃磨前面时保证前角
	前角过大,偏转刀杆角度过大	合理控制刀杆尾部偏转角度
后角过小或为负值	刃磨时刀杆偏转角度过小	偏转合理角度,刃磨双后角或圆弧后角
	离开砂轮时后面刀刃附近被磨损	刃磨后面时,使刀刃附近先离开砂轮
主切削刃不直	刃磨时没有左右移动	车刀刃磨时应作水平的左右移动
	砂轮表面不平	修平砂轮面
	磨刀时手抖动	双手握刀,保持平稳
断屑槽不正确	断屑槽过宽因为砂轮边角太钝	用金刚笔修整砂轮边角
	断屑槽过浅因为砂轮未充分开槽或边角太钝	继续开槽或修整砂轮边角

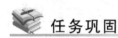

任务巩固

试刃磨图 2.34 所示的硬质合金通孔车刀。

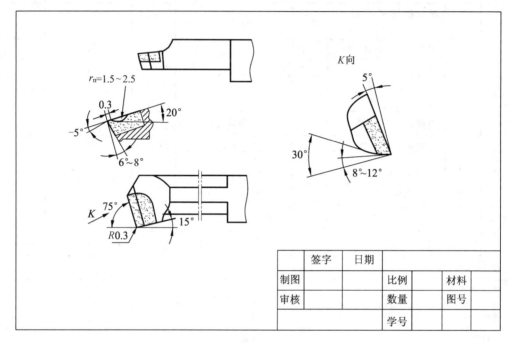

图 2.34　焊接式硬质合金通孔车刀

1. 参考步骤

① 粗磨前面；

② 粗磨主后面；

③ 粗磨副后面；

④ 粗、精磨断屑槽并控制前角和刃倾角；

⑤ 精磨主后面；

⑥ 精磨副后面；

⑦ 磨过渡刃。

2. 评价反馈

按照图样要求,逐项检测质量,并参照表 2.14 评价及反馈。

表 2.14　质量检测评分反馈表

零件:				姓名:	成绩:			
项目	序号	考核内容和要求	配分	评分标准	学生自测		教师评测	
					自测	得分	检测	得分
角度	1	前角 $\gamma_0 = 20°$	10	超差不得分				
	2	主后角 $\alpha_0 = 6° \sim 8°$	10	超差不得分				
	3	双副后角 $\alpha_{o1}' = 8° \sim 12°/\alpha_{o2}' = 30°$	10	超差不得分				
	4	主偏角 $k_r = 75°$	10	超差不得分				
	5	副偏角 $k_r' = 15°$	10	超差不得分				
其他	6	圆弧半径 $r_n = 1.5 \sim 2.5$ mm	10	超差不得分				
	7	刀尖圆弧半径 $R = 0.3$ mm	5	超差不得分				
	8	切削刃宽度 $b = 0.3$ mm	10	超差不得分				
	9	刃倾角 $\lambda_s = 5°$	5	超差不得分				
	10	刀面平整	5	超差不得分				
	11	刃口平直	5	超差不得分				
安全文明生产	12	无违章操作	10	否则扣 5～10 分				
	13	无事故		否则扣 5～10 分				
	14	清洁保养		否则扣 5～10 分				
需改进的地方								
教师评语								
学生签名			小组长签名					
日期			教师签名					

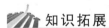 知识拓展

1. 麻花钻的组成

标准高速钢麻花钻由工作部分、颈部及柄部 3 部分组成,如图 2.35 所示。

① 工作部分包括切削部分和导向部分。

切削部分的主要作用是切削工件。

导向部分保证切削时孔的正确方向,修光孔壁,同时还是切削的后备部分。

② 颈部是磨削时砂轮的退刀槽,钻头的材料、规格、商标打印在颈部。小直径钻头不做出颈部。

③ 柄部有锥柄和直柄两种。一般钻头直径小于 13 mm 的做成直柄,不小于 13 mm 的做成锥柄。扁尾的作用是定位和传递扭矩。

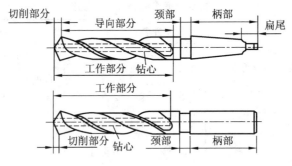

图 2.35　麻花钻的组成

2. 麻花钻工作部分的几何形状

麻花钻的工作部分可以看成是正、反两把车刀,如图 2.36 所示,包括两个前面、两个主后面、两个副后面、两个主切削刃、两个副切削刃、一个横刃。麻花钻的角度主要有螺旋角、前角、后角、顶角、横刃斜角等,如图 2.37 所示,他们的定义和选择原则如下。

① 螺旋角 β:螺旋角是钻头螺旋槽上最外缘的螺旋线展开成直线后与钻头轴线的夹角。由于螺旋槽上各点的导程相同,因而钻头不同直径处的螺旋角是不同的,外径处螺旋角最大,越接近中心螺旋角越小。增大螺旋角则前角增大,有利于排屑,但钻头刚度下降。标准麻花钻的螺旋角为 $18° \sim 30°$。对于直径较小的钻头,螺旋角应取较小值,以保证钻头的刚度。

② 前角 γ_0:由于麻花钻的前刀面是螺旋面,所以主切削刃上各点的前角是不同的。从外缘到中心,前角逐渐减小。刀尖处前角约为 $30°$,靠近横刃处则为 $-30°$ 左右。横刃上的前角为 $-50° \sim -60°$。

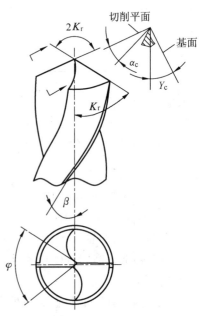

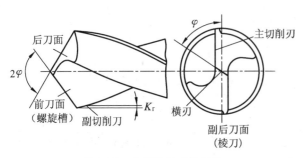

图 2.36　麻花钻的工作部分　　　　　图 2.37　麻花钻的角度

③ 后角 α_0:麻花钻主切削刃上选定点的后角,是通过该点柱剖面中的进给后角 α_0 来表示的。柱剖面是过主切削刃选定点,作与钻头轴线平行的直线,该直线绕钻头轴心旋转所形成的圆柱面。α_0 沿主切削刃也是变化的,越接近中心 α_0 越大。麻花钻外圆处的后角 α_0 通常取 $8°\sim10°$,横刃处后角 $20°\sim25°$。这样能弥补由于钻头轴向进给运动而使主切削刃上各点实际工作后角减小所产生的影响,并能与前角变化相适应。

④ 顶角 $2K_r$:顶角是两主切削刃在与其平行的平面上投影的夹角。较小的顶角容易切入工件,轴向抗力较小,且使切削刃工作长度增加,切削层公称厚度减小有利于散热和提高刀具耐用度。若顶角过小,则钻头强度减小,变形增加,扭矩增大,钻头易折断。因此,应根据工件材料的强度和硬度来刃磨合理的顶角,标准麻花钻的顶角 $2K_r$ 为 $118°$,图 2.38 所示的是麻花钻顶角大小对主切削刃的影响。

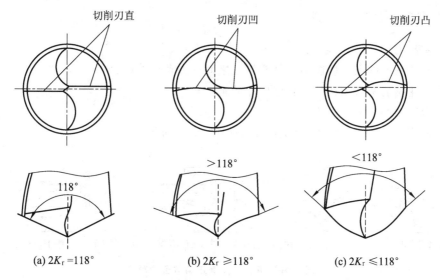

图 2.38 麻花钻顶角大小对主切削刃的影响

⑤ 横刃斜角 ψ:横刃斜角是主切削刃与横刃在垂直于钻头轴线的平面上投影的夹角。当麻花钻后刀面磨出后,ψ 自然形成。横刃斜角 ψ 增大,则横刃长度和轴向抗力减小。标准麻花钻的横刃斜角约为 $50°\sim55°$。

3. 麻花钻的刃磨方法

刃磨前,钻头切削刃应放在砂轮中心水平面上或稍高些的位置。钻头轴线与砂轮外圆柱表面素线在水平面内的夹角等于顶角的一半,同时柄部向下倾斜 $1°\sim2°$,如图 2.39a 所示。

刃磨钻头时,用右手握住钻头前端作支点,左手握住柄部,以钻头前端支点为圆心,柄部上下摆动,并略带旋转,如图 2.39b 所示。

当一个主切削刃磨削完毕后,把钻头转过 $180°$ 刃磨另一个主切削刃,身体和手要保持原来的位置和姿势,这样容易达到两刃对称的目的。

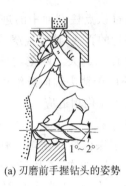
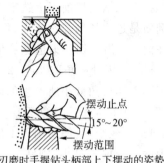

(a) 刃磨前手握钻头的姿势   (b) 刃磨时手握钻头柄部上下摆动的姿势

图 2.39   麻花钻的刃磨方法

4. 麻花钻的刃磨要求

麻花钻刃磨后,必须符合以下要求:

① 麻花钻的两条主切削刃和钻头轴线之间的夹角应对称;

② 麻花钻的两条主切削刃长度应相等;

③ 麻花钻的横刃斜角应为 $50°\sim55°$。

麻花钻刃磨不正确对加工工件的影响如图 2.40 所示。

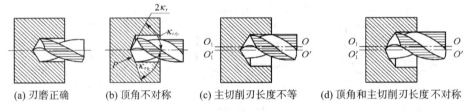

(a) 刃磨正确   (b) 顶角不对称   (c) 主切削刃长度不等   (d) 顶角和主切削刃长度不对称

图 2.40   麻花钻刃磨正确与否的影响

项目三

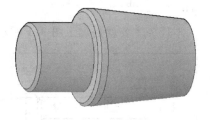

锥度的加工

圆锥阶台轴三维图

本项目围绕外锥和内锥的加工,通过两个任务,讲解转动小滑板法车内、外圆锥的工艺知识及注意事项。

锥套三维图

转动小滑板法车外锥

◎ **知识目标**：正确分析和理解圆锥图元的尺寸、含义。
◎ **技能目标**：掌握转动小滑板法车圆锥的方法。
◎ **素养目标**：根据零件特点制定合理工艺规程，养成小组团队协作互助习惯。

任务描述

本任务主要就是加工图 3.1 所示的圆锥阶台轴零件。

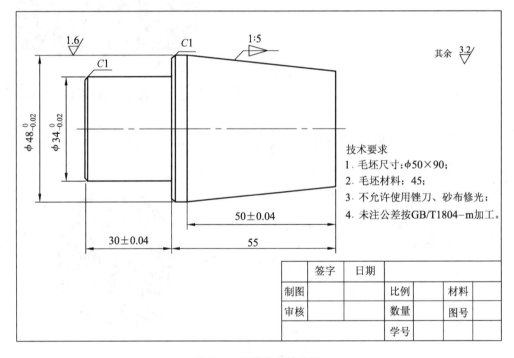

技术要求
1. 毛坯尺寸：$\phi 50 \times 90$；
2. 毛坯材料：45；
3. 不允许使用锉刀、砂布修光；
4. 未注公差按GB/T1804-m加工。

	签字	日期				
制图			比例		材料	
审核			数量		图号	
			学号			

图 3.1　圆锥阶台轴图样

任务分析

1. 图样分析

本任务的加工内容就是在车削阶台轴的基础之上,增加了锥度的加工。因此,完成本任务的关键就是如何在 $\phi 48_{-0.02}^{0}$ mm 的外圆上车锥度为 $C=1:5$ 的外锥。技术要求主要有:

① 尺寸精度:外圆直径 $\phi 48_{-0.02}^{0}$ mm, $\phi 34_{-0.02}^{0}$ mm,阶台长度 30 ± 0.04 mm,锥度轴向长度 50 ± 0.04 mm,长度 55 mm,锥度 $C=1:5$。

② 表面粗糙度:重要表面要求 $Ra1.6~\mu$m 以下,其他表面在 $Ra3.2~\mu$m 以下。

2. 加工路线描述

① 装夹右端→粗、精车左端外圆→倒角;

② 粗、精车右端外圆→调整小滑板转动角度→手动车外圆锥→倒角。

3. 工艺分析

本任务的加工工序卡片见表 3.1,刀具的选择见表 3.2。

表 3.1 车外锥工序卡片

工厂名称		机械加工工序卡片		产品型号		零(部)件型号			第 页	
				产品名称		零(部)件名称			共 页	
材料牌号	45	毛坯种类	棒料	毛坯尺寸	$\phi 50$ mm×90 mm		备注			
工序名称	工步	工步内容	切削用量			设备名称及型号	工艺装备名称及型号		工时	
			主轴转速/(r/min)	进给量/(mm/r)	背吃刀量/mm		夹具	刀具	量具	单件	终准
锯	1	锯割下料				锯床GZT—180		带锯	钢直尺	2 min	
车一		装夹工件,伸出长度大于 30 mm				CA6140A	三爪卡盘		钢直尺		
	1	车端面,车平即可	800	0.1	0.2~1.0	CA6140A	三爪卡盘	45°车刀	钢直尺		
	2	粗、精车 $\phi 34_{-0.02}^{0}$ mm 外圆至公差要求	500,1 000	0.05~0.20	0.1~3.0	CA6140A	三爪卡盘	90°车刀	游标卡尺、外径千分尺		
	3	倒角 $C1$ mm,去毛刺	800	0.1	0.2~1	CA6140A	三爪卡盘	45°车刀			

续表

工序	工步	工步内容	切削用量			设备名称及型号	工艺装备名称及型号			工时	
			主轴转速/(r/min)	进给量/(mm/r)	背吃刀量/mm		夹具	刀具	量具	单件	终准
车二		调头垫铜皮装夹外圆 $\phi 34$ mm,装夹长度为15 mm左右,找正 $\phi 34$ mm的外圆表面				CA6140A	三爪卡盘		磁力表座、百分表		
	1	车右端面,保证右端长度尺寸55 mm	800	0.1	0.2～1.0	CA6140A	三爪卡盘	45°车刀	钢直尺、游标卡尺		
	2	粗、精车外圆 $\phi 48_{-0.02}^{0}$ mm至公差要求,长度55 mm	500,1 000	0.05～0.20	0.1～3.0	CA6140A	三爪卡盘	90°车刀	游标卡尺、外径千分尺		
	3	倒角 C1 mm	800	0.1	0.2～1.0	CA6140A	三爪卡盘	45°车刀	外径千分尺		
	4	调整小滑板转动角度 $\alpha/2=5°42'38''$,双手摇动小滑板手柄车外锥	500,1 000	0.05～0.20	0.1～3.0	CA6140A	三爪卡盘	90°车刀	游标卡尺、万能量角器		
	5	检测、下车									
保养		打扫卫生,保养机床									
						编制/日期		审核/日期		会签/日期	
标记	标记	更改文件号	签字	日期	标记	标记	更改文件号	签字		日期	

表 3.2 车外锥刀具卡片

零件型号		零件名称		产品型号			共 页	第 页
工步号	刀具号	刀具名称	刀具规格	数量	刀具		备注1	备注2
					直径/mm	长度/mm		
	T01	45°车刀	YT15	1				
	T02	45°倒角刀	YT15	1				
	T03	90°粗车刀	YT15	1				
	T04	90°精车刀	YT15	1				
标记	标记	更改文件号	签字	编制/日期		审核/日期		会签/日期

在表 3.2 中,45°倒角刀只是与普通的 45°车刀的开槽位置有所不同(如图 3.2 所示),用于零件的反向倒角。

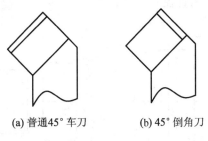

(a) 普通45°车刀　　　　(b) 45°倒角刀

图 3.2　45°车刀

4. 相关工艺知识

（1）圆锥参数及其计算

本任务圆锥参数及其计算见表 3.3,相应尺寸如图 3.3 所示。

表 3.3　圆锥参数及其计算

名　　称	代　　号	定义及计算公式
圆锥角	α	在通过圆锥轴线的截面内,两条素线间的夹角。车削常用圆锥半角 $\alpha/2$。
大端直径	D	本任务中 $D=48$ mm
小端直径	d	$d=D-CL$
圆锥长度	L	大端直径与小端直径之间的轴向距离。图样中 $L=50$ mm。
锥度	C	圆锥大端直径与小端直径的差值与圆锥长度之比:$C=(D-d)/L$。图样中 $C=1:5$。

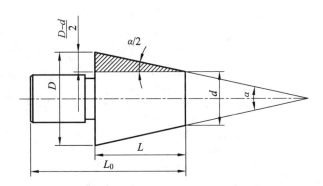

图 3.3　圆锥的各部分尺寸

结合图 3.3,将锥度计算式恒等变形可得:$\tan\dfrac{\alpha}{2}=\dfrac{C}{2}=\dfrac{D-d}{2L}$。

可见,圆锥的 4 个基本参数(D,d,L,C)中,只要知道其中任意 3 个,就可以求出另一个未知参数。

例 3.1   图 3.4 所示的是磨床主轴圆锥,已知锥度 $C=1:5$,大端直径 $D=40$ mm,圆锥长度 $L=50$ mm,求小端直径 d 和圆锥半角 $\frac{\alpha}{2}$。

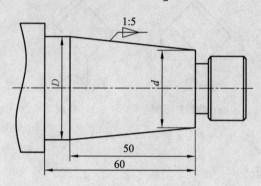

图 3.4   某磨床主轴锥度示意图

解: $d=D-CL=40-\dfrac{1}{5}\times50=30$(mm)

$$\tan\frac{\alpha}{2}=\frac{C}{2}=\frac{1}{2}\times\frac{1}{5}=0.1$$

$$\frac{\alpha}{2}=5°42'38''$$

想一想   你能算出图 3.1 中锥度的小端直径是多少吗?圆锥半角 $\frac{\alpha}{2}$ 是多少?

（2）用转动小滑板法车圆锥表面

较短圆锥的车削,可以用转动小滑板法。如图 3.5 所示,车削时只要按工件锥面的要求把小滑板转过圆锥半角 $\frac{\alpha}{2}$,使车刀的运动轨迹与所要车削的圆锥素线平行即可。

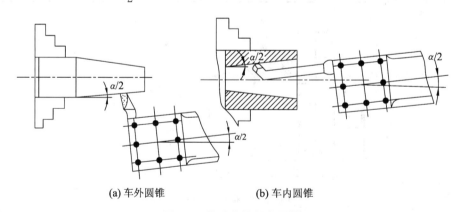

(a) 车外圆锥   (b) 车内圆锥

图 3.5   转动小滑板车圆锥

① 车刀的装夹。车刀必须对准工件旋转中心,否则会产生双曲线(素线不直)误差。

② 车削前调整好小滑板镶条的松紧。如调得过紧,手动进给时费力,移动不均匀;调得松,则会造成小滑板间隙太大。两者均会使车出的锥面表面粗糙度较大且工件素线

不平直、工件表面不光滑。小滑板手柄应调节至无过松或过紧的感觉为止。

③ 调整转盘角度。将小滑板下面转盘的螺母松开,应把转盘旋转角度转至比计算值圆锥半角 $\alpha/2$ 大 $10'\sim20'$,可在 $5.5°\sim6°$ 之间估计,然后固紧转盘上的螺母,试切后再逐步找正。

对于精度要求较高的加工,可将标准锥度塞规装夹在两顶尖之间,用百分表找正塞规的侧素线,若小滑板移动整个锥面长度后,百分表的指针摆动为零,则说明小滑板转动角度正确,如图 3.6 所示。

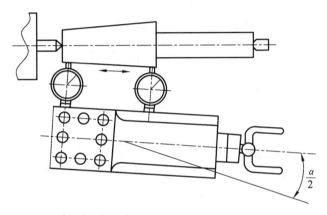

图 3.6 用标准锥度塞规找正小滑板转动角度

⟡ **提示** 转动小滑板时,可以使小滑板转角略大于圆锥半角 $\alpha/2$,但不能小于 $\alpha/2$。转角偏小会使圆锥素线车长而难以修正圆长度尺寸。

▒ 任务实施

1. 准备工作

任务实施前的各项准备工作见表 3.4。

表 3.4 车削圆锥阶台轴的准备事项

准备事项	准备内容
材料	45 钢,尺寸为 $\phi50$ mm×90 mm 的棒料
设备	CA6140A 车床(三爪自定心卡盘)
刀具	45°车刀,90°车刀(YT15 硬质合金)
量具	游标卡尺 0.02 mm/(0~200 mm),外径千分尺 0.01 mm/(25~50 mm),万能量角器 2′/(0~320°),百分表 0.01 mm/(0~10 mm)及磁力表座
工、辅具	铜皮,铜棒,常用工具等

2. 操作步骤

车削工序一 三爪卡盘装夹工件,使 $L_{伸}$ 大于 30 mm,具体内容见表 3.5。

表 3.5　车削工序一的工步内容

工步内容	图　示
1. 车左端面(如图 3.7 所示)。	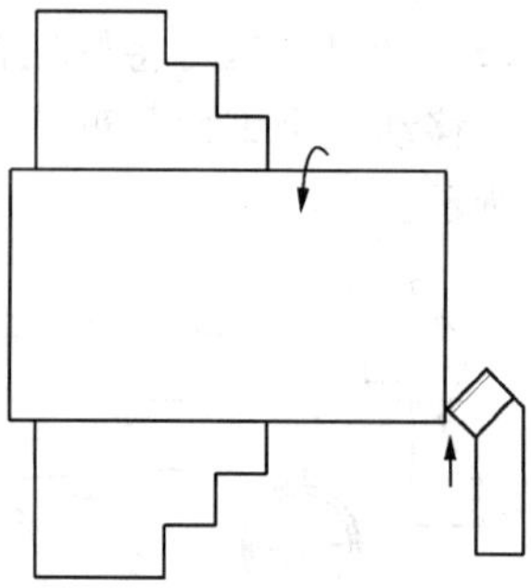 图 3.7　车端面
2. 粗、精车 $\phi 34_{-0.02}^{\ 0}$ mm 外圆至公差要求,并保证长度尺寸至公差要求(如图 3.8 所示)。	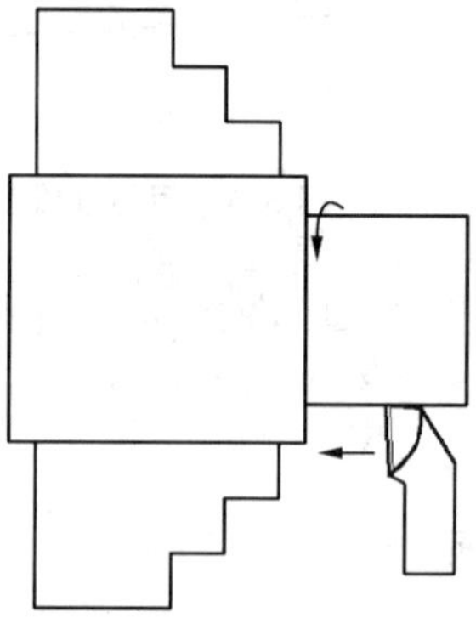 图 3.8　车外阶台
3. 倒角 $C1$ mm(如图 3.9 所示)。	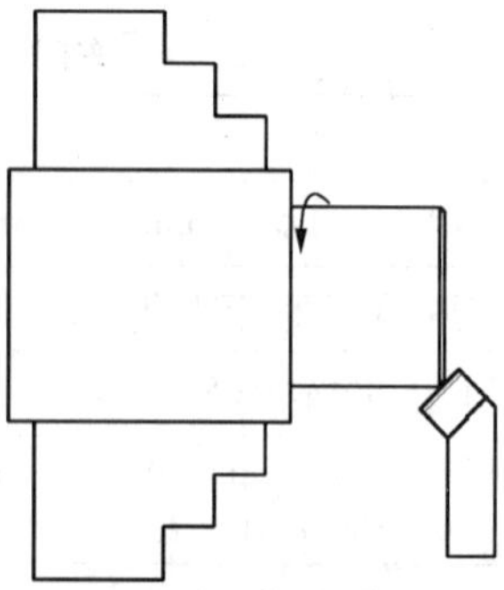 图 3.9　倒角

　　车削工序二　调头垫铜皮装夹外圆 $\phi 34_{-0.02}^{\ 0}$ mm,装夹长度为 15 mm 左右,找正 $\phi 34_{-0.02}^{\ 0}$ mm 的外圆表面(如图 3.10 所示),各工步内容见表 3.6。

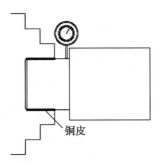
铜皮

图 3.10　找正工件

表 3.6　车削工序二的工步内容

工步内容	图　示
1. 车右端面,保证右端长度尺寸 55 mm(如图 3.11 所示)。	图 3.11　车端面
2. 粗、精车外圆 $\phi48_{-0.02}^{0}$ mm 至公差要求,长度 55 mm(如图 3.12 所示)。	图 3.12　车外圆
3. 利用 45°倒角刀倒角 C1 mm(如图 3.13 所示)。	图 3.13　倒角

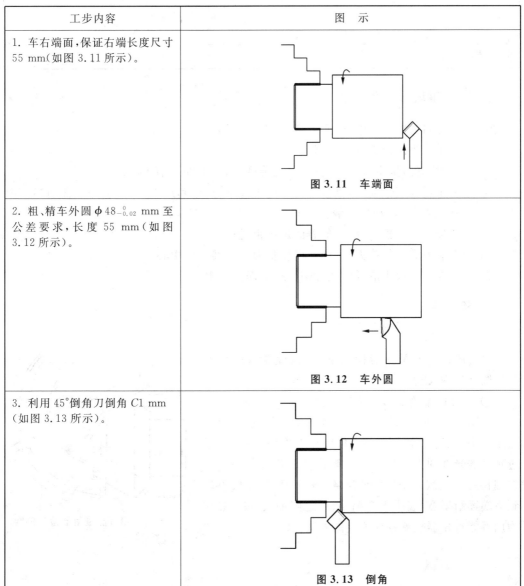

续表

工步内容	图　示
4. 调整小滑板转动角度 $\alpha/2=5°42'38''$，双手摇动小滑板手柄车外锥（如图3.14所示）。	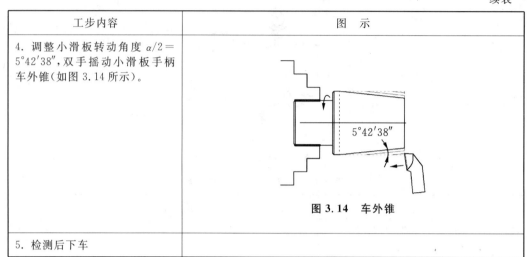 图3.14　车外锥
5. 检测后下车	

3. 注意事项

① 刀尖必须对准工件中心，避免产生双曲线误差；

② 应两手握小滑板手柄均匀移动；

③ 粗车时，进刀量不宜过大，应先找正锥度，以防工件车小而报废；

④ 用量角器检查锥度时，测量边应通过工件中心；用套规检查时，工件表面粗糙度要小，涂色要薄而均匀，转动量一般在半圈之内，多转易造成误判；

⑤ 小滑板不宜过松，以防工件表面过于粗糙；

⑥ 中途磨刀后重新装夹时，须严格调整刀尖对准工件中心；

⑦ 防止扳手在扳小滑板紧固螺帽时打滑而撞伤手。

4. 检测评价

（1）锥度的测量

可用游标万能量角器检测锥度，精度要求较高时可用圆锥量规、正弦尺、专用角度样板等测量。

① 用万能量角器检测锥度

如图3.15所示，调整好量角器的安装位置，直尺面与工件平面（通过中心）靠平，角尺与工件斜面接触，通过观察透光线的大小形状来检测锥度。若看到一条均匀细长的透光线，表明锥度合格。若检测光线从小端到大端逐渐增宽，表明锥度偏小；反之则偏大。图3.16为用万能量角器检测各种角度的方法。

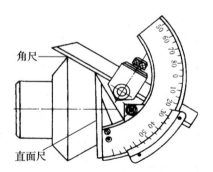
图3.15　用万能量角器检测角度

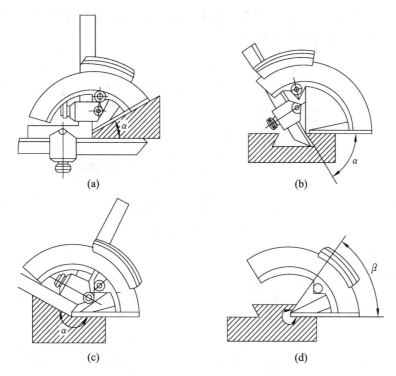

图 3.16 用万能量角器检测各种锥度的方法

② 用专用角度样板检验锥度

对于批量生产和检验,为了提高效率,常使用专用样板。图 3.17 为用角度样板检测锥齿轮坯角度的方法示意图。

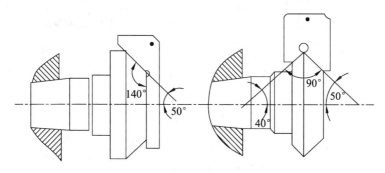

图 3.17 用角度样板检测锥度

(2) 圆锥长度的测量

可用钢直尺检查圆锥长度,精度要求较高时可用样板、游标深度尺、卡板等测量,测量时注意尺杆与工件轴线平行。

(3) 综合检测

① 锥形量规

锥形量规包括套规和塞规,如图 3.18 所示。锥形套规用于检验锥体工件,既可以检查工件锥度的准确性,又可以检查锥体工件的大小端直径及长度尺寸。如要求套规与锥体接触面在 50% 以上,须经过试切和反复调整,所以锥体的检查在试切时就应该进行。锥形塞规用来检验内圆锥,其检测方法类似于套规。

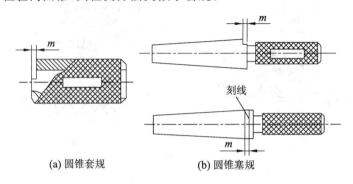

(a) 圆锥套规   (b) 圆锥塞规

图 3.18   圆锥量规

② 涂色法检测

涂色法检测圆锥(如图 3.19 所示)的步骤如下:

a. 在工件表面上顺着素线相隔 120° 均匀地涂上 3 条显示剂;

b. 把量规贴紧工件圆锥面转动半圈;

c. 取下量规检查工件锥面上显示剂擦去情况,判定锥度大小。

若显示剂在圆锥上全长擦痕均匀,则说明锥度合格。若圆锥大端擦去,小端未擦去,表明圆锥半角偏大;否则圆锥半角偏小。根据显示剂的擦痕形状调整锥度。

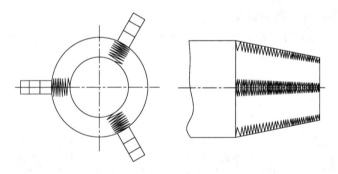

图 3.19   涂色法检测锥度

按照图样要求,逐项检测质量,并参照表 3.7 评价及反馈。

表 3.7   质量检测评分反馈表

零件:				姓名:		成绩:		
项目	序号	考核内容和要求	配分	评分标准		学生自测		教师评测
						自测	得分	检测	得分
外圆	1	$\phi 48_{-0.02}^{0}$ mm	10	每超差 0.01 mm 扣 1 分;超差 0.03 mm 以上不得分					
	2	$\phi 34_{-0.02}^{0}$ mm	10						

续表

零件：				姓名：		成绩：			
项目	序号	考核内容和要求	配分	评分标准		学生自测		教师评测	
						自测	得分	检测	得分
长度	3	30±0.04 mm	10	不合格不得分					
	4	50±0.04 mm	10	不合格不得分					
	5	55 mm	10	不合格不得分					
圆锥	6	▷ 1：5	20	不合格不得分					
其他	7	C1 mm(2 处)	2×5	不合格不得分					
	8	Ra1.6 μm	5	不合格不得分					
	9	Ra3.2 μm	5	不合格不得分					
安全文明生产	10	无违章操作	10	否则扣 5~10 分					
	11	无撞刀及其他事故		否则扣 5~10 分					
	12	机床清洁保养		否则扣 5~10 分					
需改进的地方									
教师评语									
学生签名				小组长签名					
日期				教师签名					

5．废品原因与预防措施

车圆锥时产生废品的原因和预防措施见表 3.8。

表 3.8　车圆锥时废品原因及预防措施

废品种类	产生原因	预防措施
锥度不正确	用转动小滑板法车削时， ① 小滑板转动角度计算错误； ② 小滑板未匀速车削移动。	① 仔细计算小滑板应转的角度和方向，并反复试车找正； ② 调整小滑板镶条；匀速进给车削。
双曲线误差	车刀刀尖没有对准工件轴线。	刀尖必须严格对准工件的旋转中心线。

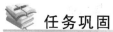 任务巩固

按照图样要求完成图 3.20 所示的外圆锥阶台的车削加工。

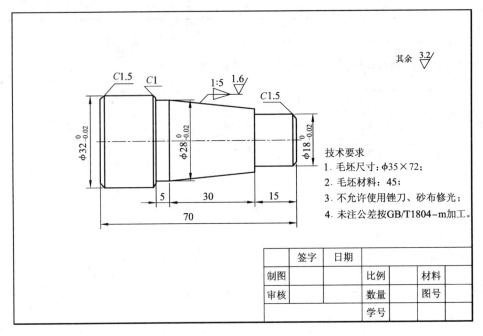

技术要求
1. 毛坯尺寸：$\phi35\times72$；
2. 毛坯材料：45；
3. 不允许使用锉刀、砂布修光；
4. 未注公差按GB/T1804-m加工。

	签字	日期			
制图			比例		材料
审核			数量		图号
			学号		

（a）外圆锥图样

（b）外圆锥三维图

图3.20　外圆锥阶台

1. 参考加工步骤

车削工序一　夹住毛坯件外圆，使伸出长度约35 mm。

① 车端面，车平即可；

② 粗、精车$\phi32_{-0.02}^{0}$ mm外圆至公差要求，长度大于20 mm（取30 mm）；

③ 倒角$C1.5$ mm。

车削工序二　调头垫铜皮装夹$\phi32_{-0.02}^{0}$ mm外圆，装夹长度18 mm，找正$\phi32_{-0.02}^{0}$ mm外圆。

① 车端面，保证总长；

② 钻中心孔，支顶顶尖；

③ 车外圆$\phi28_{-0.02}^{0}$ mm$\times$50 mm，$\phi18_{-0.02}^{0}$ mm$\times$15 mm；

④ 调整小滑板转动角度，车锥度，并保证外锥长度30 mm；

⑤ 倒角$C1$ mm，$C1.5$ mm；

⑥ 检查下车。

2. 评价反馈

按照图样要求,逐项检测质量,并参照表3.9评价及反馈。

表 3.9　质量检测评分反馈表

零件:					姓名:	成绩:			
项目	序号	考核内容和要求	配分	评分标准		学生自测		教师评测	
						自测	得分	检测	得分
外圆	1	$\phi\,32_{-0.02}^{\ 0}$ mm	8	每超差 0.01 mm 扣 1 分;超差 0.03 mm 以上不得分					
	2	$\phi\,28_{-0.02}^{\ 0}$ mm	8						
	3	$\phi\,18_{-0.02}^{\ 0}$ mm	8						
长度	4	5 mm	8	不合格不得分					
	5	15 mm	8	不合格不得分					
	6	30 mm	8	不合格不得分					
	7	70 mm	8	不合格不得分					
圆锥	8	▷ 1∶5	14	不合格不得分					
其他	9	2×C1.5 mm	8	不合格不得分					
	10	C1 mm	4	不合格不得分					
	11	Ra1.6 μm	4	不合格不得分					
	12	Ra3.2 μm	4	不合格不得分					
安全文明生产	13	无违章操作	10	否则扣 5～10 分					
	14	无撞刀及其他事故		否则扣 5～10 分					
	15	机床清洁保养		否则扣 5～10 分					
需改进的地方									
教师评语									
学生签名			小组长签名						
日期			教师签名						

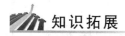 知识拓展

1. 标准化圆锥

为了制造和使用的方便,常用的圆锥在国际上都已标准化,主要有莫氏圆锥和米制圆锥。

① 莫氏圆锥

莫氏圆锥是机器制造业应用最广泛的一种,常见于车床主轴锥孔、尾座套筒、顶尖、钻

头柄、铰刀柄等。主要有 7 种号码，即 0♯,1♯,2♯,3♯,4♯,5♯和 6♯，最小的是 0♯，最大的是 6♯。不同号码的尺寸和圆锥半角均不同。

② 米制圆锥

米制圆锥有 8 个号码，即 4♯,6♯,80♯,100♯,120♯,140♯,160♯和 200♯。它们的锥度 $C=1:20$ 固定不变，号码表示大端直径。例如：100♯ 米制圆锥的大端直径 $D=100$ mm。米制圆锥的优点是锥度不变，记忆方便。

2. 偏移尾座法车削外锥

对于锥度较小、长度较长的外圆锥工件车削，可以采用偏移尾座法。如图 3.21 所示，利用双顶尖装夹工件，但尾座横向偏移一段距离 S，使工件旋转中心与纵向进给方向相交成一个角度 $\alpha/2$，车削时床鞍作纵向车削。

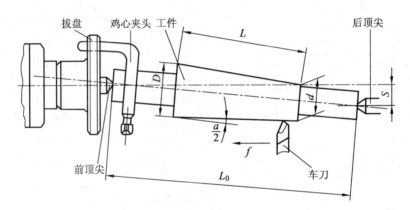

图 3.21　偏移尾座车圆锥体

尾座偏移量 S 与工件总长 L_0 有关，可用下式计算：

$$S=\frac{D-d}{L}L_0=\frac{C}{2}L_0,$$

式中：D——大端直径；

　　　d——小端直径；

　　　L——圆锥轴线长度；

　　　C——锥度。

（1）偏移尾座的方法

先把前后两顶尖对齐（尾座上下层零线对齐），然后根据 S 的大小采用下面几种方法来偏移尾座的上层。

方法一：应用尾座下层的刻度偏移时，松开尾座紧固螺母，用六角扳手转动尾座上层两侧的螺钉 1,2（如图 3.22 所示），根据刻度值移动一个距离 S，然后拧紧尾座紧固螺母 1,2。

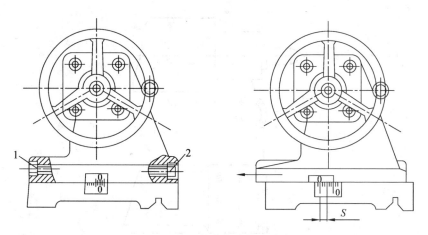

图 3.22　应用刻度偏移尾座的方法

方法二:用划线法(无刻度尾座)。在尾座后面涂一层白粉,用划针划上线 oo'(如图 3.23 所示),再在尾座下层划一条线 a(使线段 $o'a$ 等于 S),然后偏移尾座上层,使 o 与 a 对齐,即偏移了一个 S 的距离。

方法三:应用中滑板刻度在刀架上夹持一根铜棒,摇动中滑扳手柄使铜棒端面和尾座套筒接触,记下中滑板刻度对齐格数。这时根据偏移量 S 算出中滑板刻度应转过几格,接着按刻度格数使铜棒退出,然后偏移尾座的上层,使套筒接触铜棒为止,如图 3.24 所示。

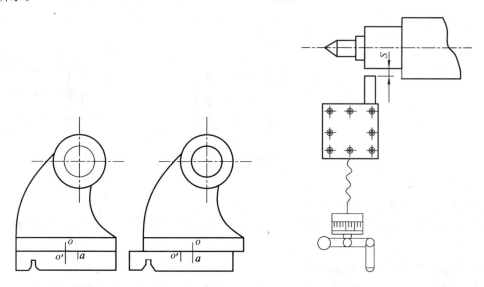

图 3.23　应用划线偏移尾座的方法　　　**图 3.24　应用中滑板刻度偏移尾座的方法**

方法四:应用百分表。把百分表固定在刀架上,使百分表头与尾座套筒接触,找正百分表零位然后偏移尾座,当百分表指针转动读数至 S 值时,把尾座固定即可,如图 3.25 所示。

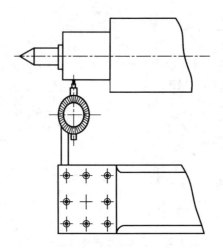

图 3.25　应用百分表偏移尾座的方法

方法五:应用锥度量棒(或样件)。先把锥度量棒顶在两顶尖间,在刀架上装一百分表,使表头与量棒素线接触,再偏移量尾座,然后纵向移动床鞍,观察百分表在两端的读数是否一致。如读数不一致,再偏移量尾座直至两端读数一致为止,如图 3.26 所示。

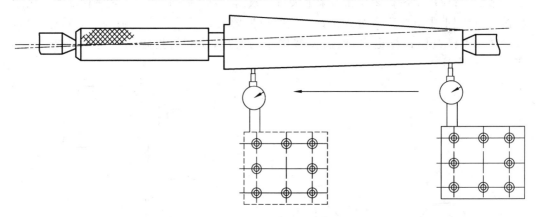

图 3.26　用锥度量棒偏移尾座的方法

(2) 车削方法

工件装夹采用"两顶一夹"方式:

① 把两顶尖的距离调整到工件总长 L_0,尾座套筒在尾座内伸出量一般小于套筒总长的 1/2;

② 两中心孔内须加润滑脂(黄油);

③ 工件在两顶尖间的松紧程度,以手不用力能拨动工件(只要没有轴向窜动)为宜,车削方法同车外圆。

(3) 偏移尾座车外圆锥的优缺点

① 只能进行外圆锥的车削;

② 适宜于锥度较小、锥体较长、精度不高的外锥体车削;

③ 可以自动进给,工件表面质量好;

④ 不能车出整体圆锥；

⑤ 因顶尖在中心孔中是歪斜的，接触不良，所以顶尖与中心孔磨损不均匀。

(4) 注意事项

① 车刀应对准工件中心，以防素线不直；

② 粗车时进刀不宜过深，应先找正锥度，以防工件车小而报废；

③ 随时注意两顶尖间松紧和前顶尖的磨损情况，以防工件飞出伤人；

④ 套规检查时涂色应薄而均匀，转动量一般在半圈之内，多则容易造成误判；

⑤ 偏移尾座时，应仔细、耐心，熟练把握正确的偏移方向；

⑥ 如果工件数量较多，其长度和中心孔的深浅、大小必须一致；

⑦ 精加工锥面时，a_p 和 f 都不能太大，否则影响锥面加工质量。

3. 中心孔

国家标准规定中心孔有 A 型(不带保护锥)、B 型(带保护锥)和 C 型(带螺纹)3 种，如图 3.27 所示。A 型中心孔由锥孔和圆柱孔两部分组成，圆锥孔的圆锥角为 60°，适用于不需要多次装夹或不保留中心孔的工件。B 型中心孔在 A 型中心孔的端部再加 120° 的圆锥面，适用于多次装夹加工的零件。C 型中心孔在 B 型中心 60° 锥孔后加一短圆柱孔，后面有一内螺纹，适用于需要把其他零件轴向固定在轴上，或需将零件吊挂放置的情况。一般 $\phi 6.3$ mm 以下的中心孔常用高速钢制成的中心钻直接钻出。

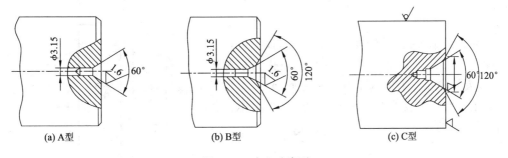

(a) A 型　　　　(b) B 型　　　　(c) C 型

图 3.27　中心孔类型

常用的中心钻有 A 型和 B 型两种，其形状及相应参数如图 3.28 所示。

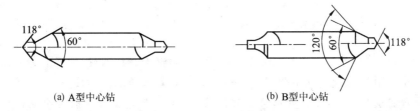

(a) A 型中心钻　　　　(b) B 型中心钻

图 3.28　常用中心钻类型

4. 顶尖

顶尖按照位置可分为后顶尖和前顶尖。

（1）后顶尖

后顶尖有固定顶尖和回转顶尖(活顶尖)2 种。

① 固定顶尖

如图 3.29 所示,固定顶尖刚性好,定心准确,但与工件中心孔之间产生滑动摩擦而发热过多,容易将中心孔或顶尖烧坏。因此固定顶尖只适用于低速加工精度要求较高的工件。

② 回转顶尖(活顶尖)

如图 3.30 所示,回转顶尖将工件与中心孔的滑动摩擦改为顶尖内部轴承的滚动摩擦,能在很高的转速下正常工作,克服了固定顶尖的缺点,因此应用日益广泛。但回转顶尖存在一定的装配累积误差,另外当滚动轴承磨损后,会使顶尖产生径向摆动,从而降低了加工精度。

图 3.29　固定顶尖　　　　　　　　　图 3.30　回转顶尖

（2）前顶尖

插在主轴锥孔内与主轴一起旋转的顶尖称作前顶尖。前顶尖随工件一起转动,与中心孔无相对运动,不发生摩擦。有时为了准确和方便起见,也可以在三爪自定心卡盘上夹一段钢材,车成 60°尖锥代替前顶尖,如图 3.31 所示。

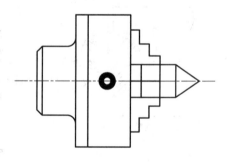

图 3.31　前顶尖

　加油站　"两顶一夹"装夹

对于较长的或必须多次装夹才能加工好的工件(例如细长轴、长丝杠等),或工序较多(例如车削后还要铣削或磨削)的工件,为了保证每次的装夹精度(如同轴度),可用前顶尖、后顶尖支顶,然后利用鸡心夹头作用装夹,装夹前先在工件的两个端面车同轴中心孔,如图 3.32 所示。鸡心夹头通常分为弯头鸡心夹头和直尾鸡心夹头。

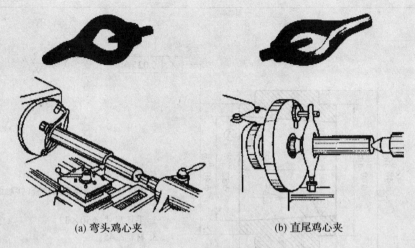

(a) 弯头鸡心夹　　　　　　　(b) 直尾鸡心夹

图 3.32　鸡心夹头及其使用方法

两顶尖装夹工件方便,不需找正,装夹精度高。两顶尖装夹工件虽然精度很高,但刚性较差,影响切削量的提高,尤其是较重的工件,不能用两顶尖装夹。

任务二　车锥套

◎ **知识目标**:正确理解圆锥图元的尺寸、含义。

◎ **技能目标**:掌握锥孔直径、长度的控制方法、加工方法及测量方法。

◎ **素养目标**:根据零件特点合理制定工艺规程,养成小组团队协作互助习惯。

 任务描述

本任务就是要完成图 3.33 所示锥套的车削加工。

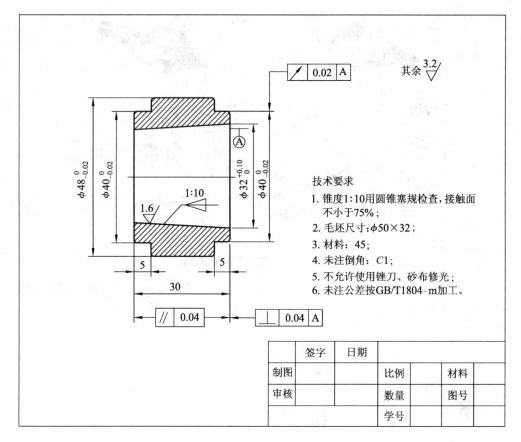

图 3.33   锥套图样

 任务分析

1. 图样分析

本任务的加工内容就是在车削内孔的基础之上,增加了锥度的加工。因此,完成本任务的关键就是如何在内孔上车锥度为 $C=1:10$ 的内锥。为了保证加工质量,满足零件的技术要求,必须采取合理的工艺措施、安装方法与加工方法。本任务的技术要求主要有:

① 尺寸精度:外圆直径 $\phi 48_{-0.02}^{0}$ mm,$\phi 40_{-0.02}^{0}$ mm,长度尺寸 5,30 mm,锥度 $C=1:10$。

② 位置精度:外圆及端面对内孔轴线均有位置精度要求,零件以圆锥孔轴线作为基准,外表面对内孔轴线的圆跳动误差 $\boxed{\diagup \,|\, 0.02 \,|\, A}$,端面对内孔轴线的垂直度误差 $\boxed{\perp \,|\, 0.04 \,|\, A}$,两端面的平行度 $\boxed{/\!/ \,|\, 0.04}$。

③ 表面粗糙度:内孔表面粗糙度值在 $Ra1.6$ μm 以下,其他表面在 $Ra3.2$ μm 以下。

2. 加工路线描述

① 车工艺阶台；

② 车端面→钻孔→车外圆、通孔→车锥孔→倒角；

③ 精车外圆、端面→倒角。

3. 工艺分析

本加工任务的工艺流程见工序卡片表 3.10,刀具选择见表 3.11。

表 3.10　车锥套工序卡片

工厂名称				机械加工工序卡片		产品型号		零(部)件型号			第　页
						产品名称		零(部)件名称			共　页
材料牌号	45		毛坯种类	棒料	毛坯尺寸	ϕ50 mm×32 mm		备注			
工序名称	工步	工步内容		切削用量			设备名称及型号	工艺装备名称及型号			工时
				主轴转速/(r/min)	进给量/(mm/r)	背吃刀量/mm		夹具	刀具	量具	单件 终准
锯	1	锯割下料					锯床 GZT－180		带锯	钢直尺	2 min
车一		三爪卡盘装夹工件,使伸出长度大于 5 mm					CA6140A	三爪卡盘		钢直尺	
	1	车端面,车平即可		800	0.1	0.2～1.0	CA6140A	三爪卡盘	45°车刀		
	2	粗车 ϕ42 mm×6 mm 的工艺阶台		500	0.1～0.2	1～3	CA6140A	三爪卡盘	90°车刀	游标卡尺	
车二		工件调头装夹 ϕ42 mm×6 mm 工艺阶台					CA6140A	三爪卡盘			
	1	粗车端面		800	0.1	0.2～1.0	CA6140A	三爪卡盘	45°车刀	钢直尺	
	2	钻通孔 ϕ26 mm		450(冷却液)			CA6140A	三爪卡盘锥套	ϕ26 mm 麻花钻		
	3	粗车外圆 ϕ48 mm,ϕ40 mm×5 mm,留余量 0.5 mm		500	0.1～0.2	1～3	CA6140A	三爪卡盘	90°车刀	游标卡尺	

续表

工序名称	工步	工步内容	切削用量			设备名称及型号	工艺装备名称及型号			工时	
			主轴转速/(r/min)	进给量/(mm/r)	背吃刀量/mm		夹具	刀具	量具	单件	终准
	4	粗车 φ26 mm 通孔至 φ28.7 mm	450	0.10~0.15	0.5~2.0	CA6140A	三爪卡盘	盲孔车刀	游标卡尺		
	5	粗车锥孔,控制大端直径至 φ31.5 mm	800		0.25~2.00	CA6140A	三爪卡盘	盲孔车刀	游标卡尺		
	6	精车锥孔至公差要求(与外锥配合检测,控制基面距)	800	0.05~0.10	0.1~1.0	CA6140A	三爪卡盘	盲孔车刀	游标卡尺、万能量角器		
	7	精车外圆 φ48 mm,φ40 mm× 5 mm 至公差要求	1 000	0.05~0.10	0.1~1.0	CA6140A	三爪卡盘	90°车刀	游标卡尺、外径千分尺		
	8	倒角 C1 mm	800	0.1	0.2~1.0	CA6140A	三爪卡盘	45°车刀			
	9	停车,检测									
车三		工件调头,垫铜皮装夹外圆 φ40 mm×5 mm (靠平端面),找正 φ48 mm 的外圆				CA6140A	三爪卡盘		百分表		
	1	精车端面,控制总长及平行度至公差要求	1 250	0.1	0.2~1.0	CA6140A	三爪卡盘	45°车刀	钢直尺、游标卡尺		
	2	精车 φ40 mm× 5 mm 的外圆	1 000	0.05~0.10	0.1~1.0	CA6140A	三爪卡盘	90°车刀	游标卡尺、外径千分尺		
	3	倒角 C1 mm	800	0.1	0.2~1.0	CA6140A	三爪卡盘	45°车刀	外径千分尺		
	4	检测、下车									
保养		打扫卫生、保养机床									

							编制/日期	审核/日期	会签/日期		
标记	标记	更改文件号	签字	日期	标记	标记	更改文件号	签字	日期		

表 3.11 刀具卡片

零件型号			零件名称		产品型号		共 页	第 页
工步号	刀具号	刀具名称	刀具规格	数量	刀具		备注 1	备注 2
					直径/mm	长度/mm		
	T01	45°车刀	YT15	1				
	T02	90°粗车刀	YT15	1				
	T03	90°精车刀	YT15	1				
	T04	盲孔粗车刀	YT15	1	小于 26	大于 32		
	T05	盲孔精车刀	YT15	1	小于 26	大于 32		
	T06	ϕ26 mm 麻花钻	高速钢	1	26	大于 32		
标记	标记	更改文件号	签字	编制/日期		审核/日期		会签/日期

任务实施

1. 准备工作

任务实施前的各项准备内容见表 3.12。

表 3.12 车锥套的准备事项

准备事项	准备内容
材料	45 钢,尺寸为 ϕ50 mm×32 mm 的棒料
设备	CA6140A 车床(三爪自定心卡盘)
刀具	45°车刀,90°车刀,ϕ26 mm×32 mm 盲孔车刀,ϕ26 mm 麻花钻,中心钻
量具	游标卡尺 0.02 mm/(0～200 mm),外径千分尺 0.01 mm/(25～50 mm),万能量角器 2′/(0～320°),百分表 0.01 mm/(0～10 mm)及磁力表座,内径百分表 0.01 mm/(18～35 mm),钢直尺(0～150 mm),圆锥塞规
工、辅具	铜皮,铜棒,红丹粉,常用工具等

2. 操作步骤

车削工序一 三爪卡盘装夹工件,使伸出长度大于 5 mm,各工步具体操作见表 3.13。

表 3.13　车削工序一的工步内容

工步内容	图　示
1. 车端面,车平即可(如图 3.34 所示)。	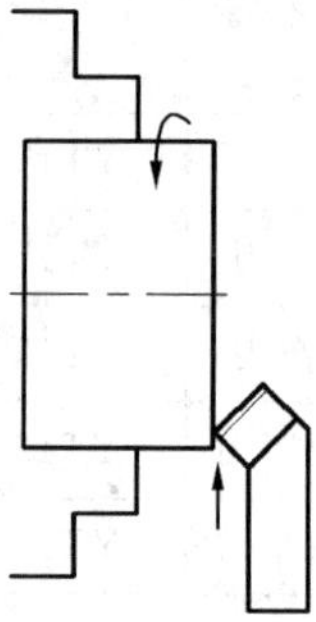 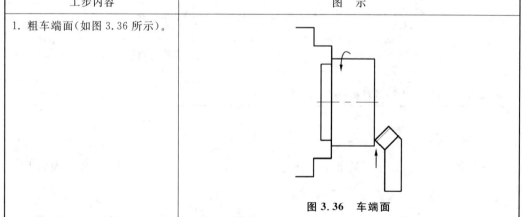
2. 粗车 ϕ42 mm×5 mm 的工艺阶台(如图 3.35 所示)。	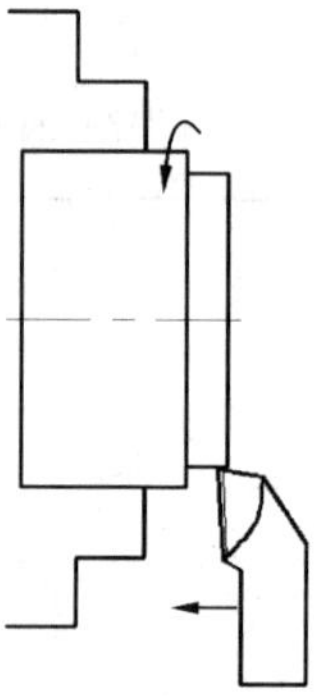

车削工序二　工件调头装夹 ϕ42 mm×5 mm 工艺阶台(靠紧阶台端面),具体操作见表 3.14。

表 3.14　车削工序二的工步内容

工步内容	图　示
1. 粗车端面(如图 3.36 所示)。	

续表

工步内容	图　　示
2. 钻通孔 ϕ 26 mm（如图 3.37 所示）。	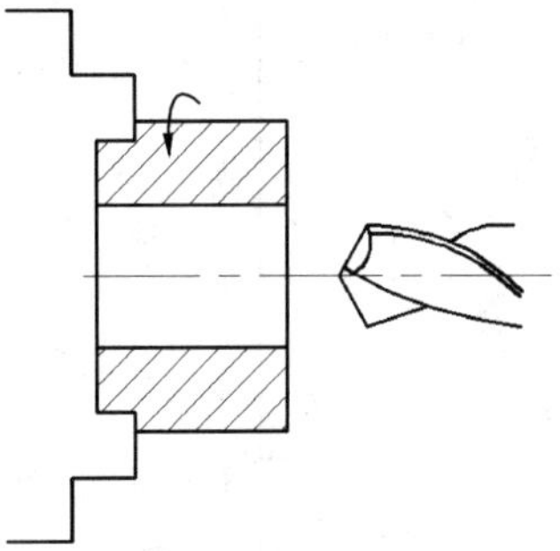 图 3.37　钻通孔
3. 粗车 ϕ 40 mm $\times$ 5 mm，ϕ 48 mm外圆，留余量0.5 mm（如图3.38所示）。	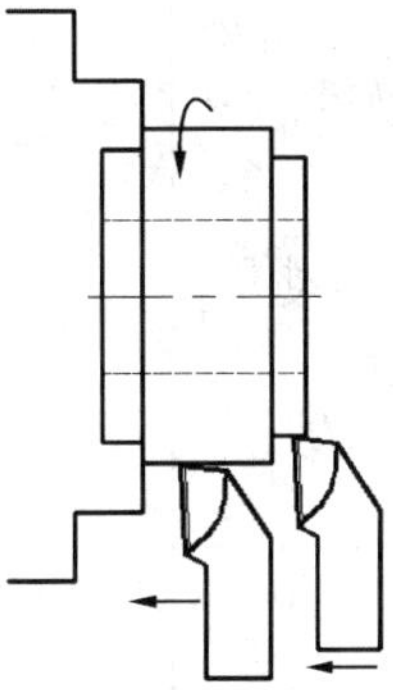 图 3.38　粗车外圆
4. 粗车 ϕ 26 mm 通孔至 ϕ 28.7 mm（如图3.39所示）。	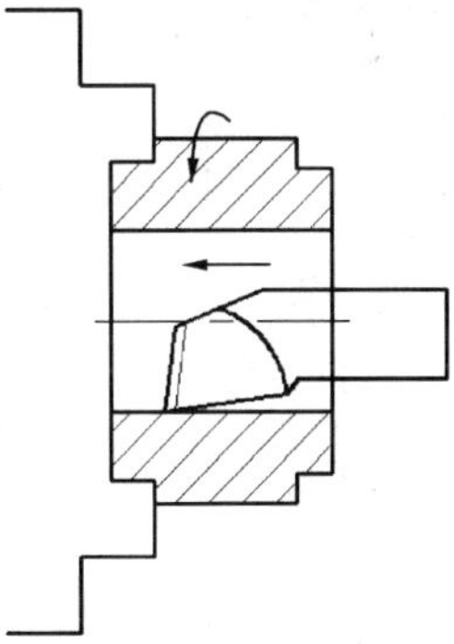 图 3.39　粗车通孔

续表

工步内容	图　示
5. 粗车锥孔,控制大端直径至 ϕ31.5 mm(如图3.40所示)。	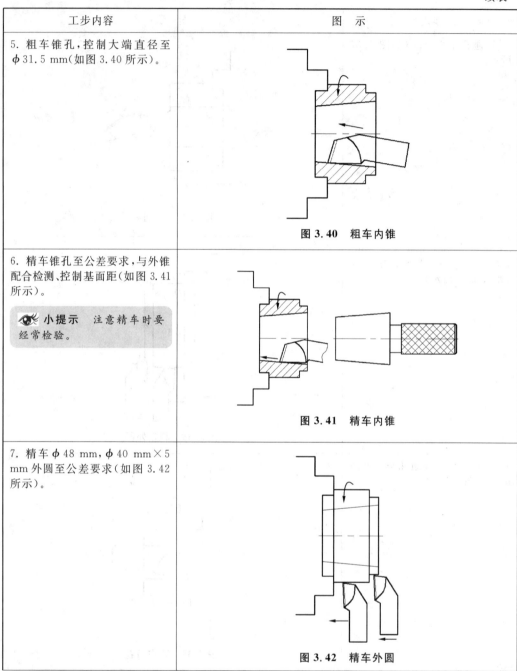 图3.40　粗车内锥
6. 精车锥孔至公差要求,与外锥配合检测、控制基面距(如图3.41所示)。 👁 小提示　注意精车时要经常检验。	图3.41　精车内锥
7. 精车 ϕ 48 mm, ϕ 40 mm×5 mm外圆至公差要求(如图3.42所示)。	图3.42　精车外圆

工步内容	图　示
8. 倒角 C1 mm（如图 3.43 所示）。	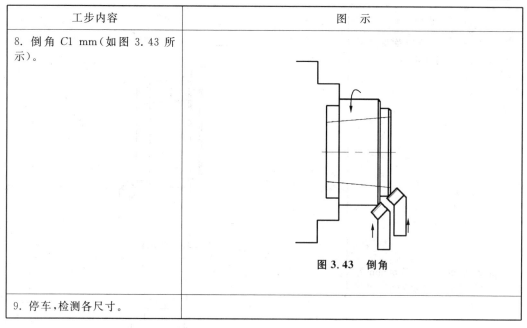 图 3.43　倒角
9. 停车,检测各尺寸。	

车削工序三　调头,垫铜皮或用软卡爪装夹 ϕ40 mm×5 mm 外圆（靠平端面）,找正 ϕ48 mm 的外圆后夹紧（如图 3.44 所示）,各工步内容见表 3.15。

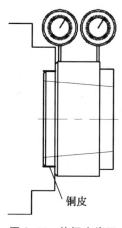

铜皮

图 3.44　垫铜皮找正

表 3.15　车削工序三的工步内容

工步内容	图　示
1. 粗、精车端面,控制总长及平行度至公差要求(如图 3.45 所示)。	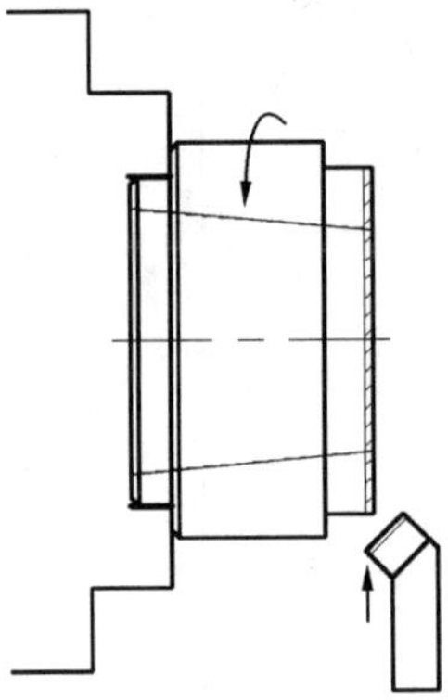 图 3.45　车端面
2. 粗、精车 ϕ 40 mm×5 mm 外圆及阶台平面至公差要求(如图 3.46 所示)。	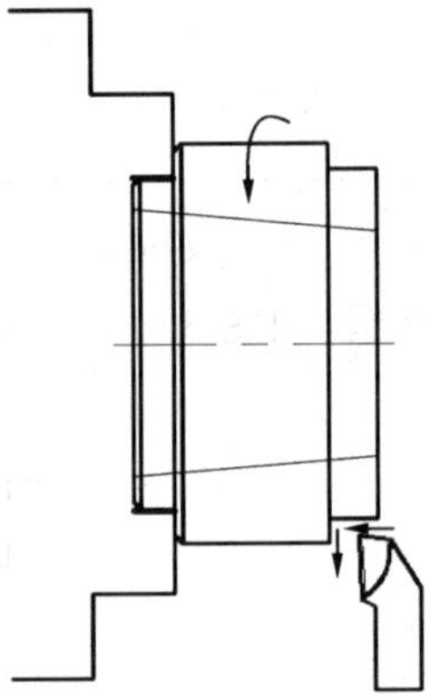 图 3.46　车外阶台
3. 倒角 C1 mm(如图 3.47 所示)。	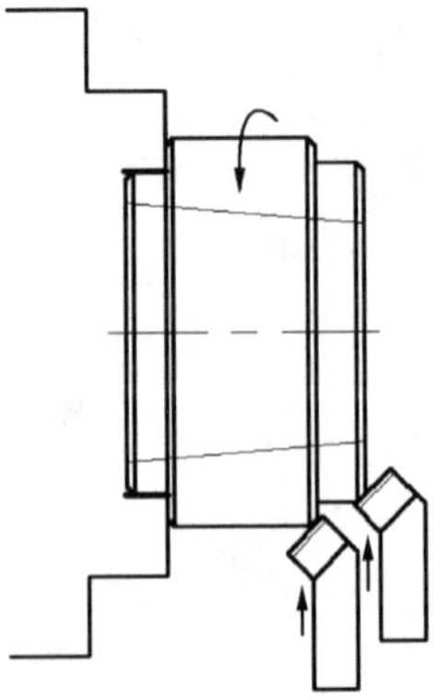 图 3.47　倒角

续表

工步内容	图 示
4. 停车检测（如图 3.48 所示）。	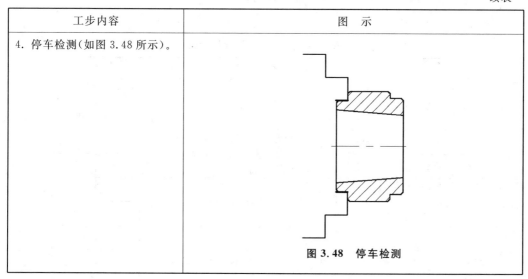 图 3.48 停车检测

3. 注意事项

① 车刀安装时刀尖一定要严格对准工件的旋转中心；

② 内孔车刀安装好后应在孔内试空走一遍，避免车刀与孔底相碰；

③ 钻孔时切记选择钻头应小于内锥小端直径尺寸 1～2 mm；

④ 检测内圆锥体尺寸时，显示剂必须均匀地涂在圆锥塞规（或外锥体）上，圆锥塞规在孔内合研转动应小于 180°；

⑤ 摆动角度注意小滑板方向，车削时注意小滑板行程长度；

⑥ 使用圆锥塞规测量圆锥孔时应注意安全，取出圆锥塞规时应防止车刀划伤手。

4. 检测评价

锥形塞规可以对锥套工件进行综合检验，既可以检查工件锥度的准确性，又可以检查锥体工件的大小端直径及长度尺寸，如图 3.49 所示。本任务中要求塞规与锥体接触面在 75% 以上，一般须经过试切和反复调整，所以锥套的检查在试切时就应该进行。

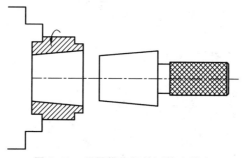

图 3.49 用圆锥塞规检测锥套锥度

涂色法检测内锥的方法与检测外锥的方法相同。

按照图样要求,逐项检测质量,并参照表 3.16 评价及反馈。

表 3.16　质量检测评分反馈表

零件:					姓名:	成绩:			
项目	序号	考核内容和要求		配分	评分标准	学生自测		教师评测	
						自测	得分	检测	得分
外圆	1	$\phi 48_{-0.02}^{0}$ mm		6	每超差 0.01 mm 扣 3 分;超差 0.03 mm 以上不得分				
	2	$\phi 40_{-0.02}^{0}$ mm(2 处)		2×6					
长度	3	5 mm(2 处)		2×5	不合格不得分				
	4	30 mm		6					
圆锥	5	$\phi 32_{0}^{+0.10}$ mm		6	不合格不得分				
	6	▷ 1:10		12	不合格不得分				
其他	7	C1 mm(2 处)		2×4	不合格不得分				
	8	$Ra1.6\ \mu m$		5	不合格不得分				
	9	$Ra3.2\ \mu m$		7	不合格不得分				
	10	↗	0.02	A	6	不合格不得分			
	11	⊥	0.04	A	6	不合格不得分			
	12	//	0.04		6	不合格不得分			
安全文明生产	13	无违章操作		10	否则扣 5~10 分				
	14	无撞刀及其他事故			否则扣 5~10 分				
	15	机床清洁保养			否则扣 5~10 分				
需改进的地方									
教师评语									
学生签名					小组长签名				
日期					教师签名				

5. 废品原因与预防措施

车锥套零件常见废品原因及预防措施见表 3.17。

表 3.17 车锥套时产生废品的原因和预防措施

废品表现	产生原因	预防措施
锥度不正确	用转动小滑板法车削时： ① 小滑板转动角度计算错误； ② 小滑板未匀速车削移动。	① 仔细计算小滑板应转的角度和方向，并反复试车找正； ② 调整小滑板镶条；匀速进给车削。
双曲线误差	车刀刀尖没有对准工件轴线。	刀尖必须严格对准工件的旋转中心线。

 任务巩固

按照要求完成图 3.50 所示的锥套的车削加工。

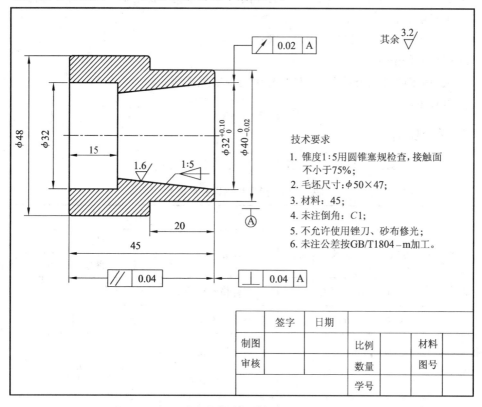

技术要求
1. 锥度1:5用圆锥塞规检查,接触面不小于75%;
2. 毛坯尺寸:φ50×47;
3. 材料:45;
4. 未注倒角:C1;
5. 不允许使用锉刀、砂布修光;
6. 未注公差按GB/T1804-m加工。

	签字	日期			
制图			比例		材料	
审核			数量		图号	
			学号			

（a）锥套零件图样

（b）锥套零件三维图

图 3.50 锥套

1. 参考加工步骤

车削工序一　夹住毛坯 20 mm 左右。

① 车端面,车平即可;

② 钻通孔 ϕ 24 mm;

③ 车阶台孔 ϕ 32 mm × 15 mm 至公差要求;

④ 车 ϕ 48 mm 外圆至公差要求,外圆长度车至卡盘处;

⑤ 倒角 C1 mm。

车削工序二　调头装夹 ϕ 48 mm 的外圆 20 mm 左右,找正 ϕ 48 mm 的外圆。

① 车平端面;

② 车 $\phi 40_{-0.02}^{0}$ mm 外圆至公差要求;

③ 倒角 C1 mm;

④ 粗、精车内锥至公差要求,并及时用圆锥塞规检测;

⑤ 检查下车。

2. 评价反馈

按照图样要求,逐项检测质量,并参照表 3.18 评价及反馈。

表 3.18　质量检测评分反馈表

零件:				姓名:			成绩:	
项目	序号	考核内容和要求	配分	评分标准	学生自测		教师评测	
					自测	得分	检测	得分
外圆	1	ϕ 48 mm	10	不合格不得分				
	2	$\phi 40_{-0.02}^{0}$ mm	10	不合格不得分				
内孔	3	ϕ 32 mm	10	不合格不得分				
长度	4	15 mm	5	不合格不得分				
	5	20 mm	5	不合格不得分				
	6	45 mm	5	不合格不得分				
圆锥	7	$\phi 32_{0}^{+0.10}$ mm	10	不合格不得分				
	8	▷ 1:5	10	不合格不得分				
其他	9	↗ 0.02 A	3	不合格不得分				
	10	⊥ 0.04 A	3	不合格不得分				

续表

项目	序号	考核内容和要求	配分	评分标准	学生自测		教师评测	
					自测	得分	检测	得分
其他	11	// | 0.04 |	3	不合格不得分				
	12	C1 mm(3 处)	3×3	不合格不得分				
	13	Ra1.6 μm	4	不合格不得分				
	14	Ra3.2 μm	3	不合格不得分				
安全文明生产	15	无违章操作	10	否则扣5~10分				
	16	无撞刀及其他事故		否则扣5~10分				
	17	机床清洁保养		否则扣5~10分				
需改进的地方								
教师评语								
学生签名			小组长签名					
日期			教师签名					

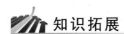

知识拓展

1. 小滑板偏转方向和角度

锥形车削加工时小滑板的转动方向和转动角度选择见表3.19。

表 3.19　图样上标注的角度和小滑板应转动的角度

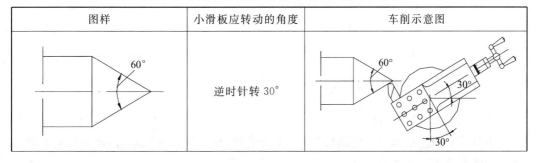

图样	小滑板应转动的角度	车削示意图
60°	逆时针转30°	60° 30° 30°

续表

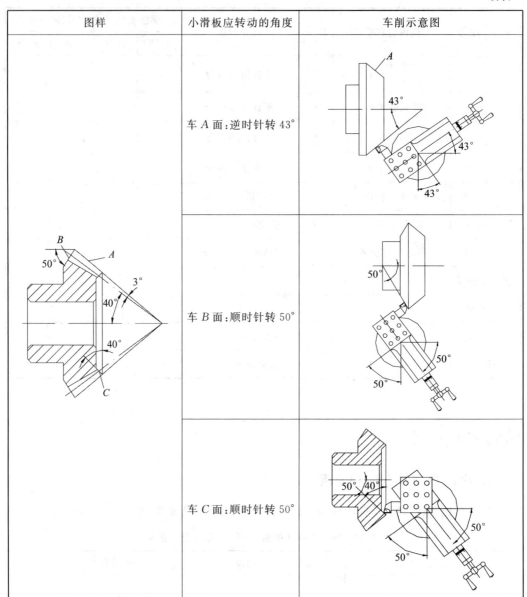

图样	小滑板应转动的角度	车削示意图
	车 A 面:逆时针转 43°	
	车 B 面:顺时针转 50°	
	车 C 面:顺时针转 50°	

2. 车锥体尺寸的控制方法

（1）用卡钳和千分尺测量

测量时必须注意保持卡钳脚（或千分尺测量杆）与工件的轴线垂直,测量位置必须在锥体的最大端或最小端直径处。

（2）用界限套规控制尺寸

当锥度已找正,而大端（或小端）尺寸还未能达到要求时,须再车削。可以用如下方法来确定其切削深度。

① 计算法。根据套规阶台中心到工件小端面的距离 a,可以用下面的公式来计算切削深度 a_p:

$$a_p = a\tan\frac{\alpha}{2} \text{ 或 } a_p = a\frac{C}{2},$$

式中: a_p——当界限量规或阶台中心还离开工件平面 a 的长度时的切削深度,mm;

$\alpha/2$——圆锥半角;

C——锥度。

然后根据计算值,移动中滑板调整背吃刀量,继续车削,如图 3.51 所示。

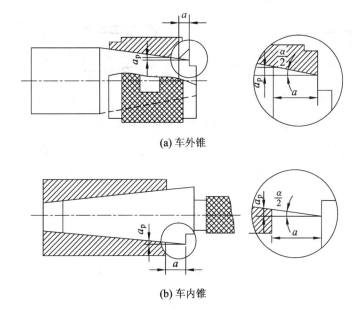

(a) 车外锥

(b) 车内锥

图 3.51　车圆锥控制尺寸的计算方法

② 移动床鞍法。如图 3.52 所示,根据量出长度 a,使车刀轻轻接触工件小端表面,接着移动小滑板,使车刀离开工件平面一个 a 的距离,然后移动床鞍使车刀同工件平面接触,这时虽然没有移动中滑板,但车刀已切入一个需要的深度。

纵向长度尺寸的控制,可以利用床鞍刻度控制,也可以其他方法控制,例如在导轨放置滑块用游标卡尺测量间隙,或用百分表测量轴向尺寸变化来控制。

想一想　采用移动床鞍法,只需移动小滑板,使车刀离开工件平面一个 a 的距离,然后移动床鞍使车刀同工件平面接触,这时虽然没有移动中滑板,但车刀已切入一个需要的深度。为什么?

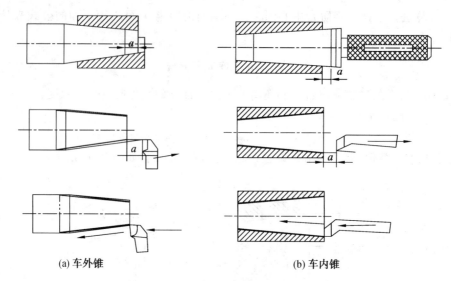

(a) 车外锥   (b) 车内锥

图 3.52   用移动床鞍车锥体控制尺寸的方法

项目四

槽的加工

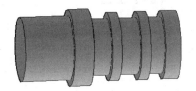

外沟槽三维图

本项目围绕外沟槽的加工和车槽(切断)刀的刃磨,通过两个任务,讲解外沟槽的加工方法及刀具选择。

任务一　加工外沟槽

◎ **知识目标**：掌握槽的尺寸及公差的概念。

◎ **技能目标**：掌握车槽关键技术；正确车削外圆沟槽，会尺寸控制。

◎ **素养目标**：团队协作，小组讨论共同制定解决方案。

🔍 任务描述

本任务就是加工如图 4.1 所示的外沟槽零件。

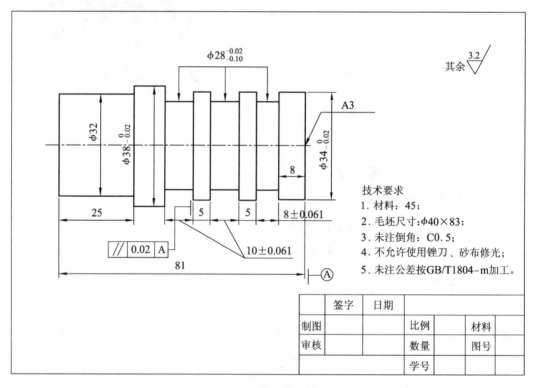

图 4.1　外沟槽图样

🦅 任务分析

1. 图样分析

图 4.1 所示的工件在阶台轴的基础之上，增加了外圆沟槽，其中两个沟槽的加工精度

较高,左端的沟槽侧面和右端面有较高的同轴度要求。加工关键就是如何控制好槽的宽度和位置,保证槽两侧面的形状位置精度。技术要求主要有:

① 尺寸精度:外圆直径 $\phi 38_{-0.02}^{0}$ mm,$\phi 34_{-0.02}^{0}$ mm,$\phi 32$ mm,槽底径 $\phi 28_{-0.10}^{-0.02}$ mm,槽宽 10 ± 0.061 mm,8 ± 0.061 mm 和长度尺寸 5,8,25,81 mm;

② 形状位置精度:槽面正确,其中左边 10 ± 0.061 mm 宽槽的右侧面与工件右端面的平行度要求 // 0.02 A ,即平行度小于 0.02 mm。

③ 表面粗糙度:重要表面要求车削粗糙度值不大于 $Ra1.6$ μm,其他表面要求 $Ra3.2$ μm以下。

2. 加工路线描述

① 车装夹阶台;
② 车端面→钻中心孔→支顶顶尖→车外阶台→去毛刺;
③ 车端面、外圆、去毛刺→检验工件。

3. 工艺分析

车沟槽的加工流程工序卡片见表 4.1,刀具选择见表 4.2。

表 4.1　车外沟槽工序卡片

工厂名称				机械加工工序卡片		产品型号		零(部)件型号			第　页	
						产品名称		零(部)件名称			共　页	
材料牌号	45		毛坯种类	棒料	毛坯尺寸	$\phi 40$ mm×83 mm		备注				
工序名称	工步	工步内容		切削用量			设备名称及型号	工艺装备名称及型号			工时	
				主轴转速/(r/min)	进给量/(mm/r)	背吃刀量/mm		夹具	刀具	量具	单件	终准
锯	1	锯割下料					锯床GZT—180		带锯	钢直尺	2 min	
车一		装夹工件,伸出长度大于 25 mm					CA6140A	三爪卡盘		钢直尺		
	1	车端面,车平即可		800	0.1	0.2~1.0	CA6140A	三爪卡盘	45°车刀	钢直尺		
	2	粗车装夹阶台(工艺阶台)$\phi 33$ mm×20 mm		500	0.1~0.2	1~3	CA6140A	三爪卡盘	90°车刀	游标卡尺		
车二		调头,装夹 $\phi 33$ mm 的阶台(贴紧阶台面)					CA6140A	三爪卡盘				
	1	车端面,车平即可		800	0.1	0.2~1.0	CA6140A	三爪卡盘	45°车刀	钢直尺		

续表

工序名称	工步	工步内容	切削用量			设备名称及型号	工艺装备名称及型号			工时	
			主轴转速/(r/min)	进给量/(mm/r)	背吃刀量/mm		夹具	刀具	量具	单件	终准
	2	钻中心孔(A3)	1 250			CA6140A	三爪卡盘	$\phi 3$ mm中心钻	游标卡尺		
	3	支顶后顶尖,粗、精车 $\phi 38_{-0.02}^{0}$ mm外圆至公差要求,外圆长度大于 56 mm	500,1 000	0.05～0.20	0.1～3.0	CA6140A	三爪卡盘,后顶尖	90° 车刀	游标卡尺、外径千分尺		
	4	粗、精车 $\phi 34_{-0.02}^{0}$ mm外圆至公差要求,长度为 46 mm	500,1 000	0.05～0.20	0.1～3.0	CA6140A	三爪卡盘	90° 车刀	游标卡尺、外径千分尺		
	5	车宽度为 8±0.061 mm,底径为 $\phi 28_{-0.10}^{-0.02}$ mm 的外圆沟槽	450			CA6140A	三爪卡盘	车槽刀	游标卡尺、外径千分尺		
	6	车其他两个宽度为 10±0.061 mm,底径 $\phi 28_{-0.10}^{-0.02}$ mm 的外圆沟槽	450			CA6140A	三爪卡盘	车槽刀	游标卡尺、外径千分尺		
	7	倒角 C0.5 mm	800			CA6140A	三爪卡盘	45° 车刀			
车三		掉头垫铜皮装夹 $\phi 34_{-0.02}^{0}$ mm外圆,用百分表找正工件				CA6140A	三爪卡盘		百分表		
	1	车端面,保证总长 81 mm	800	0.1	0.2～1.0	CA6140A	三爪卡盘	45° 车刀	钢直尺、游标卡尺		
	2	粗、精车 $\phi 32$ mm 外圆至公差要求,长度为 25 mm	500,1 000	0.05～0.20	0.1～3.0	CA6140A	三爪卡盘	90° 车刀	游标卡尺、外径千分尺		
	3	倒角 C0.5 mm	800			CA6140A	三爪卡盘	45° 车刀			
	4	检测、下车									
保养		打扫卫生,保养机床									

					编制/日期		审核/日期		会签/日期		

标记	标记	更改文件号	签字	日期	标记	标记	更改文件号	签字		日期	

表 4.2　车外沟槽刀具卡片

零件型号			零件名称		产品型号		共　页	第　页
工步号	刀具号	刀具名称	刀具规格	数量	刀具		备注 1	备注 2
					刀头宽/mm	长度/mm		
	T01	45°车刀	YT15	1				
	T02	45°倒角刀	YT15	1				
	T03	90°粗车刀	YT15	1				
	T04	90°精车刀	YT15	1				
	T05	车槽刀	YT15	1	3			
	T06	车槽刀	高速钢	1	2			
标记	标记	更改文件号	签字	编制/日期		审核/日期		会签/日期

4. 相关工艺知识

（1）车槽的方法

① 平底槽的车削

窄槽可以用刀宽等于槽宽的车槽刀，直进法一次车出。较宽槽的车削，可以采用多次直进法或左右借刀法车削，如图 4.2 所示，并在槽壁两侧留一定的精加工余量，然后根据槽深、槽宽精车至尺寸。

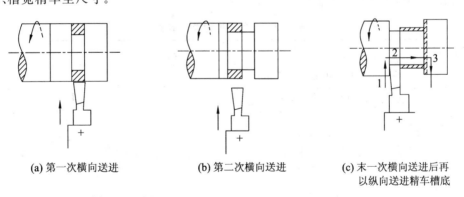

(a) 第一次横向送进　　　　(b) 第二次横向送进　　　　(c) 末一次横向送进后再以纵向送进精车槽底

图 4.2　宽外沟槽的车削方法

② 梯形槽的车削

较小的梯形槽车削，一般以成形刀车削完成。较大的梯形槽，通常先车直槽，然后用梯形刀直进法或左右切削法完成，如图 4.3 所示。

（2）车刀的装夹要求

①"能短则短"原则。装夹时，车槽刀不宜伸出刀架过长，以保证刀杆的强度，进给要缓慢均匀，避免剧烈振动。

②"等高"原则。车槽(切断)刀刀尖必须与工件旋转中心等高,否则切削时易产生振动、异响,且刀头也容易损坏。

③"平底"原则。车槽刀的主切削刃与工件轴线平行,中心线与工件轴线垂直,以保证两个副偏角对称,装夹时可用直角尺辅助装夹,如图4.4所示。

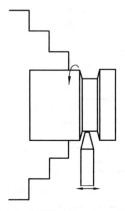 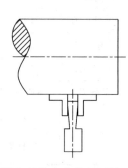

图4.3　宽梯形槽的车削方法　　　图4.4　用直角尺检查车槽(切断)刀副偏角对称

任务实施

1. 准备工作

车削外沟槽的各项准备工作见表4.3。

表4.3　车削沟槽的准备事项

准备事项	准备内容
材料	45钢,尺寸为ϕ40 mm×83 mm的棒料
设备	CA6140A车床(三爪自定心卡盘)
刀具	45°车刀,90°车刀,3～5 mm平底车槽刀,ϕ3 mm中心钻
量具	游标卡尺0.02 mm/(0～200 mm),外径千分尺0.01 mm/(25～50 mm),百分表0.01 mm/(0～10 mm)及磁力表座,钢直尺(0～150 mm),深度游标卡尺0.02 mm/(0～200 mm),90°角尺
工、辅具	铜皮,铜棒,锥柄钻夹头,后顶尖,常用工具等

2. 操作步骤

车削工序一　三爪卡盘装夹工件,伸出长度大于25 mm,具体各工步操作见表4.4。

表 4.4 车削工序一的工步内容

工步内容	图 示
1. 车端面,车平即可(如图 4.5 所示)。	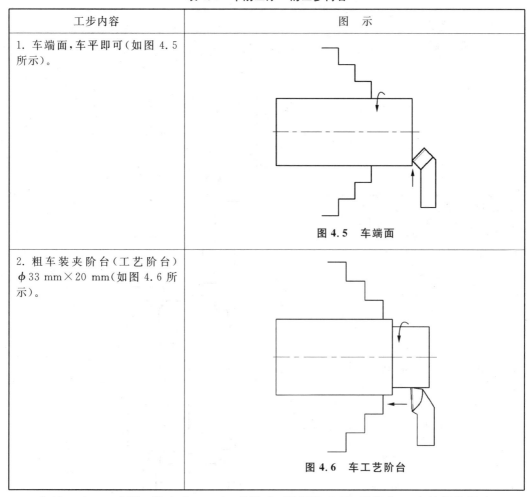 图 4.5 车端面
2. 粗车装夹阶台(工艺阶台)ϕ33 mm×20 mm(如图 4.6 所示)。	图 4.6 车工艺阶台

车削工序二 调头,装夹 ϕ33 mm 的阶台,贴紧阶台面,具体各工步的操作见表 4.5。

表 4.5 车削工序二的工步内容

工步内容	图 示
1. 车端面,车平即可(如图 4.7 所示)。	图 4.7 车端面

续表

工步内容	图　示
2. 钻中心孔（如图4.8所示）。	图 4.8　钻中心孔
3. 支顶后顶尖，粗、精车 $\phi 38_{-0.02}^{0}$ mm 外圆至公差要求，外圆长度大于 56 mm（如图4.9所示）。	图 4.9　车外圆
4. 粗、精车 $\phi 34_{-0.02}^{0}$ mm 外圆至公差要求，长度为 46 mm（如图4.10所示）。	图 4.10　车外阶台
5. 车槽（按照从右向左的顺序）。车宽度为 8 ± 0.061 mm，底径为 $\phi 28_{-0.10}^{-0.02}$ mm 的外圆沟槽。具体步骤如下：　第一步：端面对刀（如图4.11所示），大滑板刻度盘调零。	图 4.11　端面对刀

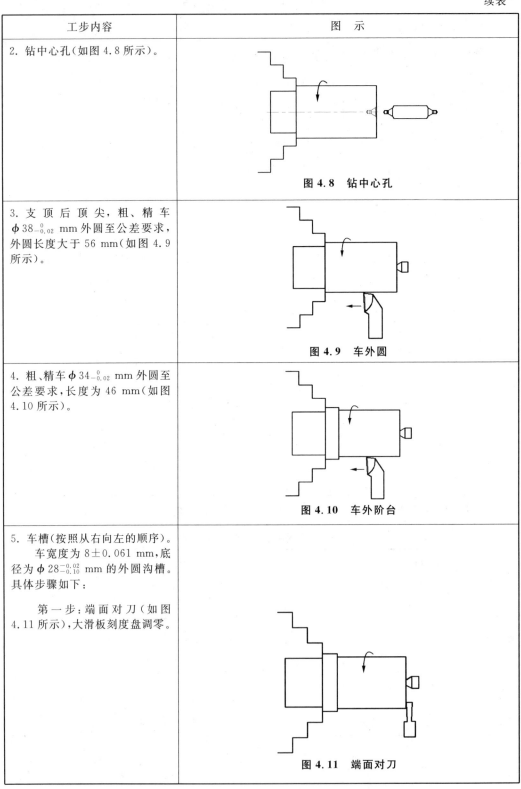

续表

工步内容	图 示
第二步：摇动大滑板，使车刀左侧刀尖至槽左侧面位置，外圆对刀(如图 4.12 所示)，中滑板刻度盘调零。	
第三步：粗车槽至 ϕ 28.1 mm(如图 4.13 所示)。	
第四步：重复第三步，向右借刀反复车槽，直至车至槽右侧面，留精车余量 0.20 mm 左右(如图 4.14 所示)。	
第五步：精车各槽面至公差要求(如图 4.15 所示)。	

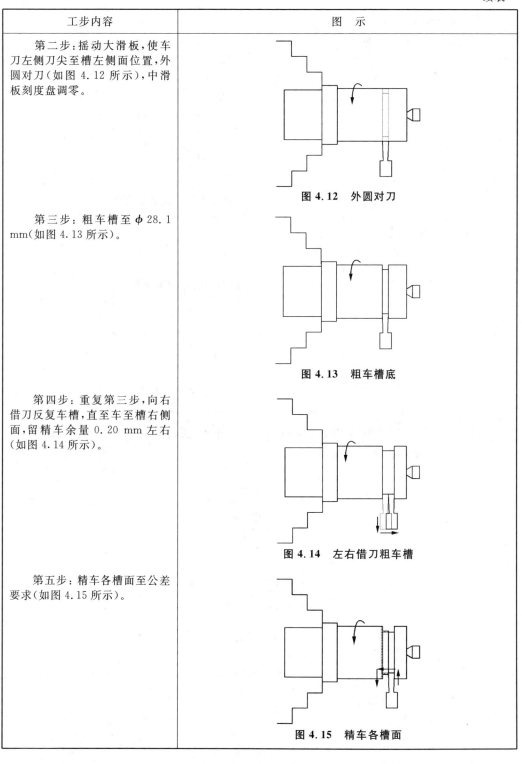

图 4.12 外圆对刀

图 4.13 粗车槽底

图 4.14 左右借刀粗车槽

图 4.15 精车各槽面

续表

工步内容	图　示
车其他两个外圆沟槽,宽度为 10 ± 0.061 mm,底径 $\phi\,28^{-0.02}_{-0.10}$ mm(如图 4.16 所示)。	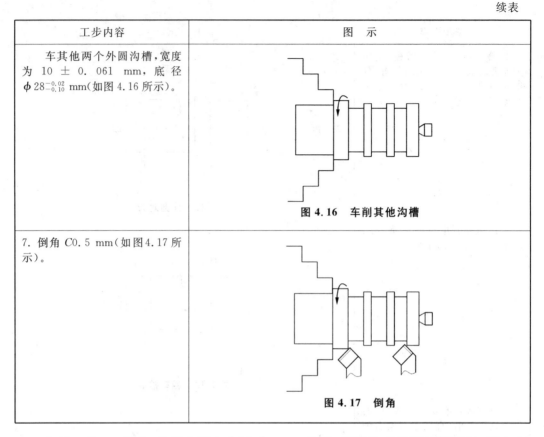图 4.16　车削其他沟槽
7. 倒角 $C0.5$ mm(如图 4.17 所示)。	图 4.17　倒角

　　车削工序三　调头,垫铜皮装夹 $\phi\,34^{\ \ 0}_{-0.02}$ mm 外圆,用百分表找正外圆面(如图 4.18 所示),具体各工步的操作见表 4.6。

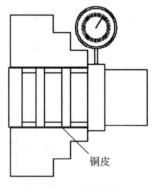

铜皮

图 4.18　垫铜皮找正

表 4.6 车削工序三的工步内容

工步内容	图 示
1. 车端面,保证总长 81 mm(如图 4.19 所示)。	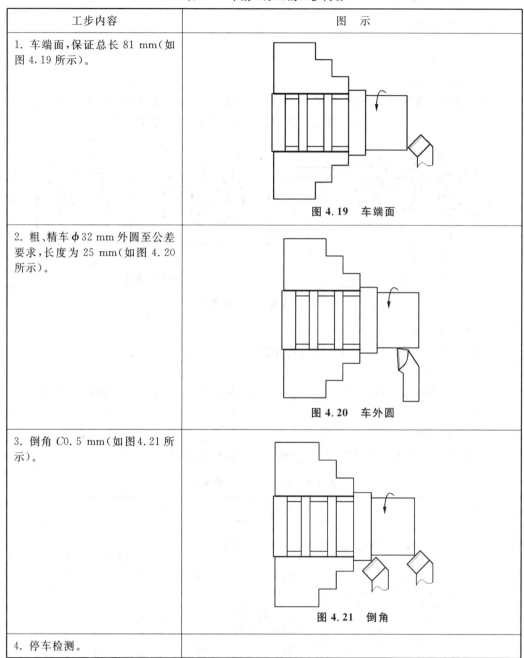 图 4.19 车端面
2. 粗、精车 ϕ32 mm 外圆至公差要求,长度为 25 mm(如图 4.20 所示)。	图 4.20 车外圆
3. 倒角 C0.5 mm(如图 4.21 所示)。	图 4.21 倒角
4. 停车检测。	

3. 注意事项

① 车槽或切断时,多刃同时切削,切屑难排出,切削力大,故应及时退刀排屑、借刀切削,必要时浇注冷却液。

② 卡爪装夹工件要牢固,必要时采用四爪卡盘。

③ 顶尖支顶要稳定,对于精度要求高的,可用固定顶尖(死顶尖)支顶。

4. 检测评价

(1) 主要位置检测

① 槽宽的测量

测量沟槽宽度时,要放正游标卡尺的位置,应使卡尺两测量刃的连线垂直于沟槽,不能歪斜(如图 4.22a 所示),否则量爪在错误的位置上将使测量结果不准确。

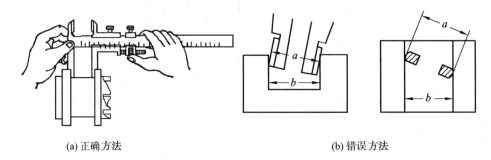

(a) 正确方法　　　　　　　　　　　　　(b) 错误方法

图 4.22　沟槽宽度的测量方法

② 槽底径的测量

方法同外圆测量,根据精度要求可选用游标卡尺、外径千分尺等。

③ 槽深的测量

可用深度游标卡尺直接测量,也可间接测量,即先测出槽顶与槽底的直径,它们差值的一半即为槽深。

(2) 评价反馈

按照图样要求,逐项检测质量,并参照表 4.7 评价及反馈。

表 4.7　质量检测评分反馈表

零件:				姓名:		成绩:			
项目	序号	考核内容和要求	配分	评分标准		学生自测		教师评测	
						自测	得分	检测	得分
外圆	1	$\phi 38_{-0.02}^{0}$ mm	6	每超差 0.01 mm 扣 2分;超差 0.03 mm 以上不得分					
	2	$\phi 34_{-0.02}^{0}$ mm(3 处)	3×6						
	3	$\phi 32$ mm	4	超差不得分					
沟槽	4	$\phi 28_{-0.10}^{-0.02}$ mm(3 处)	3×6	每超差 0.01 mm 扣 1分;超差 0.03 mm 以上不得分					
	5	8±0.061 mm	4	超差不得分					
	6	10±0.061 mm(2 处)	2×4	超差不得分					

续表

项目	序号	考核内容和要求	配分	评分标准	学生自测		教师评测	
					自测	得分	检测	得分
长度	7	8 mm	3	超差不得分				
	8	5 mm(2 处)	2×3	超差不得分				
	9	25 mm	3	超差不得分				
	10	81 mm	3	超差不得分				
其他	11	∥ 0.02 A	4	超差不得分				
	12	$Ra1.6\ \mu m$	4	超差不得分				
	13	$Ra3.2\ \mu m$	4	超差不得分				
	14	$C0.5$ mm	5	超差不得分				
安全文明生产	15	无违章操作	10	否则扣5~10分				
	16	无撞刀及其他事故		否则扣5~10分				
	17	机床清洁保养		否则扣5~10分				
需改进的地方								
教师评语								
学生签名		小组长签名						
日期		教师签名						

5. 废品原因与预防措施

车削沟槽时常见废品原因及预防措施见表4.8。

表4.8 车槽时废品产生原因及预防措施

废品表现	产生原因	预防措施
沟槽的宽度不正确	刀体宽度磨得太宽或太窄	根据沟槽宽度刃磨刀体宽度
	测量不正确	正确测量
沟槽位置不对	测量和定位不正确	正确定位并仔细测量
沟槽深度不正确	没有及时测量	切槽过程中及时测量
	尺寸计算错误	仔细计算尺寸,对留有磨削余量的工件,切槽时必须把磨削余量考虑进去
表面粗糙度达不到要求	两副偏角太小,产生摩擦	正确选择两副偏角的数值
	切削速度选择不当,没有加冷却润滑液	选择适当的切削速度,并浇注切削液
	切削时产生振动,切屑拉毛已加工表面	采取防振措施,控制切屑的形状和排出方向

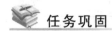

任务巩固

车削图 4.23 所示的图样工件,小组讨论后制定加工工艺,并实际操作验证工艺的可行性。

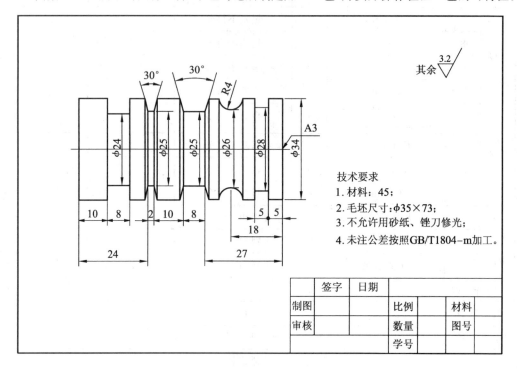

(a) 外沟槽图样

技术要求
1. 材料:45;
2. 毛坯尺寸:φ35×73;
3. 不允许用砂纸、锉刀修光;
4. 未注公差按照GB/T1804-m加工。

	签字	日期				
制图			比例		材料	
审核			数量		图号	
			学号			

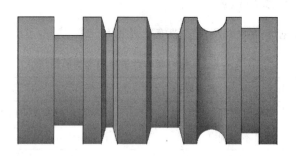

(b) 外沟槽三维图

图 4.23 外沟槽零件

1. 参考步骤

车削工序一 三爪卡盘装夹毛坯件。

① 车平端面;

② 粗车左端 ϕ 35 mm 外圆至 ϕ 34 mm,长大于 10 mm。

车削工序二 调头装夹 ϕ 34 mm 外圆长度 6 mm。

① 车平端面；

② 钻中心孔；

③ 支顶顶尖，车 ϕ 34 mm 外圆至公差要求，长为 60 mm；

④ 车各槽至公差要求。

> **提示** 较小的梯形槽和圆弧形槽车削，一般用成形刀车削。较大的圆弧槽，可用双手联动车削，用样板检查修整（详见项目"手柄的加工"）；较宽的梯形槽、矩形槽的车削，可以采用左右借刀法车削。

工序三 调头，垫铜皮装夹 ϕ 34 mm 外圆，伸出长度大于 26 mm，找正 ϕ 34 mm 外圆后夹紧。

① 精车最左端外圆至尺寸要求，长度为 10 mm；

② 检测后下车。

2. 评价反馈

按照图样要求，逐项检测质量，并参照表 4.9 评价及反馈。

表 4.9 质量检测评分反馈表

零件：				姓名：		成绩：		
项目	序号	考核内容和要求	配分	评分标准	学生自测		教师评测	
					自测	得分	检测	得分
外圆	1	ϕ 34 mm(2 处)	2×5	超差不得分				
沟槽	2	ϕ 24 mm	5	超差不得分				
	3	ϕ 25 mm(2 处)	2×5	超差不得分				
	4	ϕ 26 mm	5	超差不得分				
	5	ϕ 28 mm	5	超差不得分				
	6	R4 mm	5	超差不得分				
	7	牙形 30°	5	超差不得分				
长度	8	10 mm(2 处)	2×4	超差不得分				
	9	8 mm(2 处)	2×4	超差不得分				
	10	5 mm(2 处)	2×4	超差不得分				
	11	2 mm	4	超差不得分				
	12	24 mm	4	超差不得分				
	13	27 mm	4	超差不得分				
	14	18 mm	4	超差不得分				

续表

项目	序号	考核内容和要求	配分	评分标准	学生自测		教师评测	
					自测	得分	检测	得分
其他	15	$Ra3.2\ \mu m$	5	超差 1 处扣 1 分,扣完为止				
安全文明生产	16	无违章操作	10	否则扣 5～10 分				
	17	无撞刀及其他事故		否则扣 5～10 分				
	18	机床清洁保养		否则扣 5～10 分				
需改进的地方								
教师评语								
学生签名			小组长签名					
日期			教师签名					

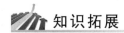 知识拓展

1. 车槽时切削用量的选择

① 切削速度 v_c:车槽时的实际切削速度随刀具切入越来越低,因此,切槽时的切削速度可选得高些。用高速钢切削钢料时,$v_c=30\sim40$ m/min;加工铸铁时,$v_c=15\sim25$ m/min。用硬质合金切削钢料时,$v_c=80\sim120$ m/min;加工铸铁时,$v_c=60\sim100$ m/min。

② 进给量 f:车槽时由于刀具刚性、强度及散热条件比其他车刀差,所以应适当地减少进给量。进给量太大时,容易使刀折断;进给量太小时,车刀后面与工件产生强烈摩擦会引起振动。具体数值根据工件和刀具材料来决定。一般用高速钢车刀车钢料时,$f=0.05\sim0.1$ mm/r;车铸铁时,$f=0.1\sim0.2$ mm/r。用硬质合金刀加工钢料时,$f=0.1\sim0.2$ mm/r;加工铸铁料时,$f=0.15\sim0.25$ mm/r。

③ 背吃刀量 a_p:横向切削时,切槽刀的背吃刀量等于刀的主切削刃宽度($a_p=a$),所以只需确定切削速度和进给量。

2. 常见的沟槽的形式及作用

（1）常见沟槽的形式

根据沟槽相对于工件外形的位置,可以将沟槽分为外沟槽和内沟槽。

常见的外沟槽主要有外圆沟槽(如图 4.24 所示)、端面沟槽(如图 4.25 所示)和轴肩槽(如图 4.26 所示)。

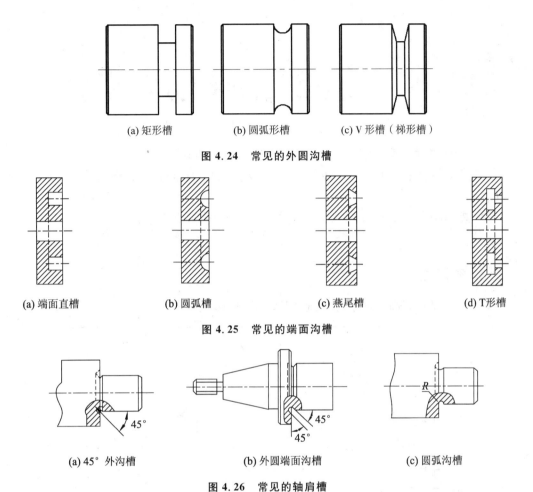

(a) 矩形槽　　　(b) 圆弧形槽　　　(c) V 形槽（梯形槽）

图 4.24　常见的外圆沟槽

(a) 端面直槽　　(b) 圆弧槽　　(c) 燕尾槽　　(d) T 形槽

图 4.25　常见的端面沟槽

(a) 45°外沟槽　　(b) 外圆端面沟槽　　(c) 圆弧沟槽

图 4.26　常见的轴肩槽

内沟槽按照作用来分主要有退刀槽、较长的沟槽、通油槽等样式（如图 4.27 所示）。

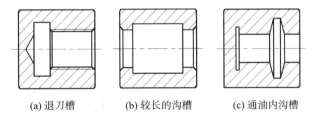

(a) 退刀槽　　(b) 较长的沟槽　　(c) 通油内沟槽

图 4.27　常见的内沟槽

（2）沟槽的作用

外沟槽的作用一般是为了车削螺纹时退刀方便，磨削端面时肩部清角，装配时保证正确的轴向位置等；内沟槽的作用主要是退刀、轴向定位、密封、通油、通气等；端面沟槽的作用主要是定位、传动，例如车床中滑板转盘的 T 形槽、磨床砂轮联接盘上的燕尾槽和内圆磨具端面的平面槽等。

任务二　刃磨车槽(切断)刀

◎ **知识目标**：正确掌握车槽(切断)刀的角度选择方法。

◎ **技能目标**：掌握车槽(切断)刀的刃磨步骤；正确检测刃磨车槽(切断)刀的角度。

◎ **素养目标**：安全文明生产,养成敬业严谨的职业素养。

任务描述

本任务就是刃磨高速钢车槽(切断)刀(如图4.28所示)。

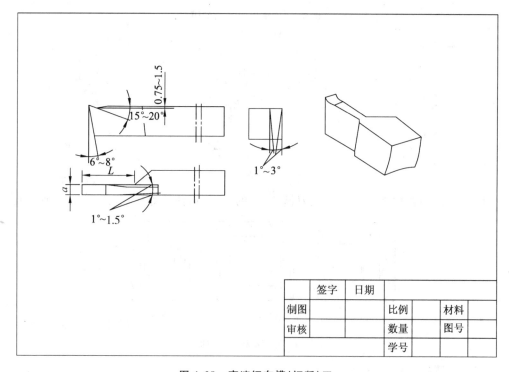

	签字	日期				
制图			比例		材料	
审核			数量		图号	
			学号			

图4.28　高速钢车槽(切断)刀

任务分析

1. 图样分析

图样中的刀具的几何参数见表4.10。

表 4.10   车槽(切断)刀几何参数

名　　称	图样中数值
前　角 γ_0	$15°\sim20°$
主后角 α_0	$6°\sim8°$
两侧面副后角 α_0'	$1°\sim3°$
主偏角 K_r	$90°$
两个副偏角 K_r'	$1°\sim1.5°$

> 👁️**提示**   高速钢车刀容易磨得锋利,而且韧性好,刀尖不易崩裂,但高速钢的耐热性较差。因此,一般适用于精加工或低速车削。

2. 加工路线描述

① 粗磨副后面、主后面、前面;
② 精磨副后面、主后面、前面;
③ 刃磨屑槽、刀尖、过渡刃。

3. 工艺分析

一般地,高速钢车槽刀的角度选择原则如下:

① 前角:切中碳钢材料时,前角可以稍大些;切铸铁材料时,前角稍小些。

② 主后角:切塑性材料时取大值,切脆性材料时取小值。

③ 两个副后角:车槽(切断)刀有两个对称的副后角,其作用是减少副后面与工件已加工表面间的摩擦。

④ 主偏角:$K_r=90°$。

⑤ 两个副偏角:切断刀的两个副偏角 K_r' 必须对称,以免两侧所受的切削抗力不均而影响平面度和断面对轴线的垂直度。副偏角不宜大,以免削弱刀体强度,一般 $K_r'=1°\sim1°30'$。

⑥ 主切削刃宽度 a:太宽会因切削力太大而引起振动,且浪费材料;宽度太窄则会削弱刀的强度。一般可按经验公式计算确定:主刀刃宽度 $a\approx0.5\sim0.6\sqrt{D}$,$D$ 为被切断工件的直径。

⑦ 刀体长度 L:对于切断刀的刀体长度应满足工件切断要求,但不宜太长,以免引起振动和使刀体折断。刀体长度可按 $L=h+(2\sim3)$ 计算确定,h 为切入深度(实心工件 $h=d/2$;空心工件 h 等于被切工件壁厚),如图 4.29 所示。

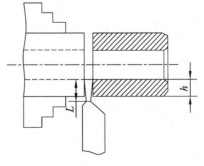

图 4.29   切断刀的刀体长度选择

任务实施

1. 准备工作

刃磨车槽(切断)刀的各项准备事项见表 4.11。

表 4.11　刃磨车槽刀的准备事项

准备事项	准备内容
材料	高速钢车槽刀坯,YT15 硬质合金车槽刀坯
设备	粒度号为 46♯~60♯,80♯~120♯,硬度为 H~K 的白色氧化铝砂轮,绿色碳化硅砂轮
刀具	3~5 mm 平底车槽刀
量具	游标卡尺 0.02 mm/(0~200 mm),钢直尺(0~150 mm),万能量角器
工、辅具	细油石,常用工具等

2. 车槽(切断)刀的刃磨步骤

由于硬质合金和高速钢车槽(切断)刀的刃磨步骤相同,此处仅介绍高速钢的刃磨步骤,见表 4.12。

表 4.12　车槽(切断)刀的刃磨步骤

操作步骤	图　示
1. 粗磨。 　① 粗磨两侧副后面(如图 4.30 所示)。 　选用粒度号为 46♯~60♯,硬度为 H~K 的白色氧化铝砂轮,两手握刀,车刀前面向上,磨左、右侧副后面,同时磨出两个副后角 $\alpha_0' = 1°30'$ 和两个副偏角 $K_r' = 1°30'$。 　👁 **提示** 　① 注意主切削刃宽度,尤其要注意留出 0.5 mm 的精磨余量。 　② 刃磨过程中及时浸水冷却,严防高速钢车刀退火;硬质合金车刀不需浸水冷却,以防受热不均而断裂。	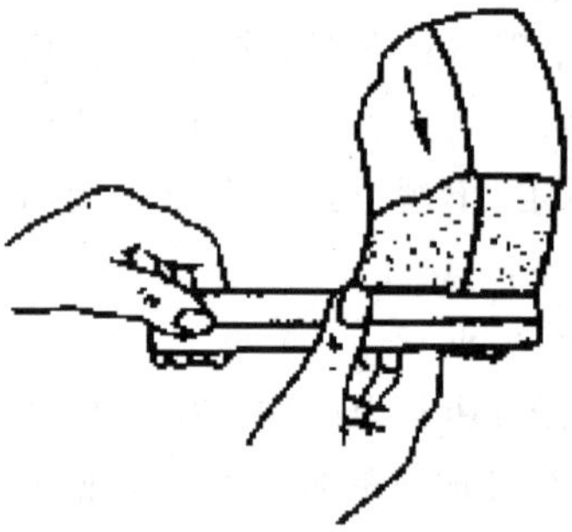 (a) 刃磨左侧副后面 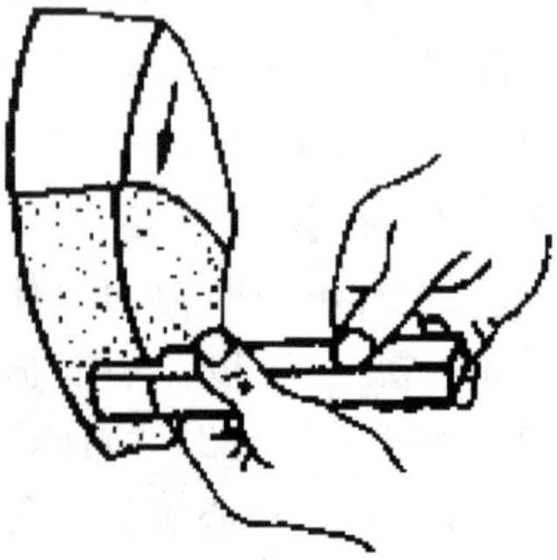 (b) 刃磨右侧副后面 **图 4.30　粗磨副后面**

操 作 工 序	图 示
② 粗磨主后面。 　　两手握刀,车刀前面向上,磨主后面,同时磨出主后角 $\alpha_0=6°\sim8°$(如图 4.31 所示)。	图 4.31 刃磨主后面
③ 粗磨前面。 　　两手握刀,车刀前面对着砂轮磨削表面(如图 4.32 所示),刃磨前面和前角、卷屑槽,保证前角 $\gamma=5°\sim20°$。	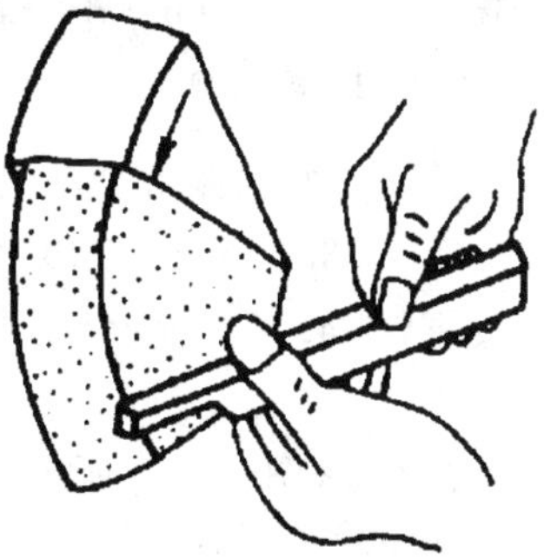 图 4.32 刃磨前面
2. 精磨。 　　选用粒度号为 80♯~120♯,硬度为 H~K 的白色氧化铝砂轮。 　　① 修磨主后面,保证主切削刃平直、主后角正确。 　　② 修磨两侧副后面,保证两副后角和两副偏角对称,主切削刃宽度 $a=3\ mm$。 　　③ 修磨前面和卷屑槽,保持主切削刃平直、锋利。 　　④ 修磨刀尖,可在两刀尖上各磨出一个小圆弧过渡刃。	
3. 打扫卫生,保养设备。	

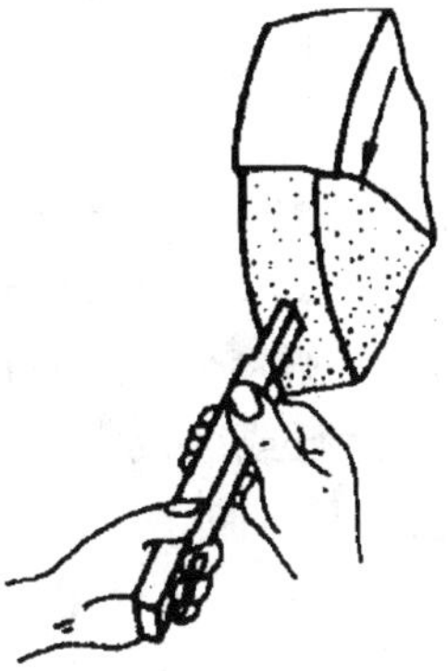

3. 注意事项

① 刃磨高速钢车槽（切断）刀时，应及时冷却，以防退火；刃磨硬质合金刀时，刀片处温度不能过高，以防刀片烧结处产生高热脱焊，使刀片碎裂，也不能用水冷却，以防刀片碎裂。

② 刃磨主后面时，保证主切削刃平直，刃磨两侧副后面时，保证两副后角对称。

③ 卷屑槽不宜磨得太深，一般为 0.75～1.5 mm（如图 4.33a 所示），卷屑槽刃磨太深（如图 4.33b 所示），刀头强度低，容易折断。

④ 不允许把前面磨低或磨成台阶形（如图 4.34 所示），这种刀切削不顺畅，排屑困难，切削负荷大，刀头容易折断。

(a) 合理的卷屑槽　　　　　(b) 卷屑槽太深

图 4.33　卷屑槽　　　　　　　　　　　　　图 4.34　前面磨的太低

⑤ 刃磨车槽（切断）刀的副偏角时，要避免出现以下问题：

a. 副偏角太大（图 4.35a 所示），刀头强度低，容易折断；

b. 副偏角为负值（图 4.35b 所示）或副刀刃不平直（图 4.35c 所示），不能用直进法切削；

c. 车刀左侧磨去太多（图 4.35d 所示），不能切割有高阶台的工件。

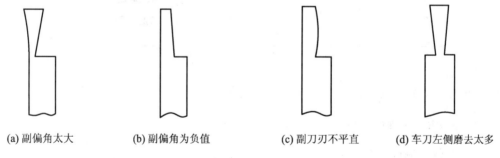

(a) 副偏角太大　　　　(b) 副偏角为负值　　　　(c) 副刀刃不平直　　　　(d) 车刀左侧磨去太多

图 4.35　刃磨副偏角时容易产生的问题

⑥ 刃磨副后面、主后面时，应刃磨至刀刃边缘，不能在刃磨面上靠近刀刃处留下棱台。

4. 检测评价

检查两侧副后面应以车刀底面为基准，用钢直尺或 90°角尺检查（如图 4.36a 所示）。如果副后角出现负值（如图 4.36b 所示），切断时刀具会与工件侧面发生摩擦；副后角太大（如图 4.36c 所示），则刀头强度差，切削时容易折断。

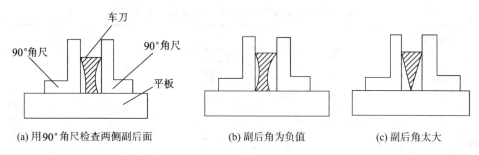

(a) 用90°角尺检查两侧副后面　　(b) 副后角为负值　　(c) 副后角太大

图 4.36　副后角的检查

按照图样要求,逐项检测质量,并参照表4.13评价及反馈。

表 4.13　质量检测评分反馈表

零件:				姓名:	成绩:			
项目	序号	考核内容和要求	配分	评分标准	学生自测		教师评测	
					自测	得分	检测	得分
角度	1	前角 $\gamma_0 = 15° \sim 20°$	10	超差不得分				
	2	主后角 $\alpha_0 = 6° \sim 8°$	10	超差不得分				
	3	副后角(2 处) $\alpha_0' = 1° \sim 3°$	2×10	超差不得分				
	4	主偏角 $K_r = 90°$	10	超差不得分				
	5	副偏角(2 处) $K_r' = 1° \sim 1.5°$	2×10	超差不得分				
其他	6	刀面平整	10	超差不得分				
	7	刃口平直	10	超差不得分				
安全文明生产	11	无违章操作	10	否则扣5~10分				
	12	无事故		否则扣5~10分				
	13	清洁保养		否则扣5~10分				
需改进的地方								
教师评语								
学生签名				小组长签名				
日期				教师签名				

5. 废品原因与预防措施

刃磨车槽(切断)刀时出现废品的原因及预防措施见表4.14。

表 4.14　刃磨车槽(切断)刀的废品原因与预防措施

废品表现	产生原因		预防措施
刀头强度低,容易造成刀头折断	前面	卷屑槽太深	卷屑槽刃磨正确 0.75~1.5
切削不顺畅,排屑困难,切削负荷大,刀头易折断		前面被磨低	
会与工件侧面发生磨擦,切削负荷大	副后角	副后角为负值	以车刀底面为基准,用钢直尺或角尺检查车槽刀的副后角
刀头强度差,车削时刀头易折断		副后角太大	
刀头强度低,容易折断	副偏角	副偏角太大	副偏角刃磨正确 1°~1.5°　1°~1.5°
用直进法进行车削,切削负荷大,容易夹刀		副偏角为负值	
		副切削刃不平直	
不能车削有高阶台的工件		左侧刃磨太多	

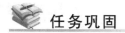

任务巩固

试刃磨图 4.37 所示的硬质合金车槽(切断)刀。

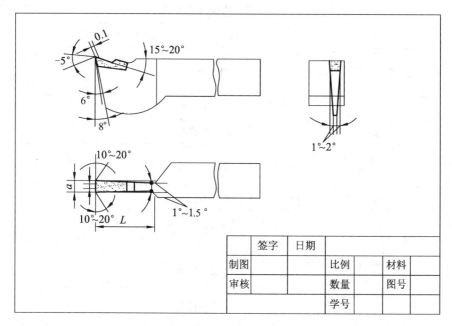

(a) 硬质合金车槽(切断)刀

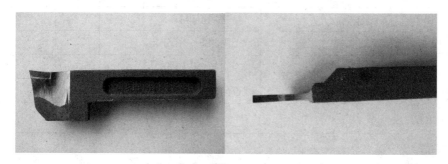

(b) 硬质合金车槽(切断)刀实物图

图 4.37 硬质合金车槽(切断)刀

1. 参考步骤

① 刃磨副后面。双手紧握车刀,前面向上,同时磨出两侧副后角 1°~1.5°和副偏角 1°~1.5°。

② 刃磨主后面。双手握刀,前面向上,同时磨出主后面和主后角 6°~8°,保证主切削刃平直。

③ 刃磨前面。前面对着砂轮磨削表面,刃磨前面和前角(15°~20°)、卷屑槽。

④ 刃磨过渡刃。为保护刀尖,可在两刀尖处各磨出一个圆弧形或直线形过渡刃。

2. 评价反馈

按照图样要求,逐项检测质量,并参照表4.15评价及反馈。

表 4.15   质量检测评分反馈表

零件:				姓名:		成绩:			
项目	序号	考核内容和要求	配分	评分标准		学生自测		教师评测	
						自测	得分	检测	得分
角度	1	前角 $\gamma_0=15°\sim20°$	10	超差不得分					
	2	主后角 $\alpha_0=6°\sim8°$	10	超差不得分					
	3	副后角(2处) $\alpha_0'=1°\sim3°$	2×10	超差不得分					
	4	主偏角 $k_r=90°$	10	超差不得分					
	5	副偏角(2处) $k_r'=1°\sim1.5°$	2×10	超差不得分					
其他	6	负倒切削刃负倒宽度 0.1 mm	5	超差不得分					
	7	负倒棱倾斜角 $\gamma_1=-5°$	5	超差不得分					
	11	刀面平整	5	超差不得分					
	12	刃口平直	5	超差不得分					
安全文明生产	13	无违章操作	10	否则扣5~10分					
	14	无事故		否则扣5~10分					
	15	清洁保养		否则扣5~10分					
需改进的地方									
教师评语									
学生签名				小组长签名					
日期				教师签名					

知识拓展

1. 内沟槽车刀

常见的内沟槽车刀有整体式和装夹式两类(如图 4.38 所示)。

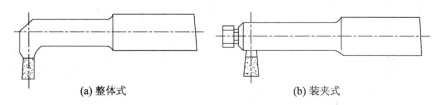

(a) 整体式　　　　　　　　　　　　(b) 装夹式

图 4.38　内沟槽车刀

2. 车内沟槽方法

车内沟槽方法与车外沟槽方法类似(如图 4.39 所示)。

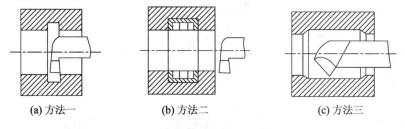

(a) 方法一　　　　　　　(b) 方法二　　　　　　　(c) 方法三

图 4.39　车内沟槽的方法

3. 内沟槽的测量

内沟槽的测量方法如图 4.40 所示。

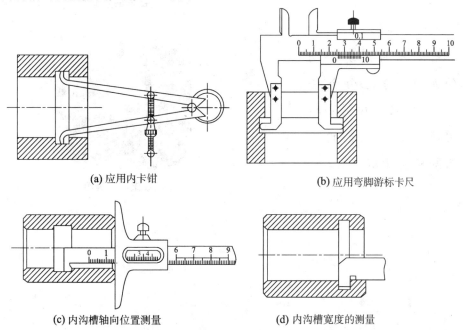

(a) 应用内卡钳　　　　　　　　　　(b) 应用弯脚游标卡尺

(c) 内沟槽轴向位置测量　　　　　　(d) 内沟槽宽度的测量

图 4.40　内沟槽的测量

项目五

手柄的加工

5

三球手柄三维图

本项目围绕手柄的加工,通过两个任务,讲解双手控制法车圆球和加工滚花的工艺知识及注意事项。

网纹滚花三维图

任务一   加工球形手柄

◎ **知识目标**：正确分析手柄图样元素。

◎ **技能目标**：掌握双手控制法车削圆弧面的方法。

◎ **素养目标**：根据零件特点合理制定工艺规程,树立小组团队协作互助精神。

任务描述

本任务就是车削图 5.1 所示的三球手柄。

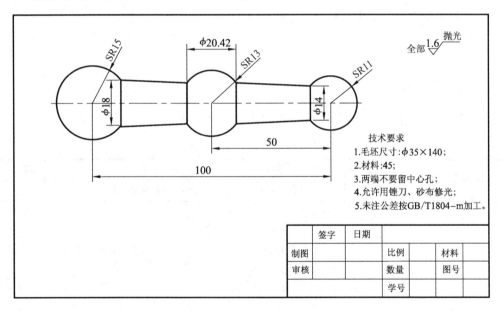

图 5.1   三球手柄图样

任务分析

1. 图样分析

本任务的加工内容就是圆锥和圆弧的车削,关键是完成圆弧的车削,其中较难掌握的是圆弧半径的尺寸控制和表面粗糙度的控制。图样的主要技术要求有：

① 尺寸精度：外圆直径 ϕ 18 mm, ϕ 14 mm,圆弧半径 SR15 mm, SR13 mm, SR11 mm和长度 50,100 mm。

② 形状精度:形面正确,一般用样板通过透光法测量。

③ 表面粗糙度:车削面在车床上经抛光后要求 $Ra1.6\ \mu m$ 以下。

通过图样的尺寸,可以计算出其他尺寸,如图 5.2 所示。

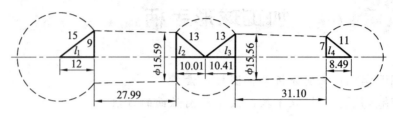

图 5.2　图样尺寸计算

2. 加工路线描述

① 车端面→钻中心孔;

② 一夹一顶粗车外圆、定位槽、圆弧面;

③ 修整抛光→切下工件;

④ 磨去两端;

⑤ 修整抛光。

3. 工艺分析

本任务加工过程的工序卡片见表 5.1,刀具选择见表 5.2。

表 5.1　车三球手柄工序卡片

工厂名称			机械加工工序卡片		产品型号		零(部)件型号			第　页	
					产品名称		零(部)件名称			共　页	
材料牌号	45	毛坯种类	棒料	毛坯尺寸	ϕ 35 mm×140 mm		备注				
工序名称	工步	工步内容	切削用量			设备名称及型号	工艺装备名称及型号			工时	
			主轴转速/(r/min)	进给量/(mm/r)	背吃刀量/mm		夹具	刀具	量具	单件	终准
锯	1	锯割下料				锯床GZT—180		带锯	钢直尺	2 min	
车一		装夹毛坯,使伸出长度大于120 mm				CA6140A	三爪卡盘				
	1	车端面,车平即可	800	0.1	0.2~1.0	CA6140A	三爪卡盘	45°车刀	钢直尺		
	2	钻中心孔(深度≤10 mm)	1 250			CA6140A	三爪卡盘	中心钻	游标卡尺		

续表

工序名称	工步	工步内容	切削用量			设备名称及型号	工艺装备名称及型号			工时	
			主轴转速/(r/min)	进给量/(mm/r)	背吃刀量/mm		夹具	刀具	量具	单件	终准
	3	支顶后顶尖,粗车 φ30 mm, φ26 mm, φ22 mm 外圆,留余量 0.5 mm 左右	500	0.1~0.2	0.5~2.0	CA6140A	三爪卡盘	90°车刀	游标卡尺		
	4	用车槽刀粗车柄部形状	450			CA6140A	三爪卡盘	车槽刀	游标卡尺		
	5	小滑板偏转 1°26′34″,以工件的右端面为基准面,粗车锥度柄部	500			CA6140A	三爪卡盘	90°车刀	游标卡尺、万能量角器		
车二		调头装夹 φ26 mm 外圆,找正 φ30 mm 外圆。				CA6140A	三爪卡盘		百分表、磁力表座		
	1	钻中心孔(深度 ≤10 mm)	1 250			CA6140A	三爪卡盘	中心钻	游标卡尺		
	2	支顶顶尖,粗、精车 SR15 圆球	500, 1 000			CA6140A	三爪卡盘	圆弧车刀	游标卡尺、外径千分尺、R15 圆弧样板		
车三		垫铜皮夹住 SR15 mm 圆球,另一端支顶顶尖				CA6140A	三爪卡盘、后顶尖				
	1	精车锥度至公差要求	1 000			CA6140A	三爪卡盘	90°车刀	游标卡尺、万能量角器		
	2	粗、精车 SR13 mm, SR11 mm 圆球	500, 1 000			CA6140A	三爪卡盘	圆弧车刀	游标卡尺、外径千分尺、R11 及 R13 圆弧样板		
	3	用车槽刀修去 4 处柄部圆角	450			CA6140A	三爪卡盘	车槽刀	游标卡尺、圆弧样板		
	4	用锉刀或砂布修饰圆球	110~800			CA6140A	三爪卡盘		圆弧样板		

续表

工序名称	工步	工步内容	切削用量			设备名称及型号	工艺装备名称及型号			工时	
			主轴转速/(r/min)	进给量/(mm/r)	背吃刀量/mm		夹具	刀具	量具	单件	终准
磨		在砂轮上磨去 ϕ7 mm×5 mm 的工艺小圆柱				砂轮			圆弧样板		
车四		在三爪卡盘上装夹工件				CA6140A	三爪卡盘		圆板样板		
	1	用锉刀或砂纸修饰两端	110～800			CA6140A	三爪卡盘	细锉刀、砂纸	圆弧样板		
	2	检测、下车									
保养		打扫卫生，保养机床									

									编制/日期	审核/日期	会签/日期
标记	标记	更改文件号	签字	日期	标记	标记	更改文件号	签字	日期		

表 5.2　车三球手柄刀具卡片

零件型号			零件名称		产品型号		共　页	第　页
工步号	刀具号	刀具名称	刀具规格	数量	刀具		备注 1	备注 2
					直径/mm	长度/mm		
	T01	45°车刀	YT15	1				
	T02	90°粗车刀	YT15	1				
	T03	90°精车刀	YT15	1				
	T04	90°左偏刀	YT15	1				
	T05	车槽刀	YT15	1	刀宽 2			
	T06	圆头粗车刀	YT15	1	刀头圆弧 $R3$			
	T07	圆头精车刀	YT15	1	刀头圆弧 $R3$			
标记 标记	更改文件号	签字	编制/日期		审核/日期		会签/日期	

4. 工艺知识

——成形刀

表面质量要求较高的圆弧面加工，须刃磨成形刀具，如图 5.3 所示。

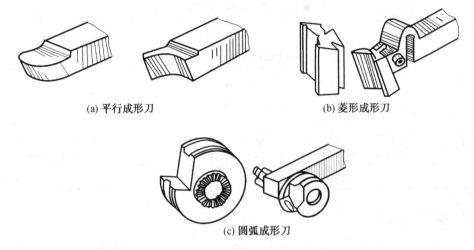

(a) 平行成形刀　　　　　　　(b) 菱形成形刀

(c) 圆弧成形刀

图 5.3　成形刀的种类

① 成形刀刃磨角度的选择

成形刀的主切削刃是一条曲线,一般情况下重点考虑其前角和后角的选择。粗车刀与工件的接触面大,通常刃磨出较大前角,以使刃口锋利、排屑顺利、减小切削力。图 5.4 所示的是圆头车刀的角度要求:一般选择前角 $\gamma_0 = 15° \sim 25°$,后角 $\alpha_0 = 6° \sim 8°$。精车时,为了减少截形的误差,车刀应选择较小的前角或零前角,刃倾角宜取 $0°$。

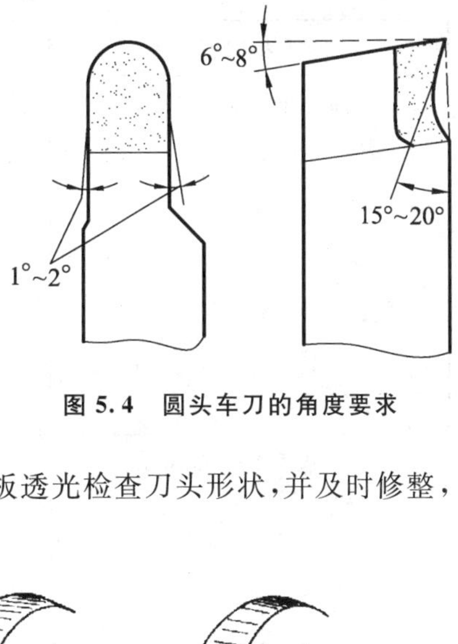

② 成形刀刃磨方法

成形刀的刃磨方法类似于车槽(切断)刀的刃磨,

图 5.4　圆头车刀的角度要求

刃磨时要将车刀尾部左右摆动。刃磨过程中注意用样板透光检查刀头形状,并及时修整,如图 5.5 所示。

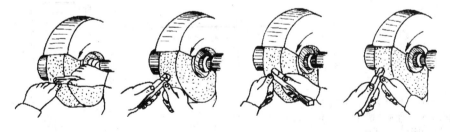

图 5.5　圆弧车刀刃磨

任务实施

1. 准备工作

任务实施前的各项准备见表 5.3。

表 5.3　车三球手柄准备事项

准备事项	准备内容
材料	45 钢,尺寸为 $\phi 35$ mm×140 mm 的棒料
设备	CA6140A 车床(三爪自定心卡盘)
刀具	90°车刀,45°车刀,弧形刀(YT15 硬质合金),车槽刀(刀宽 2 mm),细锉刀,中心钻(b2.5 mm/6.3 mm)
量具	游标卡尺 0.02 mm/(0~200 mm),外径千分尺 0.01 mm/(0~25,25~50 mm),圆弧样板($R15$ mm,$R13$ mm,$R11$ mm),百分表 0.01 mm/(0~10 mm)及磁力表座
工、辅具	铜皮,铜棒,砂布,后顶尖,常用工具等

2. 操作步骤

车削工序一　装夹毛坯,使伸出长度大于 120 mm,各工步操作见表5.4。

表 5.4　车削工序一的工步内容

工步内容	图　示
1. 车端面,车平即可(如图 5.6 所示)。	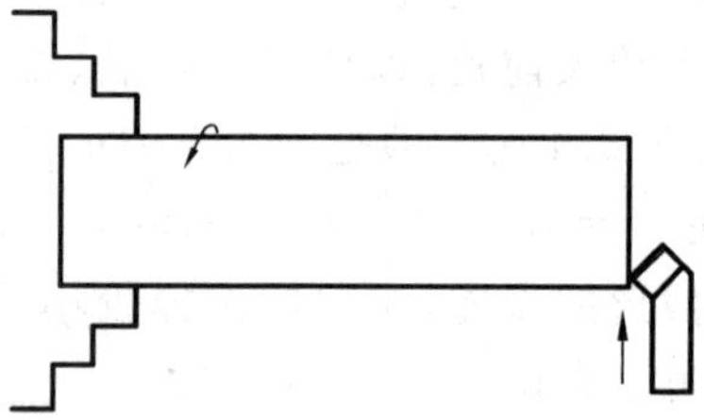 图 5.6　车端面
2. 钻中心孔,深度≤10 mm(如图 5.7 所示)。	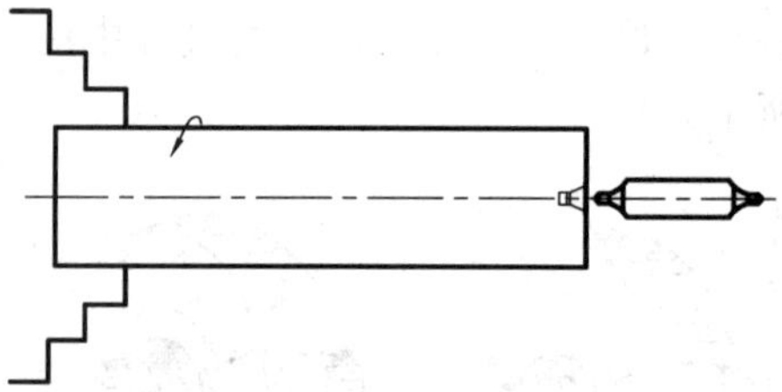 图 5.7　钻中心孔
3. 一夹一顶,车 $\phi 30$ mm,$\phi 26$ mm,$\phi 22$ mm 外圆,留余量 0.5 mm 左右(如图 5.8 所示)。	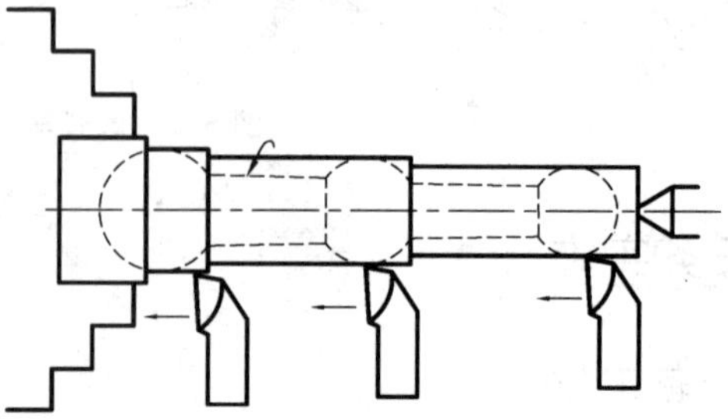 图 5.8　粗车外圆

续表

工步内容	图　示
4. 用车槽刀粗车直柄,槽底留精车余量 0.1 mm 左右,槽宽至目标尺寸(如图 5.9 所示)。 **提示**　顶尖处外圆直径不能太小,否则易使工件被顶弯,因此可以将其车至 $\phi 7$ mm 左右。	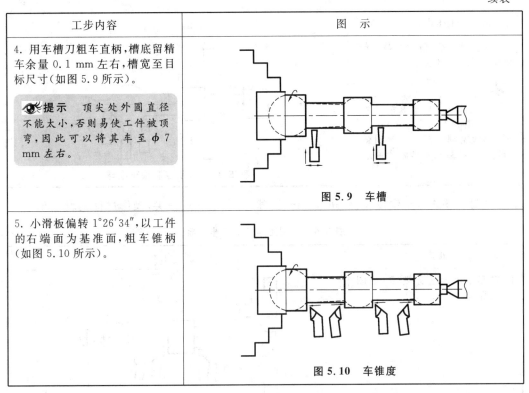 图 5.9　车槽
5. 小滑板偏转 $1°26'34''$,以工件的右端面为基准面,粗车锥柄(如图 5.10 所示)。	图 5.10　车锥度

车削工序二　调头,夹住 $\phi 26$ mm 外圆,找正 $\phi 30$ mm 外圆(如图 5.11 所示),各工步操作见表 5.5。

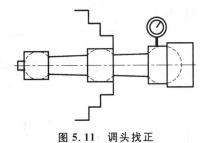

图 5.11　调头找正

表 5.5　车前工序二的工步内容

工步内容	图　示
1. 钻中心孔,深度≤10 mm(如图 5.12 所示)。	图 5.12　钻中心孔

续表

工步内容	图　示
2. 一夹一顶,粗、精车 SR15 mm 圆球(如图5.13所示)。 👁 提示 ① 车圆球时,也可用车槽刀粗车后再用圆头车刀车削。 ② 锥度与圆弧连接处为圆弧过渡,等待后续加工时清角。	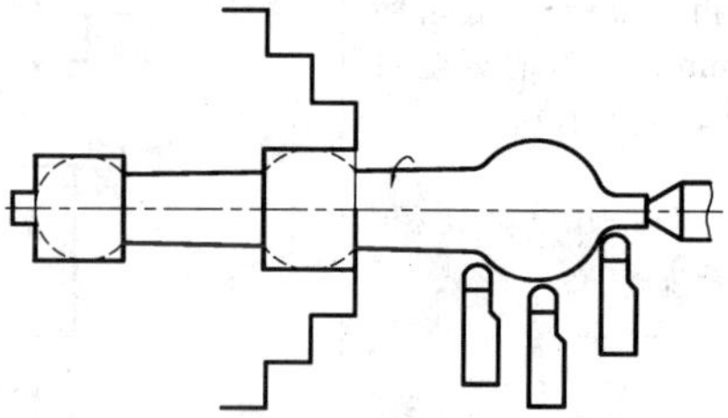 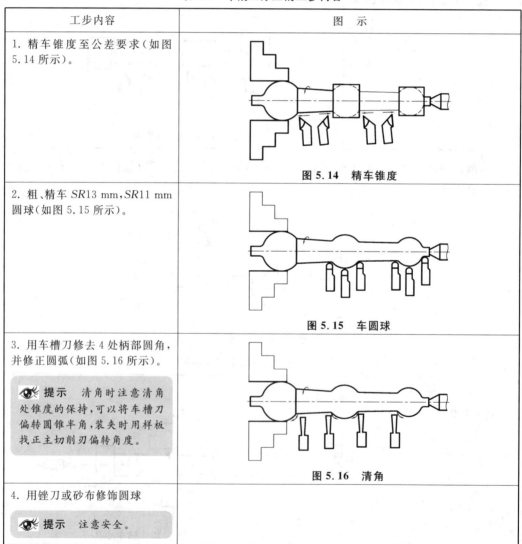

（图中上半部分）**图5.13　双手控制法车圆球**

车削工序三　垫铜皮夹住 SR15 mm 圆球,另一端支顶顶尖,操作过程见表5.6。

表5.6　车削工序三的工步内容

工步内容	图　示
1. 精车锥度至公差要求(如图5.14所示)。	**图5.14　精车锥度**
2. 粗、精车 SR13 mm,SR11 mm 圆球(如图5.15所示)。	**图5.15　车圆球**
3. 用车槽刀修去4处柄部圆角,并修正圆弧(如图5.16所示)。 👁 提示　清角时注意清角处锥度的保持,可以以将车槽刀偏转圆锥半角,装夹时用样板找正主切削刃偏转角度。	**图5.16　清角**
4. 用锉刀或砂布修饰圆球 👁 提示　注意安全。	

在砂轮上磨去$\phi 7$ mm$\times 5$ mm 的工艺小圆柱,如图 5.17 所示。

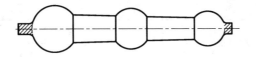

图 5.17 磨除圆柱

车削工序四   在三爪卡盘上装夹工件,用锉刀或砂纸修饰两端,检测下车。

3. 注意事项

① 三球不能在一次装夹中车,须调头车削;
② 车削两端小球时,两端留有约$\phi 7$ mm$\times 5$ mm 的工艺小圆柱;
③ 应培养学生目测能力和协调双手控制进给的技能;
④ 用砂布抛光时要注意安全。

4. 检测评价

(1) 主要位置精度检测
球面的测量和检查是本任务的主要检测内容,为了保证球面的外形正确,通常采用样板、外径千分尺等进行检查。

① 样板检验
用样板检查时应注意对准工件中心,并观察样板与工件间的透光情况,及时修正球面,如图 5.18 所示。

② 用外径千分尺检验
用千分尺检查时应通过工件中心,并多次变换测量方向,保证其在要求范围内,如图 5.19 所示。

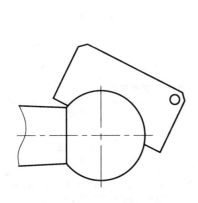

图 5.18 用样板检验圆球

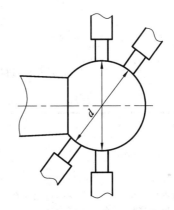

图 5.19 用外径千分尺检验圆球

(2) 评价反馈
三球手柄的加工质量评价参照表 5.7 进行评分反馈。

表 5.7　质量检测评分反馈表

零件：				姓名：		成绩：			
项目	序号	考核内容和要求	配分	评分标准		学生自测		教师评测	
						自测	得分	检测	得分
外圆	1	ϕ18 mm	8	超差不得分					
	2	ϕ14 mm	8	超差不得分					
圆弧	4	SR15 mm	10	超差不得分					
	5	SR13 mm	10	超差不得分					
	6	SR11 mm	10	超差不得分					
长度	7	50 mm	7	超差不得分					
	8	100 mm	7	超差不得分					
其他	9	Ra1.6 μm(5处)	5×5	超差一级扣3分					
	10	抛光	5	超差不得分					
安全文明生产	11	无违章操作	10	否则扣5~10分					
	12	无撞刀及其他事故		否则扣5~10分					
	13	机床清洁保养		否则扣5~10分					
需改进的地方									
教师评语									
学生签名				小组长签名					
日期				教师签名					

5. 废品原因与预防措施

车成形面时产生废品的原因与预防措施见表 5.8。

表 5.8　车削成形面时废品的原因与预防措施

废品种类	产生原因	预防措施
工件轮廓不正确（如车圆球时出现椭圆的算盘珠形或橄榄形）	车刀切削刃形状刃磨得不正确	仔细刃磨成形刀
	车刀没有对准主轴的中心高度	重新安装车刀并严格对准中心
	用双手控制进给车削时，纵、横进给不协调	理解速度分解的原理理论，加强练习，使双手的移动协调自如
	靠模不正确或靠模传动机构中存在间隙	使靠模形状正确，并调整传动机构间隙

废品种类	产生原因	预防措施
工件表面粗糙	进给量过大	减小进给量
	切削中产生振动	提高工件安装刚度及刀具安装刚度
	刀具的几何角度不正确	合理选择刀具角度
	材料切削性能差	改善切削性能
	切削液选择不当	合理选择切削液

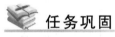 任务巩固

现要加工图 5.20 所示的零件。

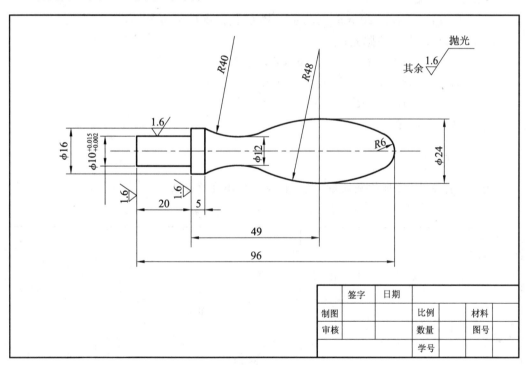

（a）手柄图样

（b）手柄三维图

图 5.20　手柄

1. 参考加工步骤

车削工序一　夹住毛坯外圆,工件伸出 110 mm 左右。

① 车端面;

② 钻中心孔;

③ 支顶顶尖,一夹一顶,粗车外圆 ϕ 24 mm×100 mm,ϕ 16 mm×45 mm,ϕ 10 mm× 20 mm(各留精车余量 0.1 mm 左右);

④ 从 ϕ 16 mm 外圆的平面量起,长 17.5 mm 为中心线,用小圆头车刀车 ϕ 12.5 mm 定位槽;

⑤ 从 ϕ 16 mm 外圆的平面量起,长大于 5 mm 开始切削,向 12.5 mm 定位槽处移动 车 R40 mm 圆弧面;

⑥ 从 ϕ 16 mm 外圆的平面量起,长 49 mm 为中心线,在 ϕ 24 mm 外圆上向左、右方 向车 R48 mm 圆弧面;

⑦ 精车 ϕ 10 mm,长 20 mm 至尺寸要求,并包括 ϕ 16 mm 外圆;

⑧ 用锉刀、砂布修整抛光;

⑨ 松开顶尖,用圆头车刀车 R6 mm,并切下工件。

车削工序二　调头垫铜皮,夹住 ϕ 24 mm 外圆找正。

① 用车刀或锉刀修整 R6 mm 圆弧,并用砂布抛光;

② 检测无误后下车。

2. 评价反馈

按照图样要求,逐项检测质量,并参照表 5.9 评价及反馈。

表 5.9　质量检测评分反馈表

零件:				姓名:		成绩:		
项目	序号	考核内容和要求	配分	评分标准	学生自测		教师评测	
					自测	得分	检测	得分
外圆	1	ϕ 10$^{+0.015}_{+0.002}$ mm	8	每超差 0.01 mm 扣 1 分;超差 0.03 mm 以 上不得分				
	2	ϕ 16 mm	6	超差不得分				
圆弧	3	R40 mm	8	超差不得分				
	4	R48 mm	8	超差不得分				
	5	R6 mm	8	超差不得分				
	6	ϕ 12 mm	6	超差不得分				
	7	ϕ 24 mm	6	超差不得分				

续表

项目	序号	考核内容和要求	配分	评分标准	学生自测		教师评测	
					自测	得分	检测	得分
长度	8	5 mm	6	超差不得分				
	9	20 mm	6	超差不得分				
	10	49 mm	6	超差不得分				
	11	96 mm	6	超差不得分				
其他	12	$Ra1.6\ \mu m$(4 处)	4×3	超差不得分				
	13	抛光	4	超差不得分				
安全文明生产	14	无违章操作	10	否则扣5～10分				
	15	无撞刀及其他事故		否则扣5～10分				
	16	机床清洁保养		否则扣5～10分				
需改进的地方								
教师评语								
学生签名			小组长签名					
日期			教师签名					

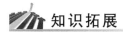

知识拓展

——双手控制法车削成形面

双手控制法车削成形面适用于零件数量较少或单件形面精度要求不高的成形面工件。

（1）车削方法

这种方法即用双手同时摇动小滑板和中滑板（或同时摇动床鞍和中滑板），通过双手的协调动作，从而车出所要求的成形面的方法（如图 5.21 所示）。

采用摇动小滑板和中滑板车削时，小滑板不能连续进给，劳动强度大。熟练的情况下可采用摇动床鞍和中滑板来完成成形面的加工。

（2）车削时的关键技巧

用双手控制法车成形面时，首先要分析曲面各点的斜率，然后根据斜率确定纵向、横向走刀的

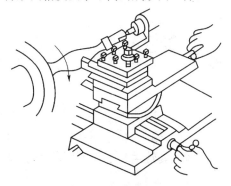

图 5.21　双手控制法车削成形面

快慢。图 5.22 所示为横、纵向移动速度分析：车削 A 点时，横向进刀速度要慢，纵向退刀速度要快；车到 B 点时，横向进刀和纵向退刀速度基本相同；车到 C 点时，横向进刀要快，纵向退刀慢，即可车出球面。车削时，关键是双手摇动手柄的速度配合要恰当。

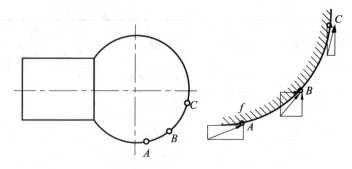

图 5.22 车削圆球面双手进给、退刀速度分析

（3）成形刀车削时防止振动的方法

使用成形刀车削成形面时，由于切削刃接触面积大，容易引起振动。防止振动的方法主要有：

① 机床要有足够的刚性，车床各部分的间隙要调整得小一些；

② 成形刀刃口对准工件回转中心，过高容易"扎刀"，过低会引起振动，必要时可以将成形刀反装车削；

③ 成形刀角度的选择要适当；

④ 采用较小的切削用量，选择合理的切削液，车钢料时必须加切削液，车铸铁时可以浇注煤油或不加切削液。

（4）其他注意事项

① 要培养目测球形的能力和协调双手控制进给动作的技能，否则容易把球面车成椭榄形或鼓形；

② 横、纵向进给速度不能太快，否则容易烧伤工件表面甚至顶飞工件；

③ 选择装夹位置时，要注意刀具进退刀和刀背空间预留；

④ 车削过程中要适时用样板检验工件圆弧面形状。

加工滚花

◎ **知识目标**：正确分析滚花图样元素尺寸、精度。

◎ **技能目标**：掌握滚花的加工方法。

◎ **素养目标**：根据零件特点合理制定工艺规程，树立小组团队协作互助精神。

 任务描述

本任务就是加工网纹滚花（如图 5.23 所示），零件材料为 45 钢，毛坯尺寸为 $\phi 45$ mm× 60 mm。

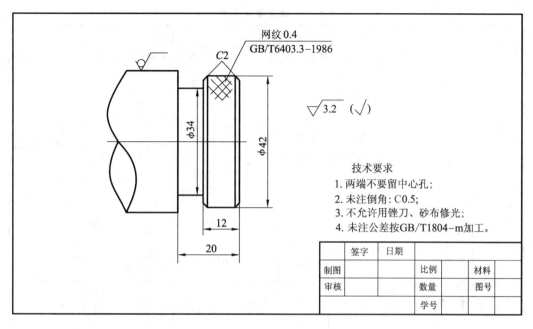

图 5.23 网纹滚花图样

 任务分析

1. 图样分析

图 5.23 网纹滚花图样的主要技术要求有:

① 尺寸精度:外圆直径 $\phi 42$ mm,$\phi 34$ mm,长度尺寸 12,20 mm,倒角 C2 mm,C0.5 mm,滚花网纹 $m=0.4$,花纹是粗纹。

② 形状精度:形面正确。

③ 表面粗糙度:$Ra3.2\ \mu$m 以下。

2. 加工路线描述

车外圆→车槽→倒角→滚花。

3. 工艺分析

网纹滚花加工工艺流程见工序卡表 5.10,加工刀具选择见表 5.11。

表 5.10　加工滚花工序卡片

工厂名称			机械加工工序卡片		产品型号		零(部)件型号			第　页
					产品名称		零(部)件名称	滚花		共　页
材料牌号	45	毛坯种类	棒料	毛坯尺寸	ϕ45 mm×60 mm		备注			
工序名称	工步	工步内容	切削用量			设备名称及型号	工艺装备名称及型号			工时
			主轴转速/(r/min)	进给量/(mm/r)	背吃刀量/mm		夹具	刀具	量具	单件 终准
锯	1	锯割下料				锯床 GZT-180		带锯	钢直尺	
车		装夹左端,伸出长度大于 45 mm				CA6140A	三爪卡盘		钢直尺	
	1	车端面	800	0.1	0.2~1.0	CA6140A	三爪卡盘	45° 车刀	钢直尺	
	2	粗、精车 ϕ42 mm 外圆,长 20 mm	500, 1 000	0.05~0.20	0.1~3.0	CA6140A	三爪卡盘	90° 车刀	游标卡尺、外径千分尺	
	3	车槽	450			CA6140A	三爪卡盘	车槽刀	外径千分尺	
	4	倒角,去毛刺	800			CA6140A	三爪卡盘	45° 车刀		
	5	滚花	45	0.2		CA6140A	三爪卡盘	滚花刀		
	6	检测、下车								
保养		打扫卫生,保养机床								
						编制/日期	审核/日期		会签/日期	
标记	标记	更改文件号	签字	日期	标记	标记	更改文件号	签字		日期

表 5.11　加工滚花的刀具卡片

零件型号			零件名称		产品型号		共　页	第　页
工步号	刀具号	刀具名称	刀具规格	数量	刀具		备注 1	备注 2
					直径/mm	长度/mm		
	T01	45°车刀	YT15	1				
	T02	45°倒角刀	YT15	1				
	T03	90°粗车刀	YT15	1				

续表

工步号	刀具号	刀具名称	刀具规格	数量	刀具		备注1	备注2
					直径/mm	长度/mm		
	T04	90°精车刀	YT15	1				
	T05	滚花刀	高速钢	1				
	T06	车槽刀	高建钢	1				
标记	标记	更改文件号	签字	编制/日期		审核/日期		会签/日期

任务实施

1. 准备工作

滚花加工的各项准备见表5.12。

表5.12　滚花加工的准备事项

准备事项	准备内容
材料	45钢,毛坯尺寸为ϕ45 mm×60 mm的棒料
设备	CA6140A车床(三爪自定心卡盘)
刀具	90°车刀,45°车刀,车槽刀,滚花刀($m=0.4$)
量具	游标卡尺0.02 mm/(0～200 mm),外径千分尺0.01 mm/(25～50 mm),百分表0.01 mm/(0～10 mm)及磁力表座
工、辅具	铜皮,铜棒,常用工具等

2. 操作步骤

车削工序　夹住毛坯外圆,工件伸出30 mm左右,校正并夹紧,具体操作见表5.13。

表 5.13   车削工序的工步内容

工步内容	图 示
1. 车端面(如图 5.24 所示)。	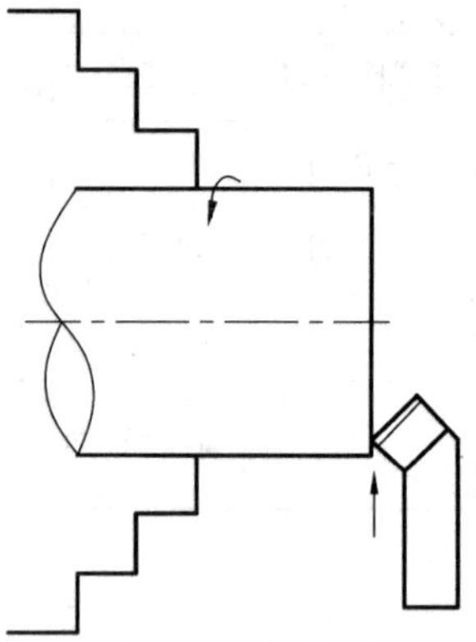 图 5.24 车端面
2. 粗、精车 ϕ 42 mm 外圆,长 20 mm(如图 5.25 所示)。	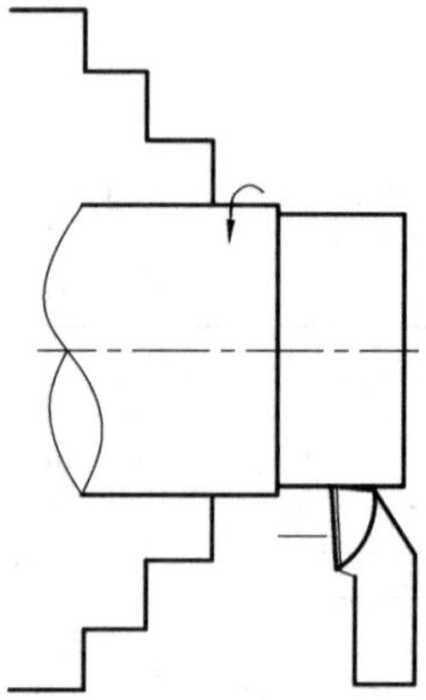 图 5.25 车外圆
3. 车 ϕ 34 mm 槽,同时保证长度 12 mm(如图 5.26 所示)。	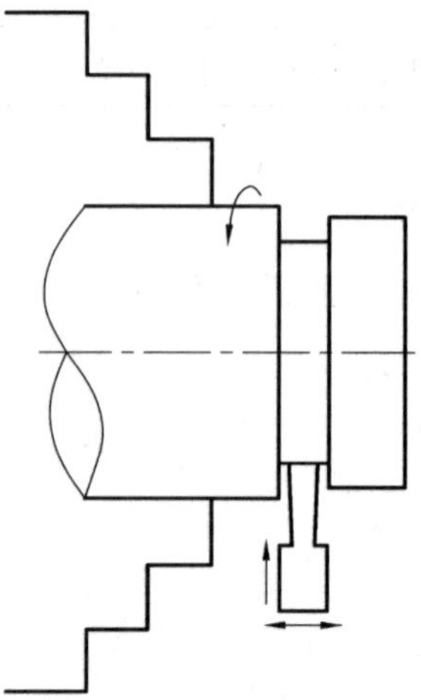 图 5.26 车槽

续表

工步内容	图　示
4. 倒角 $C2$ mm 两处, 去毛刺 $C0.5$ mm(如图 5.27 所示)。	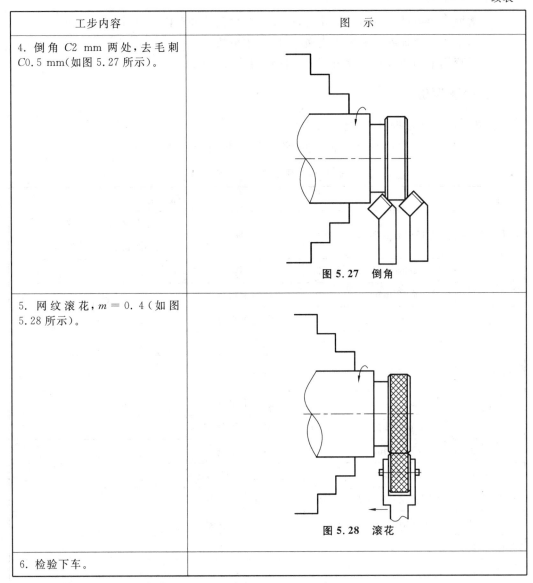 图 5.27　倒角
5. 网纹滚花, $m = 0.4$（如图 5.28 所示）。	图 5.28　滚花
6. 检验下车。	

3. 注意事项

① 开始滚压时, 挤压力要大, 使工件圆周上一开始就形成较深的花纹, 这样就不容易产生乱纹(俗称破头);

② 滚花时需选择较低的切削速度, 一般为 5～15 m/min;纵向进给量大一些, 一般为 0.2～0.6 mm/r;

③ 为防止滚轮发热损坏, 滚花时应充分浇注冷却液, 同时也能及时清除滚花刀上的铁屑沫, 保证滚花质量;

④ 停车检查花纹滚压情况, 符合要求后即可纵向自动进给, 这样滚压一至二次, 直至

花纹清晰饱满,即可完成加工;

　　⑤ 薄壁套类零件外表面要滚花时,应先滚花后钻孔和车内孔,以减少工件的变形;

　　⑥ 严禁用手或棉纱接触滚压表面,以防发生事故;

　　⑦ 严禁用毛刷或纱布清除滚花刀上的铁屑沫,以防发生事故。

4. 检测评价

滚花检测主要依据目测,要求目测纹路清晰。

按照图样要求,逐项检测质量,并参照表5.14评价及反馈。

表 5.14　质量检测评分反馈表

零件:				姓名:		成绩:			
项目	序号	考核内容和要求	配分	评分标准		学生自测		教师评测	
						自测	得分	检测	得分
外圆	1	$\phi 34$ mm	15	超差不得分					
	2	$\phi 42$ mm	20	超差不得分					
长度	3	12 mm	10	超差不得分					
	4	20 mm	10	超差不得分					
滚花	5	花形	20	超差不得分					
其他	6	$Ra3.2$ μm	4	超差不得分					
	7	$C2$ mm(2 处)	2×4	超差不得分					
	8	$C0.5$ mm	3	超差不得分					
安全文明生产	9	无违章操作	10	否则扣5～10分					
	10	无撞刀及其他事故		否则扣5～10分					
	11	机床清洁保养		否则扣5～10分					
需改进的地方									
教师评语									
学生签名				小组长签名					
日期				教师签名					

5. 废品原因与预防措施

滚花加工时的废品原因及预防措施见表5.15。

表 5.15　滚花时产生废品的原因与预防措施

废品表现	产生原因	预防措施
乱纹	工件外圆周长不能被滚花刀节距 P 整除	把外圆略车削一些,使其能被节距 P 整除
	滚轮与工件接触时,横向进给压力过小	开始就加大横向进给,使其压力增大
	工件转速过高,滚轮与工件表面产生打滑	降低工件转速
	滚轮转动不灵活或滚轮与小轴配合间隙太大	检查原因或调换小轴
	滚轮齿部磨损或滚轮齿部有切屑嵌入	清除切屑或更换滚轮

📚 任务巩固

试车削图 5.29 所示的直纹滚花,毛坯尺寸 $\phi45$ mm×50 mm,材料 45 钢(外圆和槽提前粗车好)。

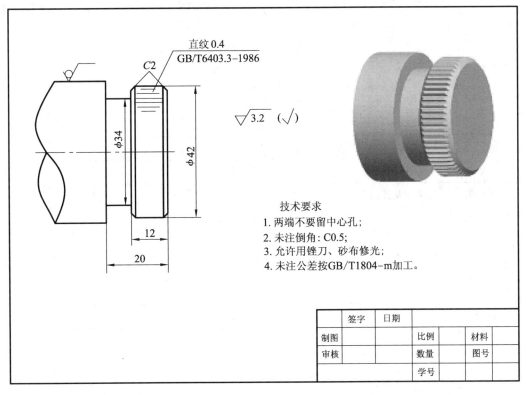

图 5.29　直纹滚花图样

1. 参考加工步骤

一夹一顶装夹,伸出长度大于 20 mm。

① 粗、精车外圆至公差要求;

② 粗、精车槽至公差要求；

③ 倒角；

④ 滚花；

⑤ 下车检测。

2. 评价反馈

按照图样要求，逐项检测质量，并参照表 5.16 评价及反馈。

表 5.16   质量检测评分反馈表

零件：				姓名：		成绩：			
项目	序号	考核内容和要求	配分	评分标准		学生自测		教师评测	
						自测	得分	检测	得分
外圆	1	ϕ 34 mm	15	超差不得分					
	2	ϕ 42 mm	20	超差不得分					
长度	3	12 mm	10	超差不得分					
	4	20 mm	10	超差不得分					
滚花	5	花形	20	超差不得分					
其他	6	$Ra3.2\ \mu$m	4	超差不得分					
	7	$C2$ mm(2 处)	2×4	超差不得分					
	8	$C0.5$ mm	3	超差不得分					
安全文明生产	9	无违章操作	10	否则扣 5～10 分					
	10	无撞刀及其他事故		否则扣 5～10 分					
	11	机床清洁保养		否则扣 5～10 分					
需改进的地方									
教师评语									
学生签名				小组长签名					
日期				教师签名					

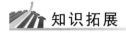 知识拓展

——滚花花纹的样式

用滚花刀来挤压工件,使其表面产生塑性变形而形成花纹的加工称为滚花。如图 5.30 所示,滚花花纹一般有直花纹、斜花纹和网纹三类,都是用滚花刀在工件表面滚压而成的花纹,作用是增大捏手部分的磨擦力,便于拿握和使用,同时使零件表面形状美观。

(a) 直花纹

(b) 斜花纹

(c) 网纹

图 5.30　滚花花纹的样式

滚花花纹有粗纹、中纹和细纹之分。花纹的粗细取决于模数 m,模数 m 和节距 P 的关系是 $P=\pi m$。当 $m=0.2$ 时,花纹是细纹;当 $m=0.3$ 时,花纹是中纹;当 $m=0.4$ 或 0.5 时,花纹是粗纹。滚花的各部分尺寸见表 5.17。

表 5.17　滚花尺寸表

种类	m	h/mm	r/mm	P/mm
细纹	0.2	0.132	0.06	0.628
中纹	0.3	0.198	0.09	0.942
粗纹	0.4	0.264	0.12	1.257
	0.5	0.326	0.16	1.571

直纹滚花　　网纹滚花

注:$2h$ 为花纹高度;$h=0.785m-0.41r$。

项目六

螺纹的加工

6

本项目围绕三角螺纹的加工及其刀具刃磨,通过两个任务,讲解加工三角螺纹的工艺知识及螺纹车刀的刃磨方法。

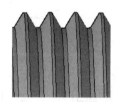

螺纹轴三维图

任务一 加工三角螺纹

◎ **知识目标**：了解零件的工艺要求；了解螺纹的形成及其术语、种类。

◎ **技能目标**：了解车削螺纹时的机床调整、加工步骤；掌握螺纹的测量方法。

◎ **素养目标**：培养团队协作精神。

任务描述

本任务就是完成如图 6.1 所示螺纹轴的加工。

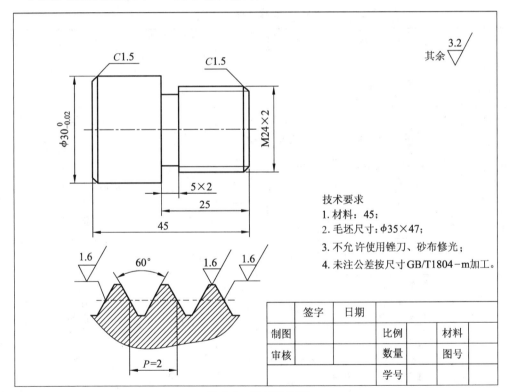

图 6.1 螺纹轴图样

任务分析

1. 图样分析

本任务中，包括车削阶台轴、槽和螺纹。毛坯材料为 45 钢，尺寸为 ϕ 35 mm ×

47 mm。它的技术要求主要有：

① 尺寸精度：外圆直径 $\phi 30_{-0.02}^{0}$ mm，长度 25，45 mm，槽宽 5 mm，槽深 2 mm，倒角 C1.5 mm，螺纹尺寸 M24×2 即公称直径为 $\phi 24$ mm，螺距为 $P=2$ mm。

② 表面粗糙度：外圆和螺纹表面质量要求较高，要求车削后粗糙度值应小于 $Ra1.6 \ \mu m$，其余为 $Ra3.2 \ \mu m$ 以下。

③ 其他要求：未注公差按照 GB/T1804—m 加工等。

2. 加工路线描述

① 车左端面→粗、精车外圆→倒角；

② 车右端面（保证总长）→车螺纹外圆→车槽→倒角→粗、精车螺纹→检测。

3. 工艺分析

本加工任务的工艺流程见表 6.1，刀具选择见表 6.2。

表 6.1　车螺纹轴工序卡片

工厂名称		机械加工工序卡片	产品型号		零（部）件型号			第　页	
			产品名称		零（部）件名称			共　页	
材料牌号	45	毛坯种类	棒料	毛坯尺寸	$\phi 35$ mm×47 mm		备注		
工序名称	工步	工步内容	切削用量			设备名称及型号	工艺装备名称及型号		工时
			主轴转速 /(r/min)	进给量 /(mm/r)	背吃刀量 /mm		夹具	刀具	量具	单件	终准

续表

工序名称	工步	工步内容	切削用量			设备名称及型号	工艺装备名称及型号			工时	
			主轴转速/(r/min)	进给量/(mm/r)	背吃刀量/mm		夹具	刀具	量具	单件	终准
	2	粗、精车螺纹公称外圆至公差要求	500,1 250	0.05~0.20	0.1~2.0	CA6140A	三爪卡盘	90°车刀	游标卡尺、外径千分尺		
	3	车退刀槽5 mm×2 mm	450			CA6140A	三爪卡盘	车槽刀	游标卡尺		
	4	倒角C1.5 mm	800			CA6140A	三爪卡盘	45°车刀			
	5	粗、精车 M24×2 螺纹	71,45			CA6140A	三爪卡盘	60°螺纹车刀	钢直尺、螺纹环规		
	6	检测、下车									
保养		打扫卫生,保养机床									
							编制/日期	审核/日期		会签/日期	
标记	标记	更改文件号	签字	日期	标记	标记	更改文件号	签字	日期		

表6.2　车螺纹轴刀具卡片

零件型号			零件名称		产品型号		共　页	第　页
工步号	刀具号	刀具名称	刀具规格	数量	刀　具		备注1	备注2
					直径/mm	长度/mm		
	T01	45°车刀	YT15	1				
	T02	90°粗车刀	YT15	1				
	T03	90°精车刀	YT15	1				
	T04	螺纹粗车刀(60°)	高速钢	1				
	T05	螺纹精车刀(60°)	高速钢	1				
	T06	车槽刀	YT15/刀宽3 mm	1				
标记	标记	更改文件号	签字	编制/日期		审核/日期		会签/日期

4. 相关工艺知识

（1）螺纹的术语及计算

① 螺旋升角 ψ

螺旋线的形成原理：直角三角形 ABC 围绕直径为 d_2 的圆柱旋转一周，斜边 AC 在表面上形成的曲线就是螺旋线，如图 6.2 所示。直角边 BC 称为螺距，螺旋线上升的角度 $\angle CAB$ 称为螺旋升角 ψ。

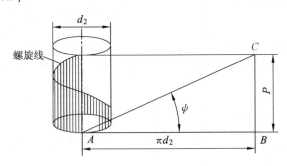

图 6.2　螺旋线的形成

② 螺纹及其牙型

沿螺旋线形成，具有相同剖面的连续凸起和沟槽称为螺纹。车刀沿工件轴线方向作等速移动即可形成螺旋线，经多次进给后便车出螺纹，如图 6.3 所示。在通过螺纹轴线的剖面上，得到的螺纹的轮廓形状称为螺纹的牙型。常见的牙型有矩形、三角形、梯形、锯齿形等，如图 6.4 所示。

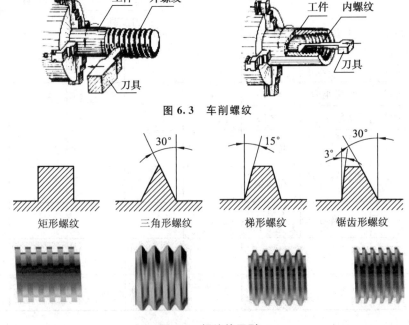

图 6.3　车削螺纹

矩形螺纹　　　三角形螺纹　　　梯形螺纹　　　锯齿形螺纹

图 6.4　螺纹的牙型

③ 普通三角螺纹的尺寸计算

普通三角螺纹的尺寸计算见表 6.3,各部分名称及牙型尺寸如图 6.5、图 6.6 所示。

表 6.3　三角螺纹各部分名称及尺寸计算

名称	代号	定义及计算公式
牙型角	α	在螺纹牙型上,相邻两牙侧之间的夹角称为牙型角。$\alpha=60°$。
牙型高度	h_1	在螺纹牙型上,牙顶到牙底之间垂直于螺纹轴线的距离。 $h_1=H-\dfrac{H}{8}-\dfrac{H}{4}=\dfrac{5H}{8}=0.541\,3P$。
原始三角高度	H	原始三角形顶点到底边之间垂直于轴线的距离。 $H=\cot\dfrac{\alpha}{2}\times\dfrac{P}{2}=\cot 30°\times\dfrac{P}{2}=0.866P$。
公称直径	d 或 D	外螺纹顶径或内螺纹底径,代表螺纹尺寸的直径。
中径	d_2 或 D_2	同规格的外螺纹中径 d_2 和内螺纹中径 D_2 公称尺寸相等。 $d_2=D_2=d-2\times\dfrac{3H}{8}=d-0.649\,5P$。
小径	d_1 或 D_1	外螺纹底径或内螺纹顶径。 $d_1=D_1=d-2\times\dfrac{5H}{8}=d-1.082\,5P$。
螺距	P	相邻两牙在中径线上对应两点间的轴向距离。
导程	L	在同一条螺旋线上,相邻两牙在中径线上对应两点间的轴向距离称为导程(如图 6.7 所示),多线螺纹导程与螺距的关系是:$L=nP$。 其中,L—螺纹的导程;n—多线螺纹的线数;P—螺纹的螺距。
削平高度		在外螺纹牙顶或内螺纹牙底的 $H/8$ 处,外螺纹牙底或内螺纹牙顶的 $H/4$ 处。
螺旋升角	ψ	在中径圆柱上,螺旋线的切线与垂直于螺纹轴线的平面之间的夹角。 $\tan\psi=\dfrac{L}{\pi d_2}=\dfrac{np}{\pi d_2}=\dfrac{1\times2}{3.14\times20}$,即 $\psi\approx1°49'27''$。

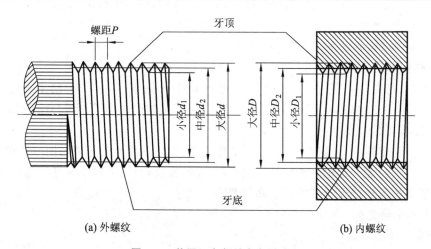

(a) 外螺纹　　　　　　　　　　　　　　(b) 内螺纹

图 6.5　普通三角螺纹各部分名称

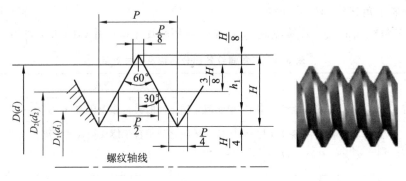

（a）普通三角螺纹的牙型尺寸　　　　　　（b）螺纹示意图

图 6.6　普通三角螺纹的尺寸计算

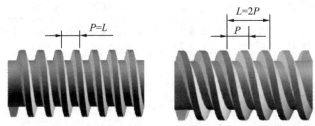

(a) 单线螺纹：螺距 = 导程　　　(b) 多线螺纹：导程 = 螺距 × 线数

图 6.7　螺纹的线数

普通螺纹的基本尺寸也可以通过查找普通螺纹基本尺寸表获得。

例 6.1　试计算 M24 内、外螺纹的各直径基本尺寸。

解： 已知 $d=D=24$ mm，查普通螺纹直径与螺距系列表，得 $P=3$ mm。
$$d_2=D_2=d-0.649\ 5P=24-0.649\ 5\times3=22.05 \text{ mm}。$$
$$d_1=D_1=d-1.082\ 5P=24-1.082\ 5\times3=20.75 \text{ mm}。$$

（2）车削螺纹的方法

① 顺倒车法（或正反车法）

开顺车（主轴正转）完成一次螺纹车削，退出车刀；开倒车（主轴反转）使车刀退回原始位置，再开顺车车第二刀；如此反复，直至将螺纹车好。车削过程中，开合螺母与丝杠始终啮合。

② 起开合螺母法

完成一次车削后，退出车刀，提起开合螺母手柄，操纵床鞍使车刀退回原始位置（主轴始终正转），再合上开合螺母进行第二次车削，如此反复，直至将螺纹车好。起开合螺母法只适用于车削螺距能被丝杠螺距整除的螺纹。

（3）车床调整

① 变换手柄位置

一般按工件螺距要求在进给箱铭牌上找到手柄的位置要求，然后将各手柄拨到所需的位置上。如果车削的是左旋螺纹，则需变换三星轮的位置。

② 调整滑板间隙

调整中、小滑板镶条松紧程度,以手摇动手柄的感觉比正常加工时稍重但不太吃力为宜。如果太紧了,摇动滑板费力,操作不灵活;太松了,车螺纹时容易"扎刀"。

单方向旋转小滑板手柄,消除小滑板丝杠与螺母的间隙。

③ 调整车床正反转离合器

用倒顺车法车螺纹时,正反转操纵杆动作后,主轴反应要灵敏,否则说明离合器摩擦片过松,需重新调整。

④ 调整开合螺母手柄

用起开合螺母法车削螺纹时,开合螺母手柄开合不宜太松,以防止车削过程中手柄抬起而车坏螺纹;开合螺母的手柄也不宜过紧,防止操作不便而产生碰撞事故。

⑤ 调整交换齿轮

根据螺距的不同,对照铭牌,有时需重新调整交换齿轮。交换齿轮啮合间隙的调整是变动齿轮在交换齿轮架上的位置及交换齿轮架本身的位置,使各齿轮的啮合间隙保持适宜,一般在 0.1～0.15 mm 左右。不宜太紧,以防止挂轮转动压力过大而损坏齿轮;也不宜太松,防止车削螺纹时产生"扎刀"现象。

（4）**车削螺纹时的进刀方法**

车削螺纹常用的进刀方法有:直进法、斜进法、左右切削法、分层切削法等,如图 6.8 所示。螺距较小的可采用直进法;中等螺距的可采用斜进法或左右切削法;螺距较大的可采用左右切削法或分层切削法。

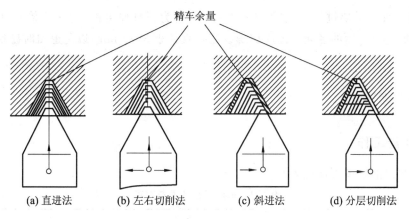

精车余量

(a) 直进法　　(b) 左右切削法　　(c) 斜进法　　(d) 分层切削法

图 6.8　车削螺纹时的进刀方法

（5）**螺纹车刀的装夹要求**

① 装夹车刀时,刀尖位置一般应对准工件中心(可根据尾座顶尖高度检查),特别是内螺纹车刀的刀尖必须严格保证对准中心,以免出现"扎刀"、"阻刀"、"让刀"及螺纹面不光等现象。

② 车刀刀尖角的对称中心线必须与工件轴线垂直,装刀时可用样板来对刀,如图6.9a,图 6.10 所示。如果车刀装歪,就会产生如图 6.9b 所示的牙形状歪斜错误。

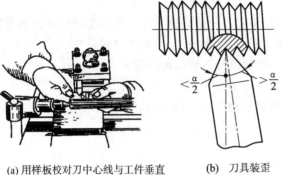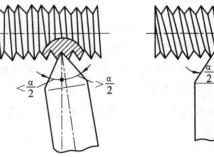

(a) 用样板校对刀中心线与工件垂直   (b) 刀具装歪   (c) 刀尖齿形对称并垂直

图 6.9   外螺纹车刀的位置

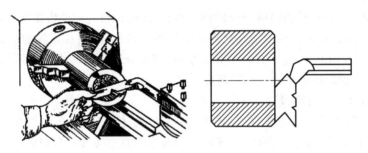

图 6.10   内螺纹车刀的装夹

③ 刀头伸出不要过长,一般为 20～25 mm(约为刀杆厚度的 1～1.5 倍)。内螺纹车刀的刀头加上刀杆后的径向长度应比螺纹底孔直径小 3～5 mm,以免退刀时碰伤牙顶。

任务实施

1. 准备工作

车削螺纹的准备事项见表 6.4。

表 6.4   车削螺纹的准备事项

准备事项	准备内容
材料	45 钢,尺寸为 φ35 mm×47 mm 的棒料
设备	CA6140A 车床(三爪自定心卡盘)
刀具	45°,90°的 YT15 硬质合金车刀,普通外螺纹车刀(高速钢),3 mm 宽车槽刀
量具	游标卡尺 0.02 mm/(0～150 mm),外径千分尺 0.01 mm/(0～25,25～50 mm),钢直尺,深度尺,M24×2 的螺纹环规,百分表 0.01 mm/(0～10 mm)及磁力表座
工、辅具	铜皮,铜棒,对刀样板,常用工具等

2. 操作步骤

车削工序一　装夹毛坯件约 20 mm,具体操作工步见表 6.5。

表 6.5　车削工序一的工步内容

工步内容	图　示
1. 车平端面(如图 6.11 所示)。	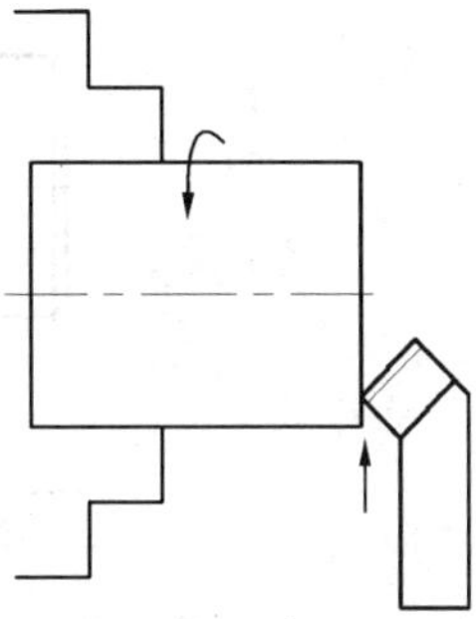 图 6.11　车端面
2. 粗、精车外圆 $\phi 30_{-0.02}^{0}$ mm 至公差要求,长度大于 20 mm(取 25 mm)(如图 6.12 所示)。	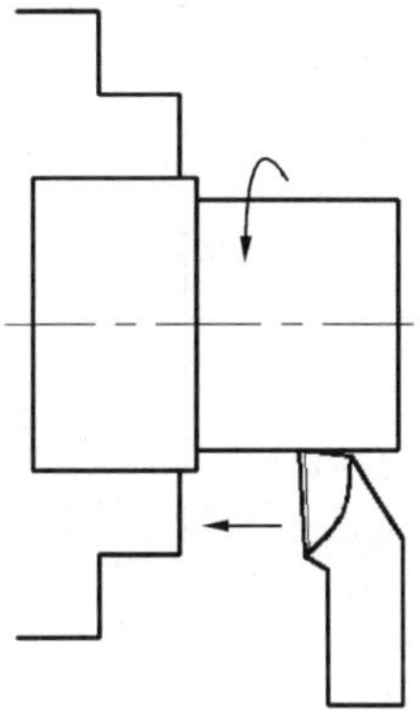 图 6.12　车外圆
3. 倒角 C1.5 mm(如图 6.13 所示)。	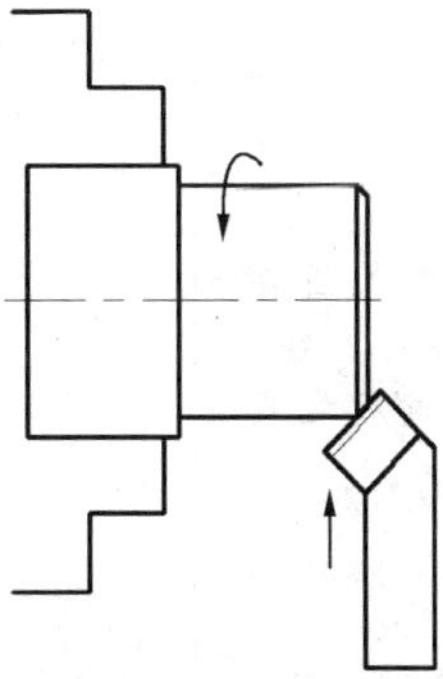 图 6.13　倒角

　　车削工序二　调头,垫铜皮或用软卡爪装夹$\phi 30_{-0.02}^{0}$ mm外圆约 18 mm,找正后夹紧工件(如图 6.14 所示),具体操作工步见表 6.6。

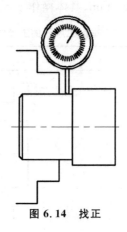

图 6.14　找正

表 6.6　车削工序二的工步内容

工步内容	图　　示
1. 车端面,保证总长(如图 6.15 所示)。	图 6.15　车端面
2. 粗、精车螺纹处外圆(如图 6.16 所示)。 ●提示　外螺纹处外圆直径应较螺纹大径(公称直径)小 0.2～0.3 mm,内螺纹处直径应较螺纹顶径大 0.2～0.3 mm。	图 6.16　车外圆

续表

工步内容	图 示
3. 车退刀槽 5 mm×2 mm(如图 6.17 所示)。 👁 **提示** 退刀槽的作用主要是为了车螺纹结束时及时退刀,而不至于使刀撞击工件,并使螺纹收尾处的螺距恒定。	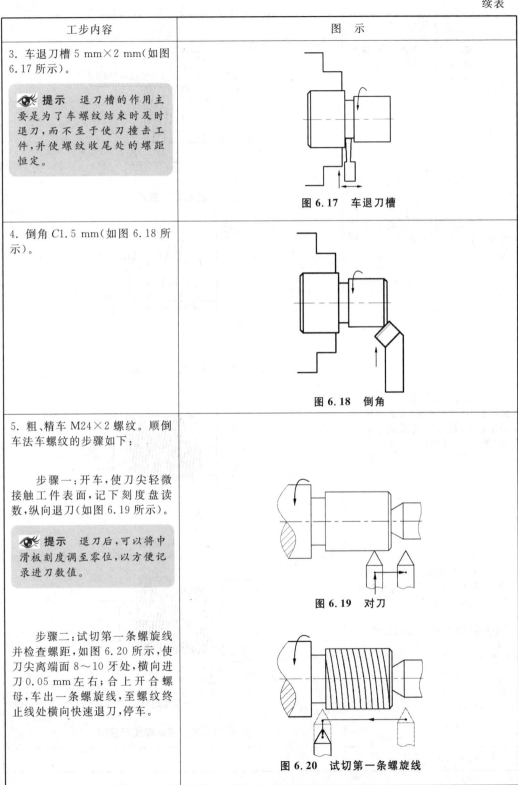 图 6.17 车退刀槽
4. 倒角 C1.5 mm(如图 6.18 所示)。	图 6.18 倒角
5. 粗、精车 M24×2 螺纹。顺倒车法车螺纹的步骤如下: 步骤一:开车,使刀尖轻微接触工件表面,记下刻度盘读数,纵向退刀(如图 6.19 所示)。 👁 **提示** 退刀后,可以将中滑板刻度调至零位,以方便记录进刀数值。 步骤二:试切第一条螺旋线并检查螺距,如图 6.20 所示,使刀尖离端面 8～10 牙处,横向进刀 0.05 mm 左右;合上开合螺母,车出一条螺旋线,至螺纹终止线处横向快速退刀,停车。	图 6.19 对刀 图 6.20 试切第一条螺旋线

工步内容	图　示
步骤三：开反车把车刀退到工件右端，停车；用钢直尺检查螺距是否正确（如图 6.21 所示）。	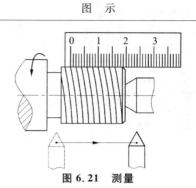 图 6.21　测量
步骤四：用刻度盘调整背吃刀量，开车切削（如图 6.22 所示）。	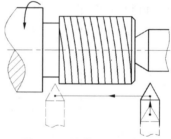 图 6.22　调整进刀量车削
步骤五：车刀将至终点时，做好退刀停车准备，先快速横向退出车刀；然后开反车退出车刀（如图 6.23 所示）。	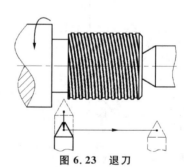 图 6.23　退刀
步骤六：重复步骤四与步骤五（如图 6.24 所示），直至螺纹车削至公差要求。 **提示**　刻度盘调整量见表 6.7。	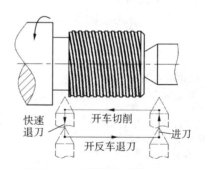 图 6.24　车削螺纹路线示意图
6. 检测、下车。	

加油站：总切削深度 $h_1 = 0.54P = 0.54 \times 2$ mm $= 1.08$ mm，采用左右切削法切削，进刀、借刀分配见表6.7。

表 6.7　切削量分配表

中滑板进刀量/mm	小滑板借刀量/mm	
	左	右
0.5		
0.25	0.15	
0.15	0.1	
0.1		0.1
0.05		0.05
0.025		0.05
0.025	0.1	
	0.05	
	0.025	
		0.05
		0.025

提示　车螺纹时应注意的几个问题：

① 注意和消除滑板的机械间隙，防止产生"空行程"。

② 避免"乱扣"。"乱扣"是指第二次车削进刀后，刀尖不在原来的螺旋线（螺旋槽）中，而是偏左或偏右，甚至车在牙顶中间的现象。产生的原因是当丝杠转一圈时，工件没有转过整数圈。预防的方法是采用顺倒车法车削螺纹。

③ 对刀时一定要注意应正车对刀。

④ 借刀。借刀就是螺纹车削一定深度后，将小滑板向前或向后移动一点距离再进行车削，借刀时注意小滑板移动距离不能过大，以免将牙槽车宽造成"乱扣"，或者因多刃同时切削而"扎刀"。

⑤ 使用"两顶尖"装夹方式车螺纹时，工件卸下后再重新车削时，应该先对刀后车削，以免"乱扣"。

3. 注意事项

① 车螺纹前要检查主轴手柄位置，用手旋转主轴（正、反转），看是否有过重或空转量过大现象。

② 由于初学者操作不熟练,宜采用较低的切削速度,并注意在练习时思想要集中。

③ 车螺纹时,开合螺母必须闸到位,如感到未闸好,应立即起闸,重新进行。

④ 车螺纹时应注意不能用手去摸正在旋转的工件,更不能用棉纱去擦正在旋转的工件。

⑤ 车完螺纹后应提起开合螺母,并把手柄拨到光杠位置,以免在开车时撞车。

⑥ 车螺纹应保持刀刃锋利,若中途磨刀或换刀,必须重新对刀,并重新调整中滑板刻度。

⑦ 粗车螺纹时,要留适当的精车余量;精车时,应首先用最少的借刀量车光滑一个侧面,把余量留给另一侧面。

4. 检测评价

(1) 主要位置精度检测

① 螺距的测量

螺距的测量如图 6.25 所示。

方法一:用钢直尺、游标卡尺测量,测量时先量出多个螺距的长度,然后把长度除以螺距的个数,就得出螺距的尺寸。

方法二:用螺距规测量,如图 6.25b 所示。

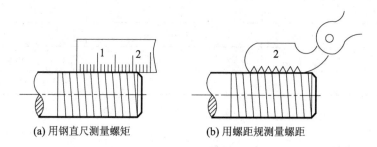

(a) 用钢直尺测量螺矩　　　　(b) 用螺距规测量螺距

图 6.25　螺距的测量

② 中径的测量

精度较高的螺纹,可用螺纹千分尺或三针测量螺纹中径。螺纹千分尺是用来测量低精度中径的常用量具,它的结构和使用方法与一般外径千分尺相同,只是所用的测量头不同,它有成对配套的、适合于不同牙型和不同螺距的测头(如图 6.26 所示);三针测量主要用于测量精密外螺纹的中径(见"梯形螺纹的加工")。

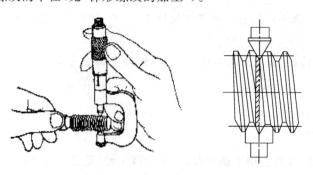

图 6.26　用螺纹千分尺测量中径

③ 综合检查

可用相应的螺纹量规(如图 6.27 所示)检查螺纹,螺纹量规只能检查是否合格,不能检测准确性误差。检查时先对直径(外螺纹的大径,内螺纹的小径)、螺距、牙型和表面粗糙度进行检测,然后用螺纹规检测尺寸精度。如果通规进、止规不进,则为合格。

(a) 螺纹塞规(测内螺纹)　　　　　(b) 螺纹套规(测外螺纹)

图 6.27 螺纹量规

在生产中,对于精度要求不高的螺纹,常用配合螺母或螺栓来检查。

(2) 评价反馈

按照图样要求,逐项检测质量,并参照表 6.8 评价及反馈。

表 6.8 质量检测评分反馈表

零件:				姓名:		成绩:			
项目	序号	考核内容和要求	配分	评分标准		学生自测		教师评测	
						自测	得分	检测	得分
外圆	1	$\phi 30_{-0.02}^{0}$ mm	12	每超差 0.01 mm 扣 1 分;超差 0.03 mm 以上不得分					
槽	2	槽宽 5 mm	8	超差不得分					
	3	槽深 2 mm	8	超差不得分					
长度	4	25 mm	8	超差不得分					
	5	45 mm	8	超差不得分					
螺纹	6	M24×2	16	超差不得分					
	7	牙型 60°	8	超差不得分					
其他	8	$Ra1.6\ \mu m$(4 处)	4×3	超差不得分					
	9	$Ra3.2\ \mu m$	4	超差不得分					
	10	C1.5 mm(2 处)	2×3	超差不得分					
安全文明生产	11	无违章操作	10	否则扣 5~10 分					
	12	无撞刀及其他事故		否则扣 5~10 分					
	13	机床清洁保养		否则扣 5~10 分					
需改进的地方									
教师评语									
学生签名				小组长签名					
日期				教师签名					

5. 废品原因与预防措施

车削螺纹产生废品的原因及预防措施见表 6.9。

表 6.9 车削螺纹时产生废品的原因及预防措施

废品表现	产生原因	预防措施
尺寸不正确	车螺纹前直径不对	根据计算尺寸车削外圆或内孔
	车刀刀尖磨损	经常检查车刀并及时修磨
	螺纹车刀切深过大或过小	车削前严格掌握螺纹切入深度
螺纹不正确	挂轮在计算或搭配时错误	车削螺纹时先车出很浅的螺旋线检查螺距是否正确
	进给箱手柄位置放错	调整好开合螺母塞铁,必要时在手柄上挂上重物
	车床丝杠和主轴窜动	调整好车床主轴和丝杠的轴向窜动量
牙形不正确	车刀安装不正确	用样板对刀
	车刀刀尖角刃磨不正确	正确刃磨和测量刀尖角
	车刀磨损	及时修磨车刀
螺纹表面不光洁	切削用量选择不当	高速钢车刀车螺纹的切削速度不能太大,切削厚度应小于 0.06 mm,并加注切削液
	切屑流出方向不对	硬质合金车刀车螺纹时,最后一刀的切削厚度应大于 0.1 mm,切屑要垂直于轴心线方向排除
	刀杆刚性不够,产生振动、积屑瘤	刀杆不能伸出太长,选择粗壮刀杆,合理选择切削用量
"扎刀"和顶弯工件	车刀径向前角太大	减小车刀径向前角,调整中滑板丝杠螺母间隙
	工件刚性差,切削用量选择太大	合理选择切削用量,增加工件装夹刚性

 任务巩固

试车削图 6.28 所示三角螺纹工件。

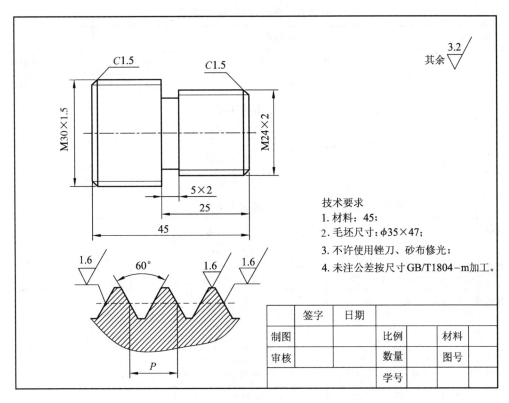

图 6.28 三角螺纹

1. 参考加工步骤

车削工序一 装夹毛坯件约 20 mm。

① 车平端面；

② 粗、精车 M24 的外圆；

③ 车退刀槽 5 mm×2 mm；

④ 倒角 C1.5 mm；

⑤ 粗、精车 M24×2 螺纹。

车削工序二 调头垫铜皮装夹 M24 螺纹，找正工件。

① 车端面，保证总长；

② 粗、精车 M30 的外圆；

③ 倒角 C1.5 mm；

④ 粗、精车 M30×1.5 螺纹；

⑤ 检测停车。

2. 评价反馈

按照图样要求，逐项检测质量，并参照表 6.10 评价及反馈。

表 6.10　质量检测评分反馈表

零件：				姓名：		成绩：			
项目	序号	考核内容和要求	配分	评分标准		学生自测		教师评测	
						自测	得分	检测	得分
槽	1	槽宽 5 mm	8	超差不得分					
	2	槽深 2 mm	8	超差不得分					
长度	3	25 mm	8	超差不得分					
	4	45 mm	8	超差不得分					
螺纹	5	M24×2	12	超差不得分					
	6	M30×1.5	12	超差不得分					
	7	牙型角 60°(2 处)	2×3	超差不得分					
其他	8	$Ra1.6\ \mu m$(6 处)	6×3	超差不得分					
	9	$Ra3.2\ \mu m$	4	超差不得分					
	10	C1.5 mm(2 处)	2×3	超差不得分					
安全文明生产	11	无违章操作	10	否则扣 5~10 分					
	12	无撞刀及其他事故		否则扣 5~10 分					
	13	机床清洁保养		否则扣 5~10 分					
需改进的地方									
教师评语									
学生签名				小组长签名					
日期				教师签名					

知识拓展

1. 普通螺纹的标记

普通螺纹的完整标记由螺纹代号、旋向代号、螺纹公差代号和旋合长度及螺纹的主要参数组成。右旋螺纹常省略旋向代号。

① 粗牙普通螺纹用螺纹代号：M 公称直径，如标记 M16，M18 等。

② 细牙普通螺纹用螺纹代号：M 公称直径×螺距旋向代号－公差代号旋合长度代号螺纹的主要参数，如 M20×1.5，M10×1 等。

例 **6.2** 左、右旋普通细牙螺纹的标注示例。

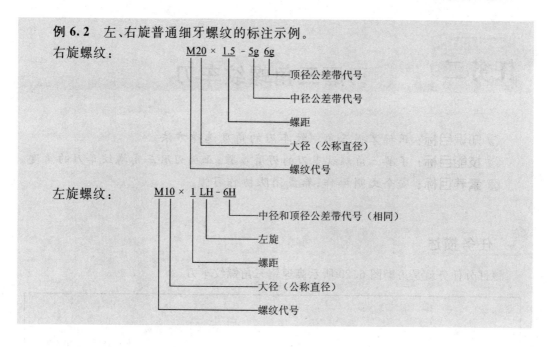

右旋螺纹：　　　　　M20 × 1.5 - 5g 6g

- 顶径公差带代号
- 中径公差带代号
- 螺距
- 大径（公称直径）
- 螺纹代号

左旋螺纹：　　　M10 × 1 LH - 6H

- 中径和顶径公差带代号（相同）
- 左旋
- 螺距
- 大径（公称直径）
- 螺纹代号

2. 如何车削内螺纹

（1）车削内螺纹的步骤

① 计算螺纹小径尺寸；

② 根据小径尺寸选择钻头并钻孔，留车孔余量；

③ 车孔至较螺纹小径尺寸大 0.2～0.3 mm；

④ 如为盲孔或内阶台孔，需在螺纹尾部车内沟槽（退刀槽），槽的直径应大于内螺纹大径，槽宽为 2～3 个螺距，并与内阶台平面车平；

⑤ 粗、精车内螺纹至公差要求。

（2）车削内螺纹的注意事项

① 根据螺纹长度加上槽宽的 1/2 在刀杆上做好记号，作为退刀、开合螺母起闸之用；

② 车削时，中滑板退刀和开合螺母起闸动作要迅速、准确、协调，保证刀尖在槽中退刀时不撞击工件；

③ 切削用量与切削液的选择和车外螺纹时基本相同；

④ 车削时，进、退刀方向与车外螺纹时相反。

任务二　刃磨三角螺纹车刀

◎ **知识目标**：正确掌握三角螺纹车刀的角度选择方法。

◎ **技能目标**：了解三角螺纹车刀的刃磨步骤；正确刃磨三角螺纹车刀的角度。

◎ **素养目标**：安全文明操作；养成团队协作习惯。

任务描述

该部分任务就是刃磨图 6.29 所示高速钢三角螺纹车刀。

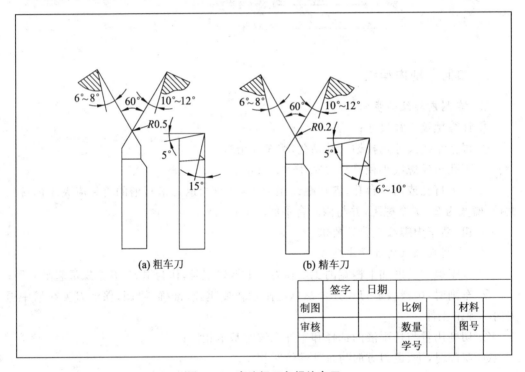

图 6.29　高速钢三角螺纹车刀

任务分析

1. 图样分析

图样中的两把高速钢车刀的几何参数见表 6.11。

表 6.11　车刀几何参数

名　称	图样中参数
径向前角 γ_0	$\gamma_{0粗}=15°$，$\gamma_{0精}=6°$
主后角 α_0	$\alpha_{0粗}=\alpha_{0精}=5°$
两侧面副后角 α_0'	均为 $\alpha_{0左}'=10°\sim12°$，$\alpha_{0右}'=6°\sim8°$
刀尖角 ε	$\varepsilon_{粗}=\varepsilon_{精}=60°$
刀尖圆弧半径 R	$R_{粗}=0.5\ \text{mm}$，$R_{精}=0.2\ \text{mm}$

　加油站：车刀的刀尖角直接影响螺纹的牙型角，当车刀的径向前角为零度时，刀尖角等于螺纹牙型角。

2. 加工路线描述

① 刃磨前面、前角→两侧面、后角→刀尖过渡刃；
② 油石精修。

3. 工艺分析

一般地，三角螺纹车刀的角度选择如下：

① 径向前角：粗车刀一般为 $10°\sim15°$ 左右；精车刀为了保证牙型角正确，径向前角应等于 $0°$，但实际生产中有时取 $5°\sim10°$。

② 主后角：一般为 $5°\sim8°$。

③ 两侧面副后角：车右旋螺纹时，$\alpha_{0左}'=(0°\sim5°)+\psi$，$\alpha_{0右}'=(3°\sim5°)-\psi$；车左旋螺纹时，左右副后角正好相反。其中，$\psi$ 为螺旋升角。

④ 刀尖角：粗车刀应小于螺纹牙型角，$\varepsilon=59°30'$；精车刀应等于螺纹牙型角，$\varepsilon=60°$。

⑤ 刀尖圆弧半径：一般地，粗车刀 $R_{粗}=0.5\ \text{mm}$，精车刀 $R_{精}=0.2\ \text{mm}$。

⑥ 刀头宽度：刀头可以是圆弧形或直线形。对于直线形的粗车刀，刀头宽度要比理论值 $P/8$（P 为螺距）窄，以便粗车时大量左右借刀，车去多余毛坯料；精车刀的刀头宽度应比牙底槽宽小 0.05 mm 左右。

任务实施

1. 准备工作

刃磨螺纹车刀的准备工作见表 6.12。

表 6.12　刃磨螺纹车刀的准备工作

准备事项	准备内容
材料	高速钢普通三角外螺纹(60°)车刀刀坯
设备	粒度号为 46♯～60♯,80♯～120♯,硬度为 H～K 的白色氧化铝砂轮
量具	游标卡尺 0.02 mm/(0～200 mm),钢直尺(0～150 mm),万能量角器 2′/(0°～320°),角度样板(60°)
工、辅具	细油石,机油,常用工具等

2. 刃磨操作

三角螺纹车刀的刃磨步骤见表 6.13。

表 6.13　三角螺纹车刀的刃磨操作

操作步骤	图　示
第一步:粗磨主后面。	
第二步:粗磨副后面,同时磨出副后角,初步形成刀尖角(如图 6.30 所示)。	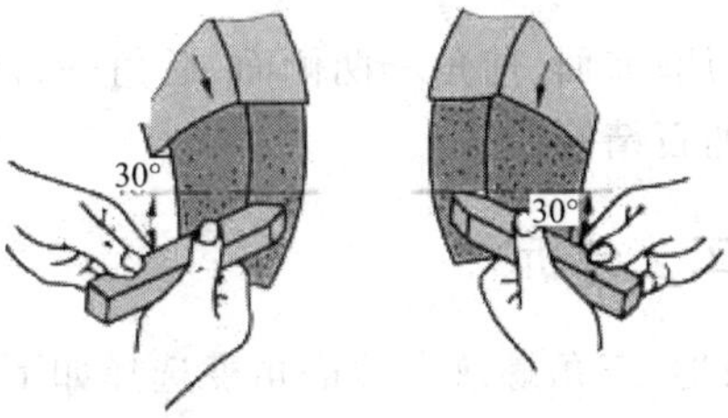 图 6.30　粗磨副后面
第三步:粗、精磨前面和前角(如图 6.31 所示)。	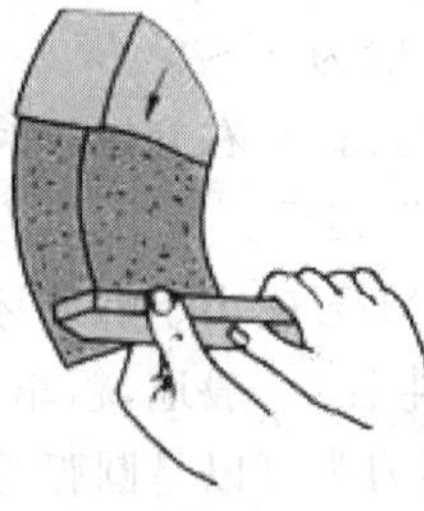 图 6.31　粗、精磨前面
第四步:精磨副后面,同时磨出副后角,保证刀尖角(如图 6.32 所示)。 🔍提示　刃磨时可以先磨左侧后面并加上一个螺旋升角来保证左后角,然后刃磨右侧后面并减去一个螺旋升角来保证右后角,并用样板检查修正。	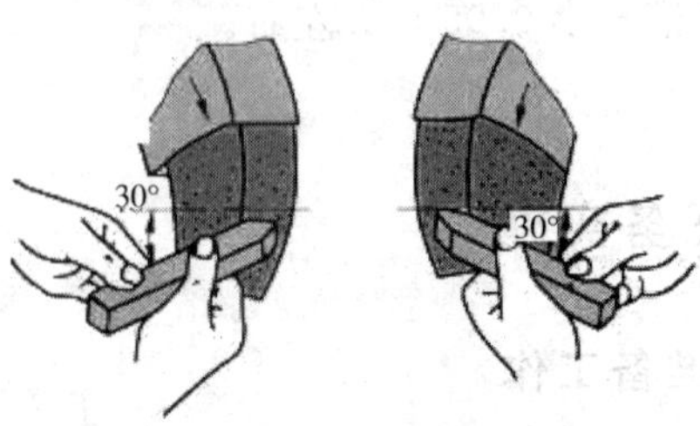 图 6.32　精磨副后面

续表

操作步骤	图　　示
第五步:修磨刀尖过渡刃(如图6.34所示)。 👁提示　修磨圆弧过渡刃时,其半径 R 应小于 $P/8$。否则, R 太大会使车削三角螺纹牙底太宽,用螺纹环规检查时会出现通端旋不进而止端旋进的情况,使螺纹不合格。	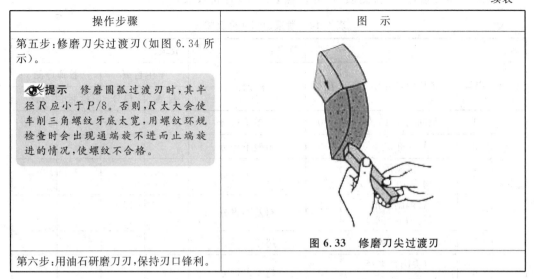 图6.33　修磨刀尖过渡刃
第六步:用油石研磨刀刃,保持刃口锋利。	

3. 注意事项

① 刃磨高速钢车刀时,应及时冷却,以防退火。刃磨硬质合金刀时,不能用水冷却,以防刀片碎裂,刀片温度也不能过高,以防刀片烧结处产生高热脱焊,使刀片脱裂。

② 刃磨时,人的站立位置和姿势要正确,否则易使刀尖角刃磨歪斜。

③ 粗磨有径向前角的螺纹刀时,应使刀尖角略小于牙型角,待磨好前角后,再修磨刀尖角,并应正确使用样板检查刀尖角。

④ 刃磨时经常用螺纹样板或万能量角器进行测量,及时修正角度。

⑤ 可以先磨出一侧面,再以此侧面为参照,磨出另一侧面。

⑥ 车刀切削部分表面应具有较小的表面粗糙度值。

4. 检测评价

刃磨时对主要角度要用角度样板进行检查,检查时样板应与车刀底面平行,通过透光法检查两边的贴合间隙,进行修磨,以达到要求(如图6.34所示)。

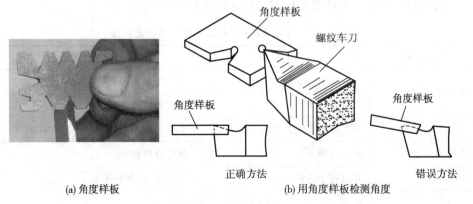

(a) 角度样板　　　　　　　　　(b)用角度样板检测角度

图6.34　角度的检查

按照图样要求,逐项检测质量,并参照表 6.14 评价及反馈。

表 6.14　质量检测评分反馈表

零件:				姓名:		成绩:			
项 目	序号	考核内容和要求	配分	评分标准		学生自测		教师评测	
						自测	得分	检测	得分
角度	1	径向前角 15°/6°	10	超差不得分					
	2	主后角 5°/5°	10	超差不得分					
	3	左侧副后角 (均为 10°~12°)	15	超差不得分					
	4	右侧副后角 (均为 6°~8°)	15	超差不得分					
	5	刀尖角(均为 60°)	10	超差不得分					
其他	6	刀尖圆弧半径 0.5 mm/0.2 mm	10	超差不得分					
	7	刀面平整	10	超差不得分					
	8	刃口平直	10	超差不得分					
安全文明生产	9	无违章操作	10	否则扣 5~10 分					
	10	无事故		否则扣 5~10 分					
	11	清洁保养		否则扣 5~10 分					
需改进的地方									
教师评语									
学生签名				小组长签名					
日期				教师签名					

5. 废品原因与预防措施

刃磨螺纹车刀时产生废品的原因与预防措施见表 6.15。

表 6.15　刃磨螺纹刀车的废品原因及防止措施

废品表现	产生原因	预防措施
刀尖角不正确	未及时用样板检查角度	及时用样板或万能量角器检查角度
	测量姿势不对	正确测量角度
主切削刃不直	刃磨时没有左右移动	车刀刃磨时应作水平的左右移动
	砂轮表面不平	及时修整砂轮
	磨刀时手抖动	双手握刀,保持平稳

续表

废品表现	产生原因	预防措施
后角不对	后角过小因为刀杆尾部偏转过少	刀尾偏转一定角度
	两侧后面后角未考虑螺旋升角	再偏转螺旋升角
刀尖过渡刃不正确	刀尖过渡刃太小因为刃磨太少	继续刃磨
	刀尖过渡刃太大因为砂轮选用不对或用力过大	更换细砂轮修磨过渡刃,刃磨时用力不要过大
切削刃不锋利	刃倾角不对	正确刃磨刃倾角(0°)
	后角过小	参照后角不正确的处理方法
	高速钢退火	刃磨时及时浸水冷却

 任务巩固

试刃磨图 6.35 所示的三角内螺纹精车刀,车刀材料为硬质合金。

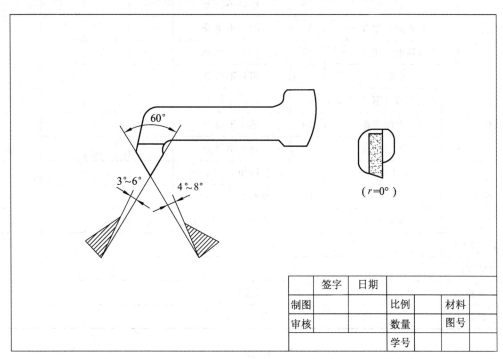

	签字	日期				
制图			比例		材料	
审核			数量		图号	
			学号			

图 6.35 三角内螺纹车刀

1. 参考步骤

步骤一 粗磨

① 粗磨主后面、副后面;

② 粗磨前面。

步骤二　精磨

① 精磨前面；

② 精磨主后面、副后面；

③ 修磨刀尖过渡刃或刀尖倒棱，宽度为 0.1P(螺距)；

④ 用油石研磨刀刃，保持刃口锋利。

2. 检测评价

按照图样要求，逐项检测质量，并参照表 6.16 评价及反馈。

表 6.16　质量检测评分反馈表

零件：				姓名：			成绩：	
项目	序号	考核内容和要求	配分	评分标准	学生自测		教师评测	
					自测	得分	检测	得分
角度	1	径向前角 0°	10	超差不得分				
	2	主后角 5°	10	超差不得分				
	3	左侧副后角 3°～6°	15	超差不得分				
	4	右侧副后角 4°～8°	15	超差不得分				
	5	刀尖角 60°	10	超差不得分				
其他	6	刀尖圆弧半径 0.2 mm	10	超差不得分				
	7	刀面平整	10	超差不得分				
	8	刃口平直	10	超差不得分				
安全文明生产	9	无违章操作	10	否则扣 5～10 分				
	10	无事故		否则扣 5～10 分				
	11	清洁保养		否则扣 5～10 分				
需改进的地方								
教师评语								
学生签名			小组长签名					
日期			教师签名					

知识拓展

——内螺纹车刀

工厂中常见的内螺纹车刀如图 6.36 所示。

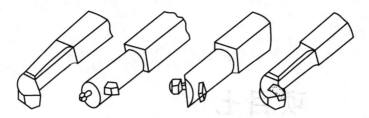

图 6.36　工厂中常见的内螺纹车刀

① 内螺纹车刀的选择

内螺纹车刀应根据它的车削方法和工件材料及形状来选择。其尺寸大小受到螺纹孔径尺寸限制,一般内螺纹车刀的刀头径向长度应比孔径小 3～5 mm,否则退刀时要碰伤牙顶,甚至不能车削。刀杆的大小在保证排屑的前提下,要粗壮些。

② 车刀的刃磨和装夹要求

内螺纹车刀的刃磨方法和外螺纹车刀基本相同。但是刃磨刀尖时要注意它的平分线必须与刀杆垂直,否则车内螺纹时会出现刀杆碰伤内孔的现象。刀尖宽度应符合要求,一般为 $0.1P$(P 为螺距)。

在装夹时,必须严格按样板找正刀尖,否则车削后会出现"倒牙"现象。刀装好后,应在孔内摇动床鞍至终点检查是否碰撞(如图 6.37 所示)。

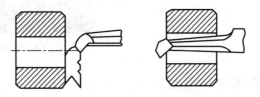

图 6.37　内螺纹车刀的装夹检查

项目七

梯形螺纹的加工

7

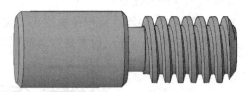

（a）短丝杠三维图

本项目围绕梯形螺纹和蜗杆的加工，通过两个任务，讲解车梯形螺纹和蜗杆的工艺知识与注意事项，以及梯形螺纹车刀和蜗杆车刀的参数选择。

（b）蜗杆三维图

任务一　　**车梯形螺纹**

◎ **知识目标**：能计算梯形螺纹的相关尺寸。

◎ **技能目标**：掌握梯形螺纹的车削方法；掌握单针测量、三针测量的方法。

◎ **素养目标**：能够正确分析问题，共同商讨对策。

任务描述

本部分的任务就是加工图 7.1 所示的短丝杠。

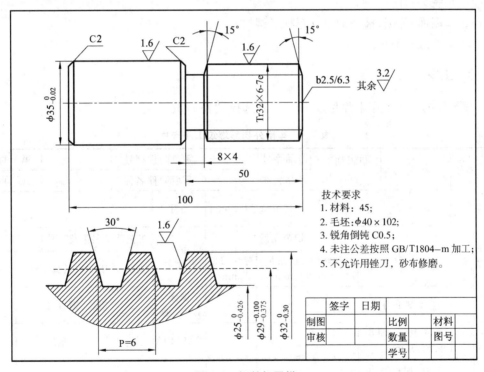

技术要求
1. 材料：45；
2. 毛坯：φ40×102；
3. 锐角倒钝 C0.5；
4. 未注公差按照 GB/T1804-m 加工；
5. 不允许用锉刀，砂布修磨。

	签字	日期				
制图			比例		材料	
审核			数量		图号	
			学号			

图 7.1　短丝杠图样

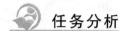 **任务分析**

1. 图样分析

图样中的工件在阶台轴的基础之上,增加梯形螺纹的车削。梯形螺纹有较高的尺寸要求,加工较困难。图样的技术要求主要有:

① 尺寸精度:外圆直径 $\phi 35_{-0.02}^{0}$ mm,槽宽 8 mm,槽深 4 mm,右旋单线梯形螺纹 Tr32×6-7e的螺距 6 mm,顶径 $\phi 32_{-0.30}^{0}$ mm,中径 $\phi 29_{-0.375}^{-0.100}$ mm,底径 $\phi 25_{-0.426}^{0}$ mm,长度50 mm,倒角 C2 mm(2 处),15°倒角(2 处),零件总长 100 mm。

② 表面粗糙度:重要表面粗糙度值为小于 $Ra1.6$ μm,其余为 $Ra3.2$ μm 以下。

③ 其他要求:未注公差按照 GB/T1804-m 加工。

2. 加工路线描述

① 车装夹台阶;

② 车端面、外圆、槽→倒角→车梯形螺纹;

③ 车外圆→倒角。

3. 工艺

短丝杠的加工工序卡片见表 7.1,刀具选择见表 7.2。

表 7.1　车削外梯形螺纹工序卡片

工厂名称		机械加工工序卡片		产品型号		零(部)件型号				第　页		
				产品名称		零(部)件名称				共　页		
材料牌号	45	毛坯种类	棒料	毛坯尺寸	$\phi 40$ mm×102 mm		备注					
工序名称	工步	工步内容	切削用量			设备名称及型号	工艺装备名称及型号			工时		
			主轴转速 /(r/min)	进给量 /(mm/r)	背吃刀量 /mm		夹具	刀具	量具	单件	终准	
锯	1	锯割下料				锯床 GZT—180		带锯	钢直尺			
车一		装夹毛坯,伸出长约 50 mm				CA6140A	三爪卡盘		钢直尺			
	1	车端面,车平即可	800	0.1	0.2~1.0	CA6140A	三爪卡盘	45°车刀				
	2	车装夹阶台 $\phi 36$ mm,长度 45 mm 左右	500	0.1~0.2	1~3	CA6140A	三爪卡盘	90°车刀	游标卡尺			
车二		调头装夹 $\phi 36$ mm 阶台,贴紧阶台面				CA6140A	三爪卡盘					

续表

工序名称	工步	工步内容	切削用量 主轴转速 /(r/min)	切削用量 进给量 /(mm/r)	切削用量 背吃刀量 /mm	设备名称及型号	工艺装备名称及型号 夹具	工艺装备名称及型号 刀具	工艺装备名称及型号 量具	工时 单件	工时 终准
	1	车端面,车平即可	800	0.1	0.2～1.0	CA6140A	三爪卡盘	45°车刀			
	2	钻中心孔 b2.5/6.3 mm	1 250			CA6140A	三爪卡盘	中心钻	游标卡尺		
车三		支顶顶尖,采用一夹一顶装夹				CA6140A	三爪卡盘、后顶尖				
	1	车工艺外圆 φ38 mm至靠近卡盘处	500	0.1～0.2	1～3	CA6140A	三爪卡盘	90°车刀	钢直尺、游标卡尺		
	2	粗、精车梯形螺纹大径 φ32$_{-0.30}^{0}$ mm至公差要求,长50 mm	500,1 250	0.05～0.20	0.1～3.0	CA6140A	三爪卡盘	90°车刀	游标卡尺、外径千分尺		
	3	车退刀槽 8 mm×4 mm	450			CA6140A	三爪卡盘	车槽刀	游标卡尺、外径千分尺		
	4	倒斜角 15°	90(冷却液)			CA6140A	三爪卡盘	90°车刀			
	5	粗车 Tr32×6—7e 梯形螺纹	90(冷却液)			CA6140A	三爪卡盘	螺纹车刀	钢直尺		
	6	精车 Tr32×6—7e 至公差要求,并用三针测量	45(冷却液)			CA6140A	三爪卡盘	螺纹车刀	钢直尺、三针、齿厚游标卡尺		
车四		调头,用开缝套筒装夹梯形螺纹,找正 φ38 mm 的外圆后夹紧工件				CA6140A	三爪卡盘、开缝套筒		磁力表座、百分表		
	1	精车端面,保证总长	1 250	0.1	0.1～0.5	CA6140A	三爪卡盘	45°车刀	游标卡尺		
	2	精车外圆 φ35$_{-0.02}^{0}$ mm 至公差要求	1 250	0.05～0.10	0.1～1.0	CA6140A	三爪卡盘	90°车刀	游标卡尺、外径千分尺		
	3	倒角 C2 mm	800			CA6140A	三爪卡盘	45°车刀			
	4	检测、下车									

续表

工序名称	工步	工步内容	切削用量			设备名称及型号	工艺装备名称及型号			工时	
			主轴转速/(r/min)	进给量/(mm/r)	背吃刀量/mm		夹具	刀具	量具	单件	终准
保养		打扫卫生,保养机床									
						编制/日期	审核/日期		会签/日期		
标记	标记	更改文件号	签字	日期	标记	标记	更改文件号	签字		日期	

表 7.2　车外梯形螺纹刀具卡片

零件型号			零件名称			产品型号		共　页	第　页
工步号	刀具号	刀具名称	刀具规格	数量	刀具		备注 1	备注 2	
					直径/mm	长度/mm			
	T01	45°车刀	YT15	1					
	T02	90°粗车刀	YT15	1					
	T03	90°精车刀	YT15	1					
	T04	螺纹粗车刀(30°)	高速钢	1					
	T05	螺纹精车刀(30°)	高速钢	1					
	T06	中心钻	b2.5/6.3 mm	1					
	T07	车槽刀	YT15/刀宽 3 mm	1					
	T08	45°倒角刀	YT15	1					
标记	标记	更改文件号	签字	编制/日期		审核/日期		会签/日期	

4. 相关工艺知识

（1）梯形螺纹的标记

梯形螺纹的标记用字母"Tr"及"公称直径×螺距"表示,单位均为 mm。左旋螺纹需在尺寸规格后加注"LH";右旋则省略,例如 Tr36×6 等。

例 7.1　左、右旋梯形螺纹的标注实例。

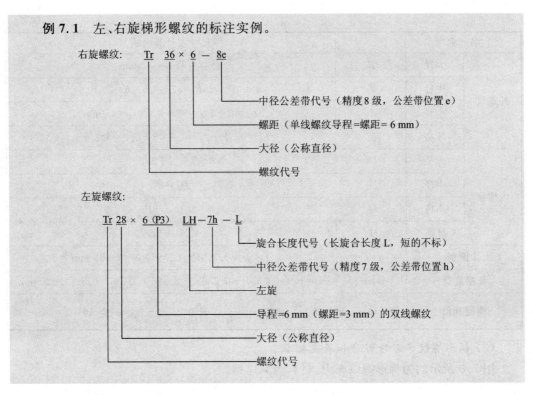

右旋螺纹：Tr 36 × 6 — 8e
- 中径公差带代号（精度 8 级，公差带位置 e）
- 螺距（单线螺纹导程＝螺距＝6 mm）
- 大径（公称直径）
- 螺纹代号

左旋螺纹：Tr 28 × 6 (P3) LH—7h—L
- 旋合长度代号（长旋合长度 L，短的不标）
- 中径公差带代号（精度 7 级，公差带位置 h）
- 左旋
- 导程＝6 mm（螺距＝3 mm）的双线螺纹
- 大径（公称直径）
- 螺纹代号

（2）梯形螺纹的尺寸计算

梯形螺纹的各部分名称符号如图 7.2 所示，其尺寸计算见表 7.3。

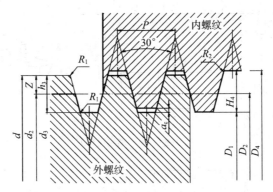

图 7.2　梯形螺纹的各部分名称符号

表 7.3　梯形螺纹各部分名称及尺寸计算

名　称	代　号	尺寸及计算公式			
牙型角	α	$\alpha = 30°$			
螺距	P	由螺纹标准确定			
牙顶间隙	a_c	P	1.5 mm	2~5 mm	6~12 mm	14~44 mm
		a_c	0.15 mm	0.25 mm	0.5 mm	1 mm

名　称		代　号	尺寸及计算公式
外螺纹	大径	d	公称直径 $d=32$ mm
	中径	d_2	$d_2=d-0.5P=32-0.5\times6=29$ mm
	小径	d_3	$d_3=d-2h_3=32-2\times3.5=25$ mm
	牙高	h_3	$h_3=0.5P+a_c=0.5\times6+0.5=3.5$ mm
内螺纹	大径	D_4	$D_4=d+2a_c$
	中径	D_2	$D_2=d_2$
	小径	D_1	$D_1=d-P$
	牙高	H_4	$H_4=h_3$
牙顶宽		f,f'	$f=f'=0.366P=0.366\times6=2.196$ mm
牙槽底宽		w,w'	$w=w'=0.366P-0.536a_c=2.196-0.536\times0.5=1.928$ mm
螺旋升角		ψ	$\tan\psi=\dfrac{L}{\pi d_2}=\dfrac{np}{\pi d_2}=\dfrac{1\times6}{3.14\times29}\Rightarrow\psi=3°46'11''$

（3）梯形螺纹车刀的刃磨和装夹要求

图 7.3 所示的为梯形螺纹车刀,材料为高速钢。

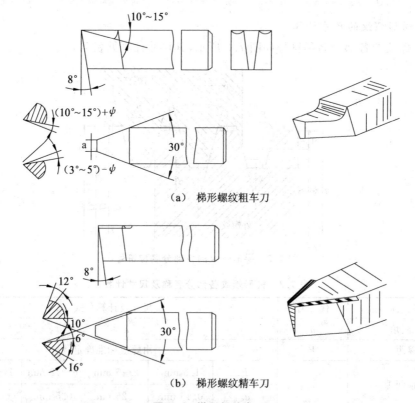

（a）梯形螺纹粗车刀

（b）梯形螺纹精车刀

图 7.3　梯形螺纹车刀

梯形螺纹车刀的几何参数见表 7.4。

表 7.4　梯形螺纹车刀几何参数

名称	图样中数值
径向前角 γ_0	$\gamma_{0\text{粗}}=10°\sim15°,\gamma_{0\text{精}}=0°$
主后角 α_0	$\alpha_{0\text{粗}}=\alpha_{0\text{精}}=8°$
两侧面后角 α_0'	粗车刀 $\alpha_{0\text{左}}'=(3°\sim5°)+\psi,\alpha_{0\text{右}}'=(3°\sim5°)-\psi$（一般取 $\alpha_{0\text{左}}'=10°\sim12°,\alpha_{0\text{右}}'=6°\sim8°$）；精车刀 $\alpha_{0\text{左}}'=10°\sim16°,\alpha_{0\text{右}}'=6°\sim10°$
刀尖角 ε	$\varepsilon_{\text{粗}}=29.5°\sim30°,\varepsilon_{\text{精}}=30°$
刀尖圆弧半径 R	$R_{\text{粗}}=0.5$ mm,$R_{\text{精}}=0.2$ mm
刀头宽度 a	一般地,粗车刀的刀头宽度取 0.7 倍的牙槽底宽;精车刀的刀头宽度略小于牙槽底宽,取 0.9 倍的牙槽底宽。a 也可由 $a=w-(0.3\sim0.4)$ mm 确定,w 为牙底槽宽

梯形螺纹车刀的刃磨同三角螺纹车刀刃磨过程。

梯形螺纹车刀的装夹要求如下:

① 车刀主切削刃必须与工件旋转中心线等高（用弹性刀杆应高于旋转中心线约 0.2 mm）,同时应和工件轴线平行。

② 刀头的角平分线要垂直于工件的轴线。装夹时用样板找正,以免产生螺纹半角误差,如图7.4 所示。

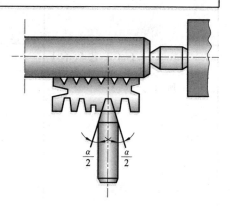

图 7.4　梯形螺纹车刀的装夹

▌▌▌ 任务实施

1. 准备工作

车削梯形螺纹的准备工作见表 7.5。

表 7.5　加工前准备事项

准备事项	准备内容
材料	45 钢,尺寸为 $\phi40$ mm×102 mm 的棒料
设备	CA6140A 车床(三爪自定心卡盘)
刀具	45°车刀,45°倒角刀,90°车刀,3 mm 宽车槽刀,梯形螺纹车刀(牙型角 30°,螺距 6 mm,右旋单线),中心钻 b2.5/6.3 mm
量具	游标卡尺 0.02 mm/(0～200 mm),外径千分尺 0.01 mm/(25～50 mm),梯形螺纹样板,百分表 0.01 mm/(0～10 mm)及磁性表座,钢直尺(0～150 mm),$\phi3.1$ mm 的三针,公法线千分尺 0.01 mm/(25～50 mm)
工、辅具	铜皮,$\phi32$ mm 开缝套筒,铜棒,活顶尖,常用工具等

2. 操作步骤

车削工序一　夹一端外圆,伸长 50 mm 左右,其余操作见表 7.6。

表 7.6　车削工序一的工步内容

工步内容	图　示
1. 车端面,车平即可(如图 7.5 所示)。	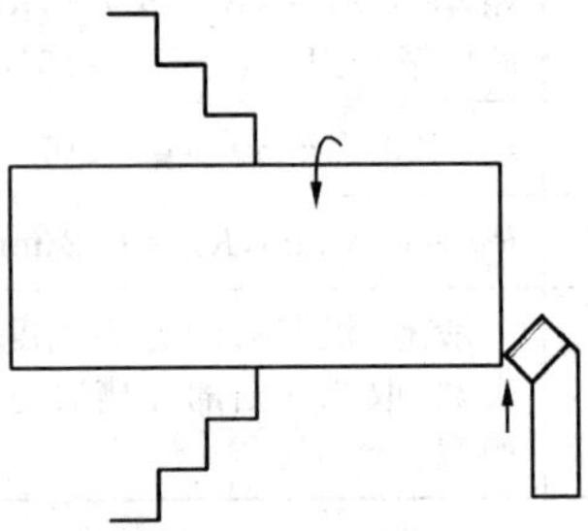 图 7.5　车端面
2. 车装夹阶台(工艺阶台)φ36 mm,长度 45 mm 左右(如图 7.6 所示)。	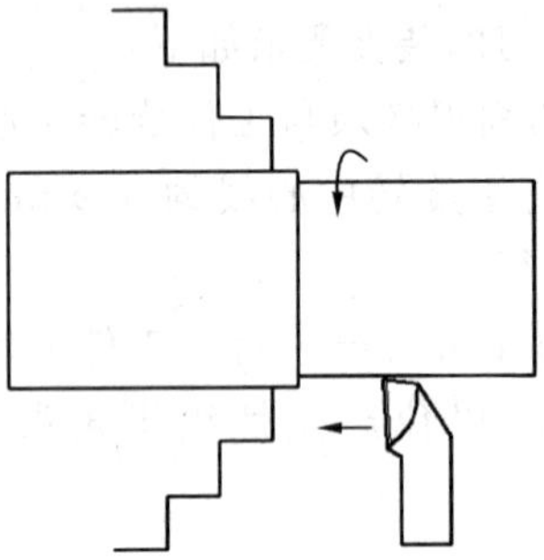 图 7.6　车工艺阶台

车削工序二　调头装夹 φ36 mm 阶台,贴紧阶台面,具体操作见表 7.7。

表 7.7　车削工序二的工步内容

工步内容	图　示
1. 车端面,车平即可(如图 7.7 所示)。	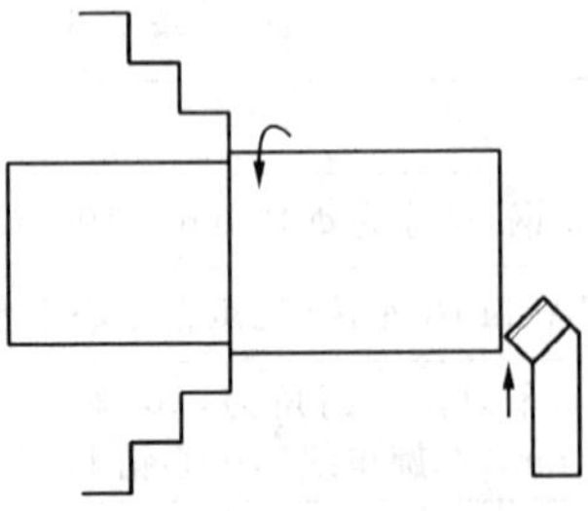 图 7.7　车端面

续表

工步内容	图 示
2. 钻中心孔 b2.5/6.3 mm(如图7.8所示)。	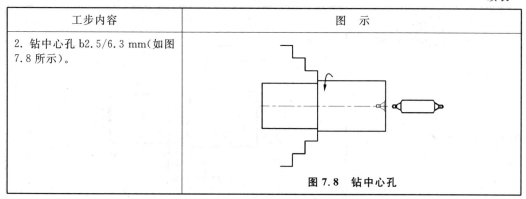 图 7.8 钻中心孔

车削工序三 支顶顶尖,采用一夹一顶装夹,具体操作见表7.8。

表 7.8 车削工序三的工步内容

工步内容	图 示
1. 车工艺外圆 ϕ 38 mm 至靠近卡盘处(如图7.9所示)。 **小提示** ϕ 38 mm 外圆用于调头找正。	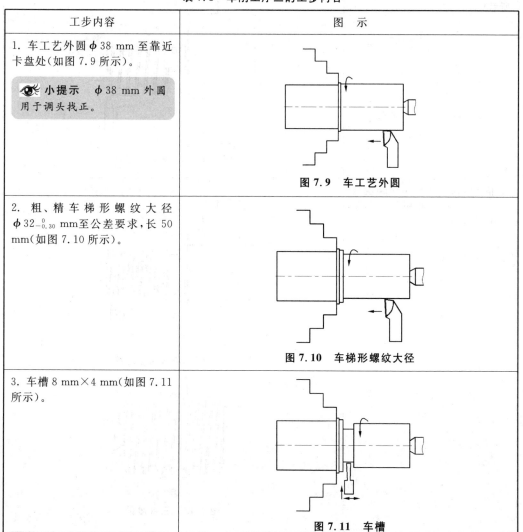 图 7.9 车工艺外圆
2. 粗、精车梯形螺纹大径 ϕ 32$_{-0.30}^{0}$ mm 至公差要求,长 50 mm(如图7.10所示)。	图 7.10 车梯形螺纹大径
3. 车槽 8 mm×4 mm(如图7.11所示)。	图 7.11 车槽

续表

工步内容	图　示
4. 倒斜角 15°(如图 7.12 所示)。	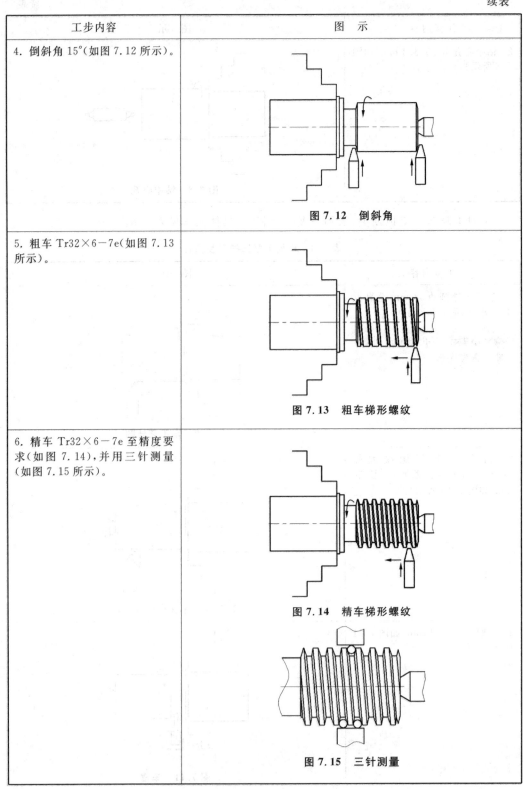图 7.12　倒斜角
5. 粗车 Tr32×6−7e(如图 7.13 所示)。	图 7.13　粗车梯形螺纹
6. 精车 Tr32×6−7e 至精度要求(如图 7.14),并用三针测量(如图 7.15 所示)。	图 7.14　精车梯形螺纹 图 7.15　三针测量

加油站

梯形螺纹的车削方法：

（1）对于螺距小于 4 mm 或精度要求不高的梯形螺纹可用一把车刀进行粗、精车。

（2）对于螺距大于 4 mm 或精度要求较高的梯形螺纹的加工步骤如下：

① 粗车螺纹大径，留精车余量 0.3 mm 左右；

② 采用左右切削法粗车梯形螺纹至小径尺寸，两侧面分别留 0.2～0.3 mm 精车余量，如图 7.16a 所示；

③ 精车螺纹大径；

④ 精车螺纹两侧面，如图 7.16b 所示，控制中径尺寸符合图样要求。

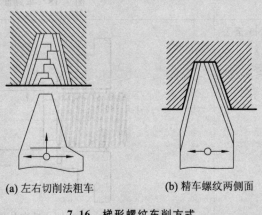

(a) 左右切削法粗车　　　　(b) 精车螺纹两侧面

7.16　梯形螺纹车削方式

车削工序四　调头用开缝套筒装夹梯形螺纹，找正 φ38 mm 的外圆后夹紧工件（如图 7.17 所示），各工步内容见表 7.9。

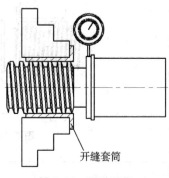

开缝套筒

图 7.17　调头找正

表 7.9　车削工序四的工步内容

工步内容	图　示
1. 精车端面，保证总长（如图 7.18 所示）。	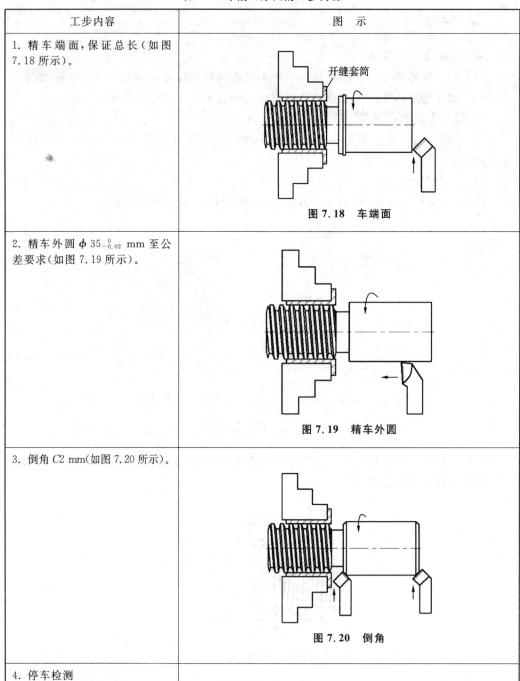
2. 精车外圆 $\phi 35_{-0.02}^{0}$ mm 至公差要求（如图 7.19 所示）。	
3. 倒角 C2 mm（如图 7.20 所示）。	
4. 停车检测	

（图中标注：开缝套筒）

图 7.18　车端面

图 7.19　精车外圆

图 7.20　倒角

3. 注意事项

① 车削梯形螺纹时，由于切削力较大，右端常用回转顶尖支顶，以增加工件刚度。

② 粗车外圆时，应检查工件是否会产生锥度。

③ 梯形外螺纹车刀两侧切削刃应平直,精车时要求车刀切削刃保持锋利。

④ 加工时,为防止开合螺母抬起,可在开合螺母手柄上挂一重物。

⑤ 车外梯形螺纹时,要避免三条刀刃同时参与切削,以防因切削力过大而"扎刀"。

⑥ 精车时,为减小表面粗糙度值,应降低切削速度和减少背吃刀量。

⑦ 车削大导程螺纹或多线螺纹时,应采用弹性刀杆加工,避免"扎刀"、"啃刀"现象,降低螺纹牙形侧面粗糙度值。

4. 检测评价

（1）主要位置精度检测

① 三针测量法测量外螺纹中径

三针测量法是一种比较精密的测量方法,测量时所用的 3 根圆柱量针由量具厂专门制造,也可用 3 根直径相等的优质钢丝或钻头柄代替。

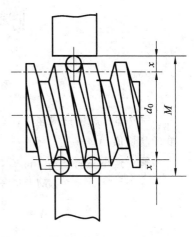

测量方法如下:测量时把 3 根直径相等的量针放置在螺纹相对应的螺旋槽中,用齿厚千分尺量出两边量针顶点间的径向距离 M,如图 7.21 所示。

理论值 M 按照公式 $M=d_2+4.864d_D-1.866P$ 计算求得。

图 7.21　用三针测量外螺纹中径

本任务中,选取量针直径 d_D 的最佳值,$d_D=0.5176P=3.106$ mm,其可选范围为最大值 $d_{Dmax}=0.656P=3.938$ mm,最小值 $d_{Dmin}=0.487P=2.919$ mm。

例 7.2　用三针测量 Tr32×6 梯形螺纹,螺纹中径尺寸为 $29^{-0.100}_{-0.375}$ mm,选取合适量针直径,并求千分尺读数值 M 值的范围。

解　选取三针直径 $d_D=0.518P=3.1$ mm,

千分尺理论读数值 $M=d_2+4.864d_D-1.866P$

$=29+4.864×3.1-1.866×6$

$=32.88$ mm。

测量时需要考虑公差,则 $M=32.88^{-0.100}_{-0.375}$ mm 为合格,即 32.505 mm≤M≤32.780 mm 为合格。

② 单针测量法测量中径

这种方法的特点是只需用一根量针放置在螺旋槽中,用千分尺量出螺纹大径与量针顶点之间的径向距离 A（如图 7.22 所示）,适用于精度要求不太高的场合。

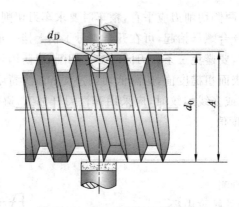

图 7.22   用单针测量外螺纹中径

例 7.3   用单针测量 Tr32×6 梯形螺纹,如量得工件实际外径 $d_0 = 31.80$ mm,求单针测量值 A。

解   选取量针直径 $d_D = 0.518P = 3.1$ mm,

$$M = d_2 + 4.864d_D - 1.866P = 32.88 \text{ mm},$$

$$A = \frac{M + d_0}{2} = \frac{32.88 + 31.80}{2} = 32.34 \text{ mm}.$$

测量时需要考虑公差,则 $A = 32.34^{-0.100}_{-0.375}$ mm 为合格,即 31.965 mm $\leqslant A \leqslant$ 32.240 mm 为格。

③ 梯形螺纹的综合测量法

用标准螺纹环规综合测量,如果通端进、止端不进,则为合格,否则不合格。

(2) 评价反馈

按照图样要求,逐项检测质量,并参照表 7.10 评分及反馈。

表 7.10   质量检测评分反馈表

零件:				姓名:		成绩:		
项目	序号	考核内容和要求	配分	评分标准	学生自测		教师评测	
					自测	得分	检测	得分
外圆	1	$\phi\,35^{\ 0}_{-0.02}$ mm	14	每超差 0.01 mm 扣 2 分;超差 0.03 mm 以上不得分				
沟槽	2	8 mm(槽宽)	6	超差不得分				
	3	4 mm(槽深)	6	超差不得分				
梯形螺纹	4	Tr32×6-7e 顶径 $\phi\,32^{\ 0}_{-0.30}$ mm	14	每超差 0.01 mm 扣 2 分;超差 0.03 mm 以上不得分				
	5	三针 $M = 32.88^{-0.100}_{-0.375}$ mm($d_D = 3.1$ mm 时)	18	每超差 0.01 mm 扣 2 分;超差 0.03 mm 以上不得分				

项目	序号	考核内容和要求	配分	评分标准	学生自测		教师评测	
					自测	得分	检测	得分
长度	6	50 mm	6	超差不得分				
	7	100 mm	6	超差不得分				
其他	8	b2.5/6.3 mm	4	超差不得分				
	9	$Ra1.6\ \mu m$(2 处)	2×4	超差不得分				
	10	$Ra3.2\ \mu m$	4	超差不得分				
	11	C2 mm(2 处)	2×2	超差不得分				
安全文明生产	12	无违章操作	10	否则扣 5～10 分				
	13	无撞刀及其他事故		否则扣 5～10 分				
	14	机床清洁保养		否则扣 5～10 分				
需改进的地方								
教师评语								
学生签名			小组长签名					
日期			教师签名					

5. 废品原因与预防措施

车梯形螺纹时产生废品原因及预防方法见表 7.11。

表 7.11 车梯形螺纹的废品原因及预防措施

废品表现	产生原因	预防措施
啃刀	车刀安装得过高或过低	正确安装车刀,使主刀刃的高度与工件轴线等高(可以利用尾座的顶尖对刀)
	工件装夹不牢固	在采用一夹一顶装夹时,同样要注意把工件装夹牢固
	车刀磨损严重或切削量太大	及时刃磨车刀,保持车刀锋利,并选择较小的切削量
乱牙	刃磨车刀重新安装后没有对刀	每一次安装车刀后,必须重新对刀,最好采用动态对刀的方法
	开合螺母没有闸到位,车刀已经进入螺旋槽开始切削了	退刀时,使车刀离工件端面远一些,确保开合螺母闸到位以后,车刀才进入螺旋槽进行切削
中径车小	在采用左右借刀精车螺纹时,小滑板的借刀量太大,测量不准确	在精车时,先精车第一个侧面,且车光即可,把余量留到车削的第二个侧面

续表

废品表现	产生原因	预防措施
牙形不正确	磨车刀时,刀尖角磨得不正确	正确刃磨车刀并及时测量刀尖角(用螺纹样板)
	安装不正确从而造成螺纹的半角误差	装刀时同样用螺纹样板进行对刀,夹紧后再检查一次
工件表面粗糙	车刀的刃口磨得不光洁	精车时用油石研磨刀具,首先保证刀具刃口光洁
	切削速度选择不当	选择合适的切削速度
	在切削过程中产生振动	调整好车床中、小滑板燕尾导轨的镶条,保证各导轨间隙的准确性,以防止切削时产生振动

任务巩固

试车图 7.23 所示梯形外螺纹,零件材料为 45 钢,毛坯尺寸为 ϕ45 mm×100 mm。

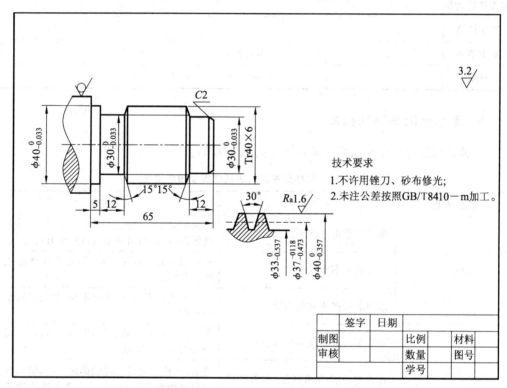

（a）梯形螺纹零件图样

（b）梯形螺纹三维图

图 7.23 梯形螺纹

1. 参考加工步骤

车削工序一 工件伸出 75 mm 左右,找正后夹紧工件。

① 车平端面;

② 钻中心孔;

③ 粗车 $\phi 40_{-0.033}^{0}$ mm 外圆至 $\phi 40.5$ mm,长 65 mm;

④ 粗车 $\phi 30_{-0.033}^{0}$ mm 外圆至 $\phi 30.5$ mm,长 12 mm。

车削工序二 一夹一顶。

① 车底径为 $\phi 30_{-0.033}^{0}$ mm,宽度为 12 mm 的沟槽至公差要求,并两侧倒角 15°;

② 精车 $\phi 30_{-0.033}^{0}$ mm 外圆, $\phi 40_{-0.033}^{0}$ mm 外圆及螺纹大径 $\phi 40_{-0.375}^{0}$ mm 至公差要求;

③ 粗车梯形螺纹 Tr40×6,小径留 0.4 mm 精车余量,螺纹两侧面留精车余量 0.2 mm;

④ 精车梯形螺纹至公差要求;

⑤ 停车检测。

2. 评价反馈

按照图样要求,逐项检测质量,并参照表 7.12 评价及反馈。

表 7.12 质量检测评分反馈表

零件:				姓名:	成绩:			
项目	序号	考核内容和要求	配分	评分标准	学生自测		教师评测	
					自测	得分	检测	得分
外圆	1	$\phi 40_{-0.033}^{0}$ mm	6	每超差 0.01 mm 扣 1 分;超差 0.03 mm 以上不得分				
	2	$\phi 30_{-0.033}^{0}$ mm	6					
沟槽	3	12 mm	4	超差不得分				
	4	$\phi 30_{-0.033}^{0}$ mm	6	超差不得分				

续表

项目	序号	考核内容和要求	配分	评分标准	学生自测		教师评测	
					自测	得分	检测	得分
梯形螺纹	5	Tr40×6 大径 $\phi 40_{-0.375}^{\ 0}$ mm	10	每超差 0.01 mm 扣 1 分；超差 0.03 mm 以上不得分				
	6	三针 $M=\phi 40.88_{-0.473}^{-0.118}$ mm($d_{\mathrm{D}}=3.1$ mm 时)	20	每超差 0.01 mm 扣 2 分；超差 0.03 mm 以上不得分				
长度	7	12 mm	3	超差不得分				
	8	12 mm	3	超差不得分				
	9	5 mm	3	超差不得分				
	10	65 mm	3	超差不得分				
其他	11	$Ra1.6$ μm(5 处)	5×4	降一级扣 2 分				
	12	15°倒角	2×2	超差不得分				
	13	倒角 C2 mm	2	超差不得分				
安全文明生产	14	无违章操作	10	否则扣 5~10 分				
	15	无撞刀及其他事故		否则扣 5~10 分				
	16	机床清洁保养		否则扣 5~10 分				
需改进的地方								
教师评语								
学生签名			小组长签名					
日期			教师签名					

知识拓展

——三爪卡盘的拆装

　　三爪卡盘(常称三爪自定心卡盘或自定心卡盘)的结构和形状如图 7.24 所示,当卡盘扳手插入小锥齿轮的方孔中转动时,就带动大锥齿轮旋转。大锥齿轮背面是平面螺纹,平面螺纹又和卡爪的端面螺纹啮合,因此就能带动 3 个卡爪同时作向心或离心移动。

　　常用的公制三爪卡盘规格有 150,200,250 mm。

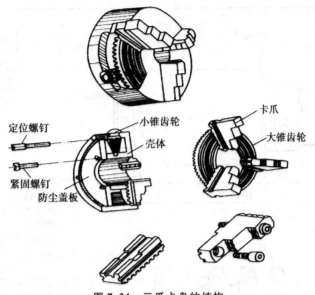

图 7.24　三爪卡盘的结构

拆三爪卡盘零部件的方法：

① 松去 3 个定位螺钉，取出 3 个小锥齿轮；

② 松去 3 个紧固螺钉，取出防尘盖板和带有平面螺纹的大锥齿轮。

安装卡爪的方法：

用卡盘扳手的方榫插入小锥齿轮的方孔中旋转，带动大锥齿轮的平面螺纹转动。当平面螺纹的螺口转到将要接近壳体槽时，将 1 号卡爪装入壳体槽内。其余两个卡爪按 2 号、3 号顺序装入，装的方法与前述相同。

任务二　加工蜗杆

◎ **知识目标**：能计算蜗杆的相关尺寸。

◎ **技能目标**：掌握蜗杆的车削方法及尺寸测量方法。

◎ **素养目标**：正确分析问题，共同商讨对策。

 任务描述

该部分的任务就是完成图 7.25 所示的蜗杆的加工。

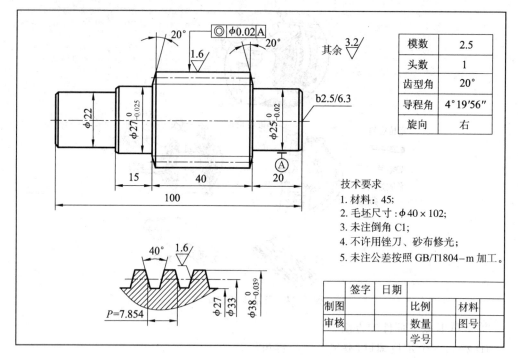

模数	2.5
头数	1
齿型角	20°
导程角	4°19′56″
旋向	右

技术要求

1. 材料：45;
2. 毛坯尺寸：$\phi 40 \times 102$;
3. 未注倒角 C1;
4. 不许用锉刀、砂布修光;
5. 未注公差按照GB/T1804-m加工。

	签字	日期				
制图			比例		材料	
审核			数量		图号	
			学号			

图 7.25　蜗杆图样

 任务分析

1. 图样分析

图样中的零件在阶台轴基础上增加蜗杆。图样的主要技术要求有：

① 尺寸精度：外圆直径 $\phi 27_{-0.025}^{0}$ mm，$\phi 25_{-0.02}^{0}$ mm，$\phi 22$ mm，长度 20，40，15 mm，总长 100 mm，蜗杆为右旋单线，模数为 2.5，齿型角 20°（牙型角为 40°），大径 $\phi 38_{-0.039}^{0}$ mm，分度圆直径 $\phi 33$ mm，齿根圆直径 $\phi 27$ mm。

② 表面粗糙度：重要表面粗糙度值小于 $Ra1.6 \mu m$，其余为 $Ra3.2 \mu m$ 以下。

③ 位置精度：$\boxed{\odot | \phi 0.02 | A}$，即右侧 $\phi 25_{-0.02}^{0}$ mm 外圆和蜗杆的同轴度小于 $\phi 0.02$ mm。

④ 其他要求：蜗杆倒斜角 20°，其他倒角 C1 mm，未注公差按照 GB/T1804-m 加工。

 加油站

蜗杆的齿形和梯形螺纹很相似。常用的蜗杆有两种：米制蜗杆（模数），齿型角为 20°（牙型角为 40°）；英制蜗杆（径节），齿型角为 14.5°。我国一般采用米制蜗杆，按其齿形又分轴向直廓蜗杆和法向直廓蜗杆，通常轴向直廓蜗杆应用较多。

2. 加工路线描述

① 车工艺阶台；

② 车端面、外圆；

③ 车端面→钻中心孔→倒角→车蜗杆；

④ 精车端面、外圆→倒角。

3. 工艺分析

加工蜗杆的工序卡片见表 7.11，车刀的选择见表 7.14。

表 7.13 车蜗杆工序卡片

工厂名称			机械加工工序卡片	产品型号		零(部)件型号			第 页		
				产品名称		零(部)件名称			共 页		
材料牌号	45	毛坯种类	棒料	毛坯尺寸	ϕ40 mm×102 mm	备注					
工序名称	工步	工步内容	切削用量			设备名称及型号	工艺装备名称及型号			工时	
			主轴转速/(r/min)	进给量/(mm/r)	背吃刀量/mm		夹具	刀具	量具	单件	终准
锯	1	锯割下料				锯床GZT−180		带锯	钢直尺	2 min	
车一		装夹毛坯，伸出长度大于 25 mm				CA6140A	三爪卡盘		钢直尺		
	1	车端面，车平即可	800	0.1	0.2～1.0	CA6140A	三爪卡盘	45°车刀			
	2	车装夹阶台 ϕ27 mm，长度 19 mm	500	0.1～0.2	1～3	CA6140A	三爪卡盘	90°车刀	游标卡尺		
车二		调头装夹工艺阶台，贴紧阶台面				CA6140A	三爪卡盘				
	1	车端面，车平即可	800	0.1	0.2～1.0	CA6140A	三爪卡盘	45°车刀			
	2	粗车 ϕ22 mm，ϕ27 mm 外圆和蜗杆外圆 ϕ38 mm，各留余量 0.5 mm	500	0.1～0.2	1～3	CA6140A	三爪卡盘	90°车刀	游标卡尺		

工序名称	工步	工步内容	切削用量			设备名称及型号	工艺装备名称及型号			工时	
			主轴转速/(r/min)	进给量/(mm/r)	背吃刀量/mm		夹具	刀具	量具	单件	终准
车三		调头,夹φ22 mm外圆并贴紧平面,找正φ38 mm外圆后夹紧				CA6140A	三爪卡盘		百分表		
	1	精车端面	1 250	0.1	0.1~0.5	CA6140A	三爪卡盘	45°车刀	游标卡尺		
	2	钻中心孔	1 250			CA6140A	三爪卡盘	中心钻			
	3	支顶顶尖,精车φ25 mm外圆、蜗杆外圆至公差要求	1 250	0.05~0.10	0.1~1.0	CA6140A	三爪卡盘	90°车刀	游标卡尺、外径千分尺		
	4	外圆倒角C1 mm和蜗杆倒斜角20°	800,45			CA6140A	三爪卡盘	45°车刀、蜗杆车刀			
	5	粗、精车蜗杆至公差要求	90,45			CA6140A	三爪卡盘、后顶尖	蜗杆车刀			
车四		调头,夹φ25 mm垫铜皮,找正φ27 mm外圆后夹紧				CA6140A	三爪卡盘		百分表		
	1	精车端面,保证总长100 mm	1 250	0.1	0.1~0.5	CA6140A	三爪卡盘	45°车刀	游标卡尺		
	2	精车φ22 mm,φ27 mm外圆至公差要求	1 250	0.05~0.10	0.1~1.0	CA6140A	三爪卡盘	90°车刀	游标卡尺、外径千分尺		
	3	倒角C1 mm	800			CA6140A	三爪卡盘	45°车刀			
	4	检测、下车									
保养		打扫卫生,保养机床									

						编制/日期		审核/日期		会签/日期	

标记	标记	更改文件号	签字	日期	标记	标记	更改文件号	签字		日期	

表 7.14 车蜗杆刀具卡片

零件型号			零件名称		产品型号		共 页	第 页
工步号	刀具号	刀具名称	刀具规格	数量	刀具		备注 1	备注 2
					直径/mm	长度/mm		
	T01	45°粗车刀	YT15	1				
	T02	45°精车刀	YT15	1				
	T03	90°粗车刀	YT15	1				
	T04	90°精车刀	YT15	1				
	T05	蜗杆粗车刀 (40°)	高速钢	1				
	T06	蜗杆精车刀 (40°)	高速钢	1				
	T07	中心钻	b2.5/ 6.3 mm	1				
标记	标记	更改文件号	签字	编制/日期		审核/日期		会签/日期	

4. 相关工艺知识

（1）蜗杆参数

蜗杆的有关术语及尺寸计算见表 7.15。

表 7.15 蜗杆的有关尺寸计算方法

名称及代号	尺寸计算
模数 m_x	$m_x = 2.5$
齿距 P	$P = \pi m_x = 3.14 \times 2.5 = 7.85$ mm
线数 z_1	$z_1 = 1$
导程 P_z	$P_z = z_1 P = P = 7.85$ mm
全齿高 h	$h = 2.2 m_x = 2.2 \times 2.5 = 5.5$ mm
齿顶高 h_a	$h_a = m_x = 2.5$ mm
齿根高 h_f	$h_f = 1.2 m_x = 1.2 \times 2.5 = 3$ mm
分度圆直径 d_1	$d_1 = d_a - 2m_x = 38 - 2 \times 2.5 = 33$ mm
齿根圆直径 d_f	$d_f = d_1 - 2.4 m_x = 33 - 2.4 \times 2.5 = 27$ mm
齿顶宽 s_a	$s_a = 0.843 m_x = 0.843 \times 2.5 = 2.107\,5$ mm
齿根槽宽 e_f	$e_f = 0.697 m_x = 0.697 \times 2.5 = 1.742\,5$ mm

续表

名称及代号	尺寸计算
导程角 γ	$\tan \gamma = \dfrac{P_z}{\pi d_1} = \dfrac{7.85}{3.14 \times 33} = 0.075\ 8$ $\gamma = 4°19'56''$
法向齿厚 S_n	$S_n = \dfrac{P_z}{2} \times \cos\ \gamma = \dfrac{7.85}{2} \times \cos\ 4°19'56'' \approx 3.91$ mm
轴向齿厚 s_x	$s_x = P/2 = 3.925$ mm

（2）蜗杆车刀的刃磨和装夹要求

蜗杆车刀如图 7.26 所示。

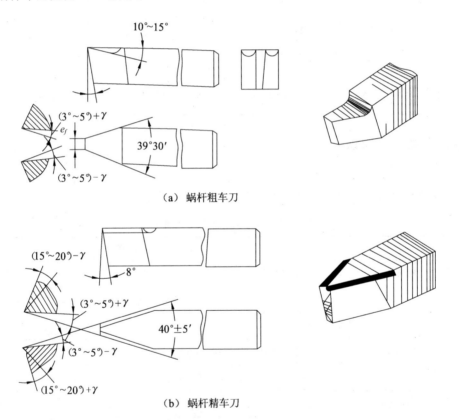

（a）蜗杆粗车刀

（b）蜗杆精车刀

图 7.26　蜗杆车刀

蜗杆车刀的几何参数要求见表 7.16。

表 7.16　蜗杆车刀几何参数分析

名　　称	图样中数值
径向前角 γ_0	$\gamma_{0粗} = 10° \sim 15°$，$\gamma_{0精} = 0°$
主后角 α_0	$\alpha_{0粗} = \alpha_{0精} = 8°$

续表

名　　称	图样中数值
两侧面后角 α_0'	粗车刀 $\alpha_{0左}'=(3°\sim5°)+\gamma$，$\alpha_{0右}'=(3°\sim5°)-\gamma$（一般取 $\alpha_{0左}'=10°\sim12°$，$\alpha_{0右}'=6°\sim8°$）；精车刀 $\alpha_{0左}'=10°\sim16°$，$\alpha_{0右}'=6°\sim10°$
刀尖角 ε	$\varepsilon_粗=39.5°\sim40°$；$\varepsilon_精=40°$
刀头宽度 α	刀头宽度 α 应小于齿根槽宽
月牙槽	为了使螺纹精车刀锋利，可在两侧刃磨出月牙槽

蜗杆车刀一般选用高速钢材料，在刃磨时，其顺走刀方向一面的后角必须相应加上导程角 γ。由于蜗杆的导程角较大，切削时使前角、后角发生很大的变化，切削很不顺利，如果采用可调节的刀杆（如图 7.27 所示）进行粗加工就可以克服上述现象。

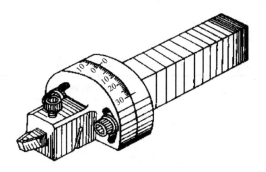

图 7.27　可按导程角调节的刀杆

车刀的装夹方法如下：

① 用万能量角器找正车刀。

在装夹车刀时，如果使用一般的角度样板来找正模数较大的蜗杆车刀，比较困难，容易把车刀装歪。通常采用万能量角器来找正车刀刀尖角位置，如图 7.28 所示。

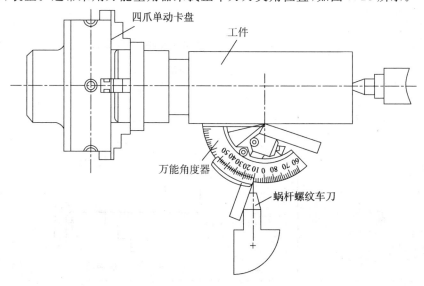

图 7.28　用万能量角器找正车刀

就是将量角器的一边靠在工件外圆,观察另一边和车刀刃口的间隙。如有偏差时,可转动刀架或重新装夹车刀来找正。

② 调整刀尖角的位置。

采用可调节螺纹升角的车刀装刀时,刀体上的零位刻度线对准基线,然后找正车刀刀尖角,使其高于车床主轴线 0.5 mm 左右并紧固;再根据螺纹升角的大小来确定转过的角度(此时刃磨车刀时顺走刀方向的后角就不要再加螺纹升角)。精车轴向直廓蜗杆(阿基米德蜗杆)时,刀头仍要水平装夹,以保证蜗杆在轴向剖面内的直线齿形。

任务实施

1. 准备工作

加工前的准备事项见表 7.17

表 7.17　蜗杆加工的准备事项

准备事项	准备内容
材料	45 钢,尺寸为 ϕ40 mm×102 mm 的棒料
设备	CA6140A 车床(三爪自定心卡盘)
刀具	45°车刀,90°车刀,蜗杆车刀(牙型角 40°,模数 2.5,右旋单线),中心钻
量具	游标卡尺 0.02 mm/(0~200 mm),外径千分尺 0.01 mm/(0~25,25~50 mm),螺纹样板,百分表 0.01 mm/(0~10 mm)及磁性表座,齿厚游标卡尺 0.02 mm/(1~18 mm),钢直尺(0~150 mm),ϕ4.185 mm 的三针
工、辅具	铜皮,铜棒,活顶尖,常用工具等

2. 操作步骤

车削工序一　装夹毛坯,伸出长度大于 25 mm,具体操作见表 7.18。

表 7.18　车削工序一的工步内容

工步内容	图　示
1. 车平端面(如图 7.29 所示)。	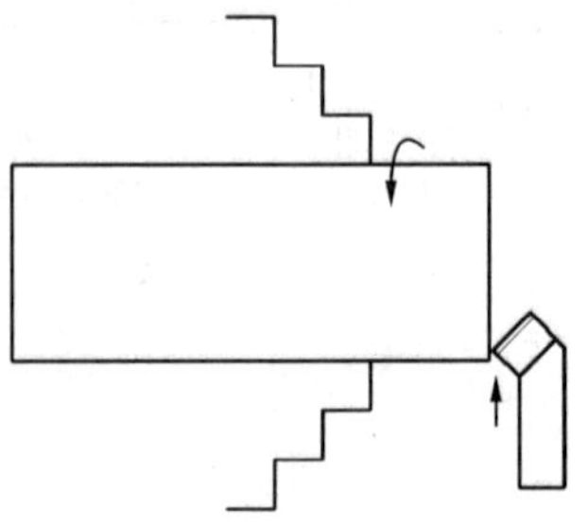 图 7.29　车端面

续表

工步内容	图 示
2. 车工艺阶台 ϕ 27 mm,长 19 mm(如图 7.30 所示)。	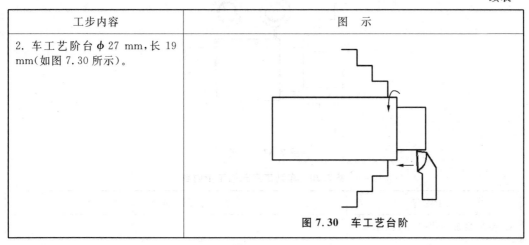 图 7.30 车工艺台阶

车削工序二 调头装夹工艺阶台,具体操作见表 7.19。

表 7.19 车削工序二的工步内容

工步内容	图 示
1. 车平端面(如图 7.31 所示)。	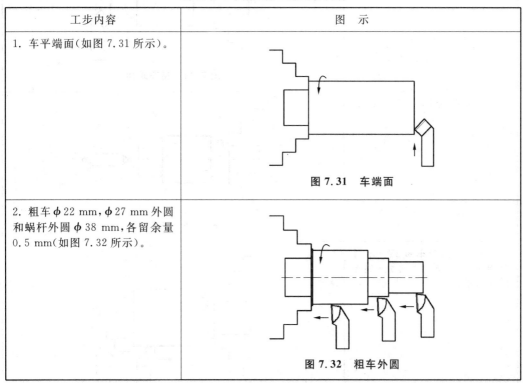 图 7.31 车端面
2. 粗车 ϕ 22 mm, ϕ 27 mm 外圆和蜗杆外圆 ϕ 38 mm,各留余量 0.5 mm(如图 7.32 所示)。	图 7.32 粗车外圆

车削工序三 调头,装夹 ϕ 22 mm 外圆并贴紧平面,找正 ϕ 38 mm 外圆后夹紧工件(如图 7.33 所示),各工步内容见表 7.20。

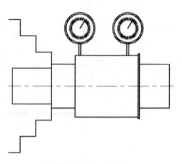

图 7.33 找正

表 7.20 车削工序三的工步内容

工步内容	图 示
1. 精车端面(如图7.34所示)。	图 7.34 精车端面
2. 钻中心孔(如图7.35所示)。	图 7.35 钻中心孔
3. 支顶顶尖,精车 ϕ 25 mm 外圆、蜗杆外圆至公差要求(如图7.36所示)。	图 7.36 精车外圆

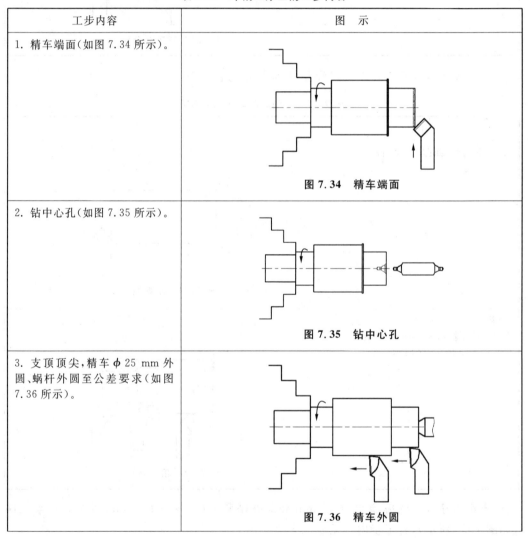

续表

工步内容	图　示
4. 外圆倒角 C1 mm 和蜗杆倒斜角 20°（如图 7.37 所示）。	图 7.37　倒角
5. 粗、精车蜗杆至公差要求（如图 7.38 所示）。 提示　车蜗杆的过程类似于车梯形螺纹，注意车削时防止多面同时切削而"扎刀"。	图 7.38　车蜗杆

车削工序四　调头，垫铜皮夹 $\phi25$ mm，找正 $\phi27$ mm 外圆后夹紧（如图 7.39 所示），各工步内容见表 7.21。

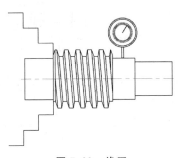

图 7.39　找正

表 7.21 车削工序四的工步内容

工步内容	图 示
1. 精车端面,保证总长 100 mm（如图 7.40 所示）。	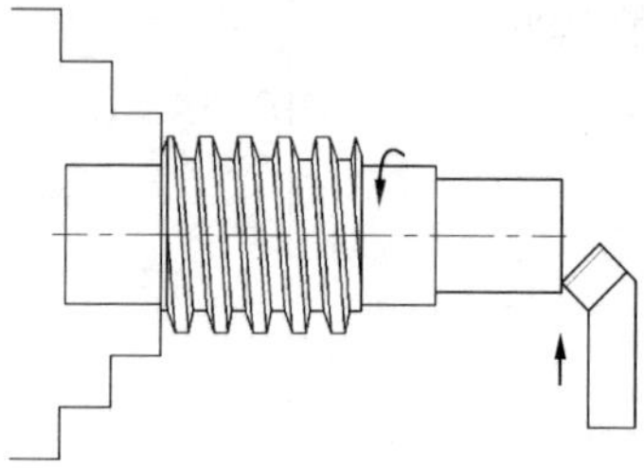 图 7.40 精车端面
2. 精车 ϕ 22 mm, ϕ 27 mm 外圆至公差要求,并车平阶台面(如图 7.41 所示)。	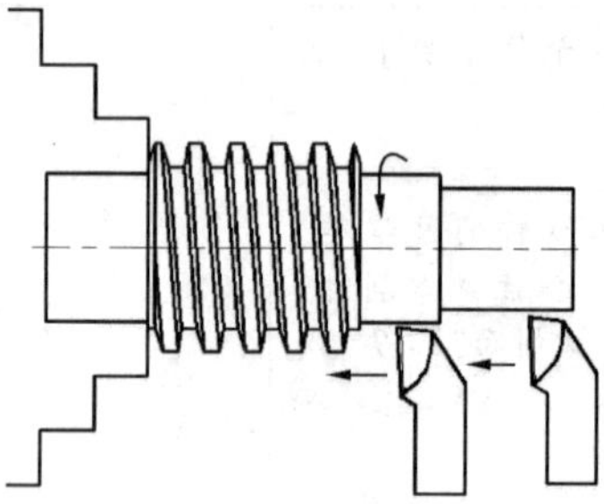 图 7.41 精车外圆
3. 倒角 C1 mm(如图 7.42 所示)。	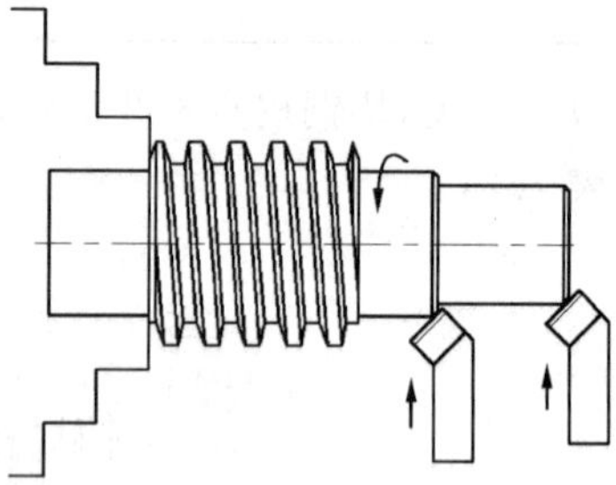 图 7.42 倒角
4. 停车检测。	

3. 注意事项

① 车削蜗杆第一刀后,应检查蜗杆的轴向齿距是否正确;

② 车削蜗杆时,应减小机床床鞍与导轨之间的间隙,以减小轴向蹿动;

③ 粗车蜗杆时,应尽可能提高工件的装夹刚度,例如使用鸡心夹头固夹工件;

④ 粗车蜗杆时,每次切入的深度要适当,并经常检查齿厚,以控制精车余量;

⑤ 精车蜗杆时,应采用低速车削并充分浇注切削液;

⑥ 车削大模数蜗杆时,应尽量缩短工件的支承长度,提高工件的装夹刚性;

⑦ 精车蜗杆时,可以采用两顶尖装夹工件,以保证工件的同轴度和精度。

4. 检测评价

（1）主要位置精度检测

① 精度要求较高的蜗杆

可用三针和单针测量中径,方法与测量梯形螺纹相同,M 值的计算如下:

$$M = d_2 + 3.924 d_D - 4.316 m_x + 1.2909 \tan^2 \gamma,$$

其中,d_D 为量针直径,最佳值 $d_D = 1.674 m_x$。

② 法向齿厚的测量

用齿厚游标卡尺测量蜗杆分度圆直径法向齿厚,如图 7.43 所示。此法适用于精度要求不高的蜗杆。齿轮游标卡尺由互相垂直的齿高卡尺与齿厚卡尺组成。测量时将齿高卡尺读数调整到等于齿顶高（蜗杆齿顶高等于模数 m_x）,法向卡入齿廓,亦使齿轮卡尺和蜗杆轴线大致相交成一个导程角的角度。作少量转动,此时的最小读数,即是蜗杆分度圆直径处的法向齿厚 S_n。图样上一般注明的是轴向齿厚,所以必须进行换算。

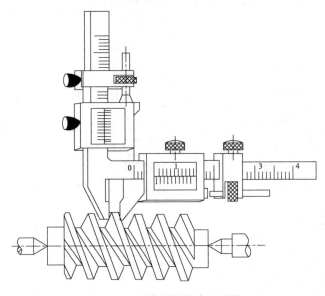

图 7.43　用齿厚游标卡尺测量

（2）评分反馈

按照图样要求,逐项检测质量,并参照表 7.22 评分及反馈。

表 7.22　质量检测评分反馈表

零件：					姓名：		成绩：			
项目	序号	考核内容和要求	配分	评分标准			学生自测		教师评测	
							自测	得分	检测	得分
外圆	1	$\phi 27_{-0.025}^{0}$ mm	6	每超差 0.01 mm 扣 1 分；超差 0.03 mm 以上不得分						
	2	$\phi 25_{-0.02}^{0}$ mm	8							
	3	$\phi 22$ mm	6	超差不得分						
蜗杆	4	$\phi 38_{-0.039}^{0}$ mm	8	每超差 0.01 mm 扣 1 分；超差 0.03 mm 以上不得分						
	5	三针测量 M 值 $(d_D=4.185$ mm)	8	超差不得分						
	6	齿形	6	超差不得分						
长度	7	15 mm	5	超差不得分						
	8	20 mm	5	超差不得分						
	9	40 mm	5	超差不得分						
	10	100 mm	5	超差不得分						
其他	11	中心孔	4	超差不得分						
	12	$Ra1.6$ μm(2 处)	2×2	超差不得分						
	13	$Ra3.2$ μm	4	超差不得分						
	14	C1 mm(3 处)	3×2	超差不得分						
	15	倒斜角 20°	2×2	超差不得分						
	16	◎ $\phi 0.02$ A	6	超差不得分						
安全文明生产	17	无违章操作	10	否则扣 5～10 分						
	18	无撞刀及其他事故		否则扣 5～10 分						
	19	机床清洁保养		否则扣 5～10 分						
需改进的地方										
教师评语										
学生签名			小组长签名							
日期			教师签名							

5. 废品原因与预防措施

废品原因与预防措施参照梯形螺纹部分的内容。

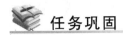**任务巩固**

试加工图 7.44 所示的蜗杆。

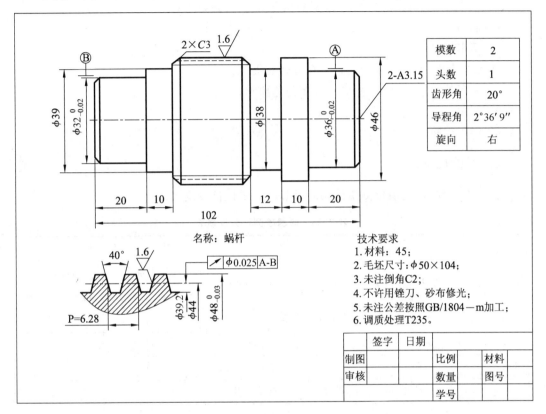

图 7.44　蜗杆图样

1. 参考步骤

车削工序一　用三爪卡盘装夹毛坯件，伸出长度大于 42 mm。

① 车端面，车平即可；

② 钻中心孔 A3.15 mm；

③ 粗车外圆 ϕ46 mm×42 mm，外圆 ϕ36 mm×20 mm，外圆各留余量 1 mm。

车削工序二　掉头装夹 ϕ46 mm 外圆。

① 车端面，保证总长；

② 钻中心孔 A3.15 mm。

车削工序三　一夹一顶方式装夹 ϕ32 mm 外圆，活动顶尖支顶另一端中心孔。

① 粗车 ϕ48 mm 外圆至 ϕ48.6 mm，ϕ39 mm 外圆车至公差要求，ϕ32 mm 外圆留精车余量 0.5 mm；

② 车槽 ϕ38 mm×12 mm 至公差要求；

③ 倒角 C3 mm；

④ 用刀宽小于 1.2 mm 的蜗杆粗车刀粗车蜗杆，齿深车至 ϕ 39.2 mm，齿顶宽车至 2 mm。

车削工序四　采用两顶一夹方式装夹（鸡心夹头夹 ϕ 32 mm 外圆）。

① 精车外圆 ϕ 48 mm，ϕ 46 mm，ϕ 36 mm 至公差要求；

② 倒角；

③ 精车蜗杆螺纹至公差要求。

车削工序五　调头，采用两顶一夹方式装夹。

① 精车外圆 ϕ 39 mm，ϕ 32 mm 至公差要求；

② 倒角；

③ 停车检验。

2. 评价反馈

按照图样要求，逐项检测质量，并参照表 7.23 评价及反馈。

表 7.23　质量检测评分反馈表

零件：				姓名：		成绩：		
项目	序号	考核内容和要求	配分	评分标准	学生自测		教师评测	
					自测	得分	检测	得分
外圆	1	ϕ 36$_{-0.02}^{0}$ mm	6	每超差 0.01mm 扣 1 分；超差 0.03 mm 以上不得分				
	2	ϕ 32$_{-0.02}^{0}$ mm	6					
	3	ϕ 46 mm	4	超差不得分				
	4	ϕ 38 mm	4	超差不得分				
	5	ϕ 39 mm	4	超差不得分				
蜗杆	6	ϕ 48$_{-0.03}^{0}$ mm	8	每超差 0.01 mm 扣 1 分；超差 0.03 mm 以上不得分				
	7	三针测量 M 值 (d_D＝4.185 mm)	8	超差不得分				
	8	40°	6	超差不得分				
长度	9	10 mm(2 处)	6	超差不得分				
	10	20 mm(2 处)	6	超差不得分				
	11	12 mm	3	超差不得分				
	12	102 mm	3	超差不得分				

续表

项目	序号	考核内容和要求	配分	评分标准	学生自测		教师评测	
					自测	得分	检测	得分
其他	13	A3.15 mm(2 处)	2×2	超差不得分				
	14	Ra1.6 mm(2 处)	2×2	超差不得分				
	15	Ra3.2 μm	4	超差不得分				
	16	C2 mm(2 处)	2×2	超差不得分				
	17	C3 mm(2 处)	2×2	超差不得分				
	18	⌀ 0.025 A-B	6	超差不得分				
安全文明生产	19	无违章操作	10	否则扣 5～10 分				
	20	无撞刀及其他事故		否则扣 5～10 分				
	21	机床清洁保养		否则扣 5～10 分				
需改进的地方								
教师评语								
学生签名			小组长签名					
日期			教师签名					

项目八

特型件的加工

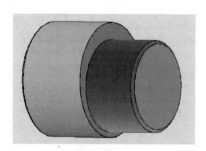

偏心轴三维图

本项目围绕偏心件和薄壁件两种特型件的加工,通过两个任务,讲解加工偏心件和薄壁件的工艺知识及注意事项。

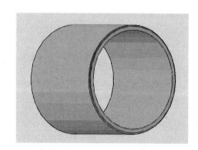

薄壁套三维图

任务一 加工偏心件

◎ **知识目标**：掌握偏心件的技术要求；正确识读零件图含义。

◎ **技能目标**：掌握偏心件的车削方法；能综合考虑减少误差最优加工方法。

◎ **素养目标**：养成总体考虑问题的习惯，制定全局之策；培养分析问题、解决问题的能力；养成团队协作互助的习惯。

任务描述

本任务就是加工图 8.1 所示的偏心轴。

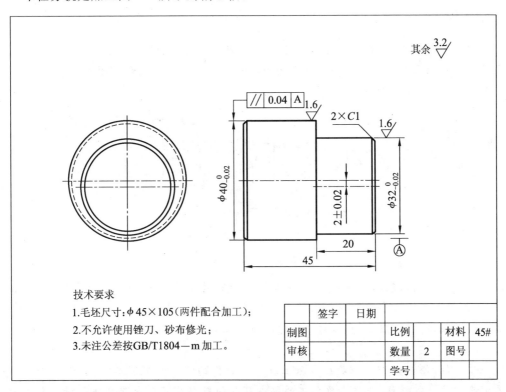

图 8.1 偏心轴图样

任务分析

1. 图样分析

对于长度较短的偏心工件,可以在三爪自定心卡盘上增加一块垫片,使工件产生偏心后再车削。图样中的偏心轴毛坯尺寸为 $\phi 45$ mm $\times 105$ mm,材料 45 钢。它的技术要求主要有:

① 尺寸精度:外圆直径为 $\phi 40_{-0.02}^{0}$ mm,$\phi 32_{-0.02}^{0}$ mm,台阶长度 20 mm,工件总长为 45 mm,偏心距为 $e = 2 \pm 0.02$ mm,倒角 C1 mm。

② 位置精度:平行度 $\boxed{// \;\; 0.04 \;\; A}$ 有较高要求,为了提高其加工精度,图样要求采用两件配合加工,即先车外圆再切断。

③ 表面粗糙度:重要表面粗糙度值不大于 $Ra1.6$ μm,其余表面粗糙度值不大于 $Ra3.2$ μm。

加油站

在机械传动中,回转运动变为往复直线运动或往复直线运动变为回转运动,一般都是利用偏心零件来完成的。例如车床床头箱用偏心工件带动的润滑泵,汽车发动机中的曲轴(如图 8.2 所示)等。

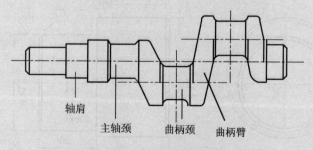

轴肩　主轴颈　曲柄颈　曲柄臂

图 8.2　双拐曲轴

偏心件就是零件的外圆与外圆或外圆与内孔的轴线平行而不相重合(偏一个距离)的工件。这两条平行轴线之间的距离称为偏心距 e。外圆与外圆偏心的零件称为偏心轴或偏心盘(如图 8.3a,b 所示);外圆与内孔偏心的零件称为偏心套(如图 8.3c 所示)。

偏心轴、偏心套一般都是在车床上加工。它们的加工原理基本相同,加工时主要在装夹方面采取措施,即把需要加工的偏心部分的轴线找正到与车床主轴旋转轴线相重合。一般车偏心工件的方法有 5 种,即在三爪卡盘上车偏心工件、在四爪卡盘上车偏心工件、在两顶尖间车偏心工件、在偏心卡盘上车偏心工件、在专用夹具上车偏心工件。

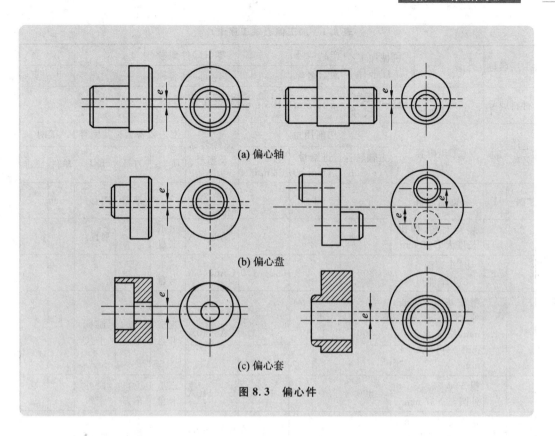

(a) 偏心轴

(b) 偏心盘

(c) 偏心套

图 8.3　偏心件

2. 加工路线描述

① 装夹毛坯车端面、外圆→去毛刺；

② 调头车端面、外圆→去毛刺→切断；

③ 选其一精车端面→倒角；

④ 调头→垫偏心垫片→车外圆、倒角→检测下车。

3. 工艺分析

偏心轴加工的工序卡片见表 8.1，刀具选择见表 8.2。

表 8.1　加工偏心轴工序卡片

工厂名称		机械加工工序卡片		产品型号		零(部)件型号			第　页	
				产品名称		零(部)件名称			共　页	
材料牌号	45	毛坯种类	棒料	毛坯尺寸	$\phi 45$ mm×105 mm	备注				

工序名称	工步	工步内容	切削用量			设备名称及型号	工艺装备名称及型号			工时	
			主轴转速/(r/min)	进给量/(mm/r)	背吃刀量/mm		夹具	刀具	量具	单件	终准
锯	1	锯割下料				锯床GZT−180		带锯	钢直尺	2 min	
车一		装夹毛坯,伸出长度大于 45 mm				CA6140A	三爪卡盘		钢直尺		
	1	车端面,车平即可	800	0.1	0.2~1.0	CA6140A	三爪卡盘	45°车刀			
	2	粗车 $\phi 40_{-0.02}^{0}$ mm 外圆至 $\phi 40.5$ mm,长度大于 45 mm(可取 47 mm)	500	0.1~0.2	1~3	CA6140A	三爪卡盘	90°车刀	游标卡尺		
	3	粗车 $\phi 32_{-0.02}^{0}$ mm 外圆至 $\phi 37$ mm	500	0.1~0.2	1~3	CA6140A	三爪卡盘	90°车刀	游标卡尺		
	4	精车 $\phi 40_{-0.02}^{0}$ mm 外圆至公差要求	1 250	0.05~0.10	0.1~1.0	CA6140A	三爪卡盘	90°车刀	外径千分尺		
	5	去毛刺	1 250			CA6140A	三爪卡盘	45°车刀			
车二		调头装夹 $\phi 40_{-0.02}^{0}$ mm 外圆,使伸出长度大于 45 mm(重复前道工序的 1~5 项内容)				CA6140A	三爪卡盘				
	1	车端面,车平即可	800	0.1	0.2~1.0	CA6140A	三爪卡盘	45°车刀	钢直尺、游标卡尺		
	2	粗车 $\phi 40_{-0.02}^{0}$ mm 外圆至 $\phi 40.5$ mm,长度大于 45 mm(可取 47 mm)	500	0.1~0.2	1~3	CA6140A	三爪卡盘	90°车刀	游标卡尺		
	3	粗车 $\phi 32_{-0.02}^{0}$ mm 外圆至 $\phi 37$ mm	500	0.1~0.2	1~3	CA6140A	三爪卡盘	90°车刀	游标卡尺		
	4	精车 $\phi 40_{-0.02}^{0}$ mm 外圆至公差要求	1 250	0.05~0.10	0.1~1.0	CA6140A	三爪卡盘	90°车刀	外径千分尺		

续表

工序名称	工步	工步内容	切削用量			设备名称及型号	工艺装备名称及型号			工时	
			主轴转速/(r/min)	进给量/(mm/r)	背吃刀量/mm		夹具	刀具	量具	单件	终准
	5	去毛刺	1 250			CA6140A	三爪卡盘	45°车刀			
	6	切断工件,保证切断工件总长大于45 mm	450			CA6140A	三爪卡盘	切断刀	外径千分尺		
车三		选择一个工件,装夹φ37 mm外圆,找正φ40$_{-0.02}^{0}$mm外圆后夹紧				CA6140A	三爪卡盘		百分表		
	1	精车端面,保证总长	1 250	0.1	0.2~1.0	CA6140A	三爪卡盘	45°车刀	钢直尺、游标卡尺		
	2	倒角C1 mm	800			CA6140A	三爪卡盘	45°车刀			
车四		调头,选择一个卡爪垫上偏心片,装夹φ40$_{-0.02}^{0}$mm外圆上,并用百分表找正端面及φ37 mm的外圆,控制偏心距在2 mm	500	0.1~0.2	1~3	CA6140A	三爪卡盘、偏心垫片	90°车刀	百分表		
	1	粗、精车φ32$_{-0.02}^{0}$mm外圆至公差要求	450,1 000	0.05~0.20	0.1~1.0	CA6140A	三爪卡盘、偏心垫片	90°车刀	游标卡尺、外径千分尺		
	2	倒角C1 mm	800			CA6140A	三爪卡盘、偏心垫片	45°车刀			
	3	检测、下车				CA6140A	三爪卡盘				
保养		打扫卫生,保养机床									

						编制/日期		审核/日期		会签/日期	
标记	标记	更改文件号	签字	日期	标记	标记	更改文件号	签字		日期	

表 8.2　车偏心轴刀具卡片

零件型号		零件名称			产品型号		共　页	第　页
工步号	刀具号	刀具名称	刀具规格	数量	刀具		备注 1	备注 2
					直径/mm	长度/mm		
	T01	45°车刀	YT15	1				
	T02	90°粗车刀	YT15	1				
	T03	90°精车刀	YT15	1				
	T04	切断刀	YT15	1	3 mm	刀头长度大于 30 mm		
标记	标记	更改文件号	签字	编制/日期		审核/日期		会签/日期

4. 相关工艺知识

——三爪自定心卡盘车削偏心工件方法

长度较短、数量较多的两节偏心轴或偏心套,可以在三爪卡盘上进行车削。先把工件长度和外圆车好,随后在任一卡爪与工件接触面之间,垫上一块预先算好厚度的垫片,经校正素线与偏心距,并夹紧工件后,即可车削,如图 8.4 所示。

（1）车削的一般步骤

① 先车削好基本圆柱;

② 计算厚度并制作垫片;

③ 在三爪自定心卡盘上装夹工件并在其中的一个爪上垫好垫片并夹紧工件;

④ 车削试切,计算偏心距 e 是否准确;

⑤ 再次调整垫片厚度;

⑥ 在原卡爪位置重新装夹工件,并进行车削试切,保证偏心距 e 符合要求;

⑦ 完成车削。

（2）垫片厚度计算

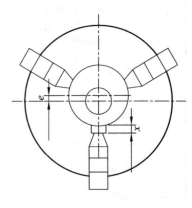

图 8.4　三爪自定心卡盘车偏心

垫片厚度 x 计算的近似公式:$x=1.5e$。

若需更精确一些,则需在上式中加上一个修正值 k,即

$$x=1.5e+k,$$

其中 $k\approx1.5\Delta e$,$\Delta e=e-e_{测}$;偏心距修正值 k 的正负按实测结果确定;Δe 为试切后实测偏心距误差;$e_{测}$ 为试切后实测偏心距。

如果偏心距精度要求不高,可不必加修正系数。

例 8.1　如车削偏心距 $e=2$ mm 的工件，试计算偏心垫片厚度 x。

解：(1) 若不考虑修正值，按近似公式计算垫片厚度：

$$x=1.5e=1.5\times2=3 \text{ mm}。$$

(2) 若考虑修正值，先垫入 3 mm 厚的垫片进行试切削，试切后检查其实际偏心距 $e_{测}$。例如实测偏心距为 $e_{测}=2.04$ mm，则偏心距误差

$$\Delta e=e-e_{测}=2-2.04=-0.04 \text{ mm}。$$

则修正值 $k=1.5\Delta e=1.5\times(-0.04)=-0.06$ mm。

所以垫片厚度的正确值应为

$$x=1.5e+k=3-0.06=2.94 \text{ mm}。$$

任务实施

1. 准备工作

车削偏心轴的准备事项见表 8.3。

表 8.3　偏心车削的准备事项

准备事项	准备内容
材料	45 钢，尺寸为 $\phi45$ mm×105 mm 的棒料
设备	CA6140A 车床(三爪自定心卡盘)
刀具	45°车刀，90°车刀，切断刀
量具	钢直尺(0～300 mm)，游标卡尺 0.02 mm/(0～200 mm)，外径千分尺 0.01 mm/(25～50 mm，50～75 mm)，百分表 0.01 mm/(0～10 mm)及磁力表座，V 型架
工、辅具	铜皮，偏心垫片(3 mm)，铜棒，常用工具等

2. 操作步骤

车削工序一　三爪自定心卡盘装夹毛坯，使伸出长度大于 45 mm，具体操作见表 8.4。

表 8.4　车削工序一的工步内容

工步内容	图　示
1. 车端面，车平即可(如图 8.5 所示)。	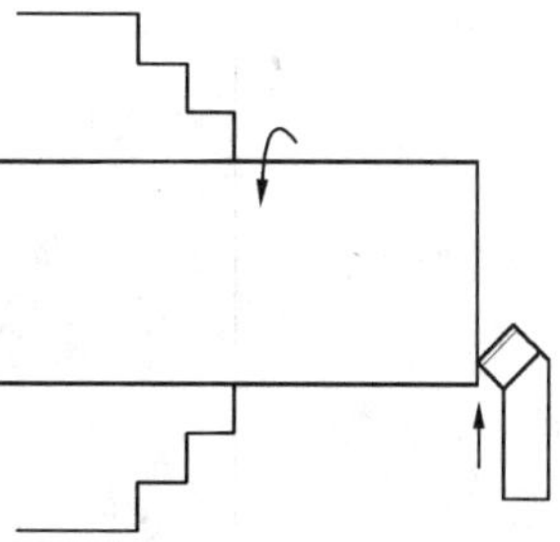 　图 8.5　车端面

工步内容	图　示
2. 粗车 $\phi\,40_{-0.02}^{\ 0}$ mm 外圆至 $\phi\,40.5$ mm,长度大于 45 mm（可取 47 mm,如图 8.6 所示）。	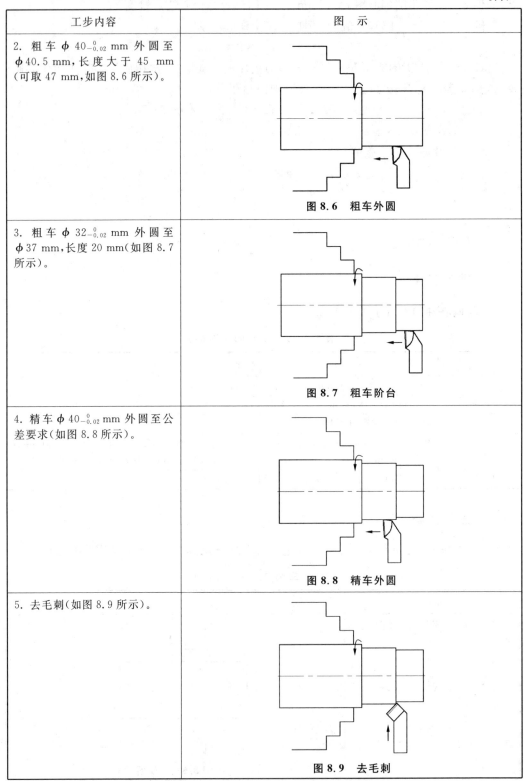 图 8.6　粗车外圆
3. 粗车 $\phi\,32_{-0.02}^{\ 0}$ mm 外圆至 $\phi\,37$ mm,长度 20 mm（如图 8.7 所示）。	图 8.7　粗车阶台
4. 精车 $\phi\,40_{-0.02}^{\ 0}$ mm 外圆至公差要求（如图 8.8 所示）。	图 8.8　精车外圆
5. 去毛刺（如图 8.9 所示）。	图 8.9　去毛刺

　　车削工序二　调头装夹 $\phi 40_{-0.02}^{0}$ mm 外圆,使伸出长度大于 45 mm(工步 1～5 为重复前道工序内容),具体操作见表 8.5。

表 8.5　车削工序二的工步内容

工步内容	图　示
1. 车端面,车平即可(如图 8.10 所示)。	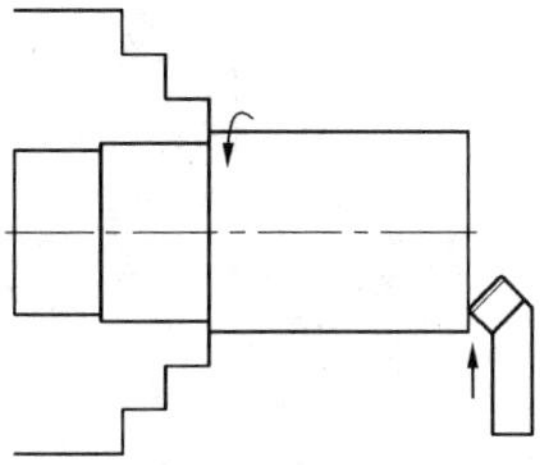 图 8.10　车端面
2. 粗车 $\phi 40_{-0.02}^{0}$ mm 外圆至 $\phi 40.5$ mm,长度大于 45 mm(可取 47 mm,如图 8.11 所示)。	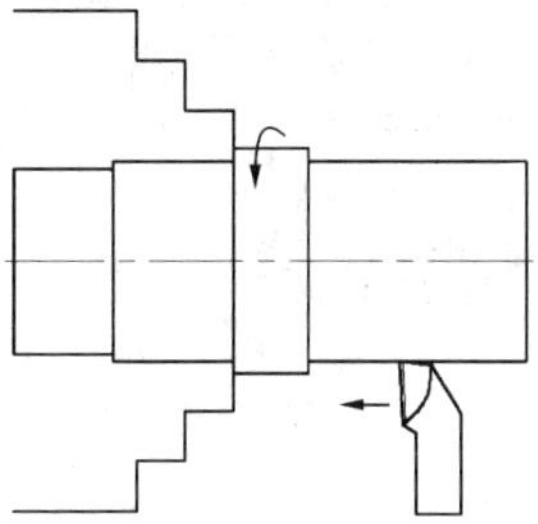 图 8.11　粗车外圆
3. 粗车 $\phi 32_{-0.02}^{0}$ mm 外圆至 $\phi 37$ mm(如图 8.12 所示)。	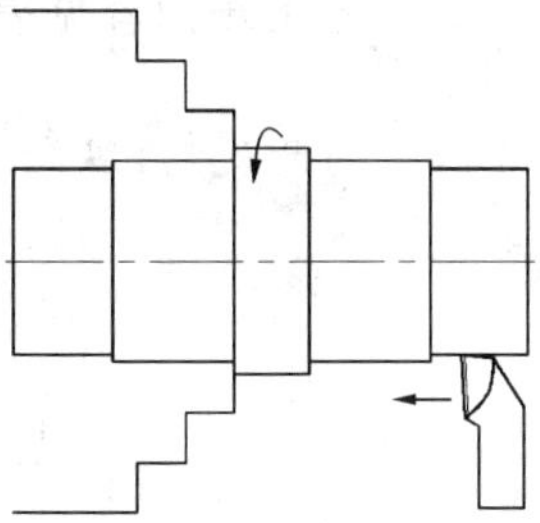 图 8.12　粗车阶台
4. 精车 $\phi 40_{-0.02}^{0}$ mm 外圆至公差要求(如图 8.13 所示)。	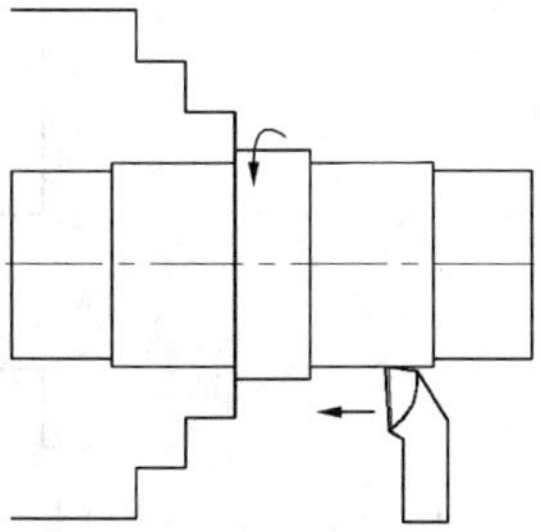 图 8.13　精车外圆

续表

工步内容	图　示
5. 去毛刺(如图 8.14 所示)。	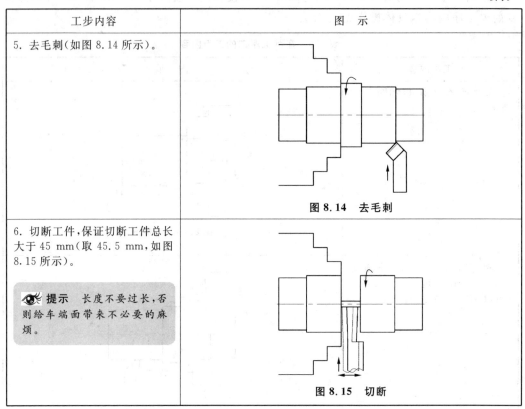 图 8.14　去毛刺
6. 切断工件,保证切断工件总长大于 45 mm(取 45.5 mm,如图 8.15 所示)。 提示　长度不要过长,否则给车端面带来不必要的麻烦。	图 8.15　切断

车削工序三　选择两个切件中的一个,装夹 ϕ37 mm 外圆,找正 $\phi 40_{-0.02}^{0}$ mm 外圆后夹紧(如图 8.16 所示)。各工步内容见表 8.6。

提示　找正外圆上的两处后,纵向移动床鞍,观察百分表示数不变,则为找正,否则重新找正。

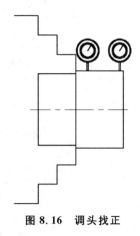

图 8.16　调头找正

表 8.6 车削工序三的工步内容

工步内容	图 示
1. 精车端面,保证总长(如图 8.17 所示)。	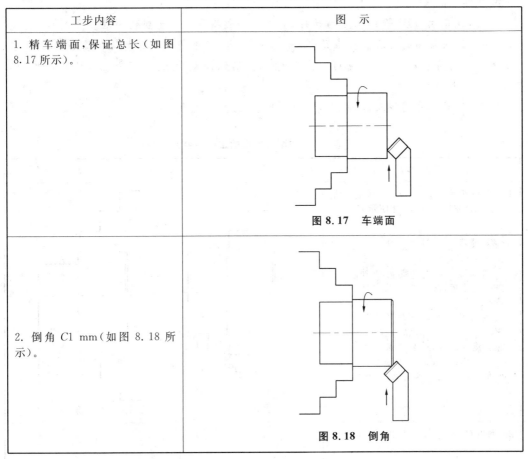图 8.17 车端面
2. 倒角 C1 mm(如图 8.18 所示)。	图 8.18 倒角

车削工序四 调头,选择一个卡爪垫上偏心垫片,装夹在卡爪和 $\phi 40_{-0.02}^{0}$ mm 外圆之间(如图 8.19 所示),用百分表找正端面及 $\phi 37$ mm 的外圆侧素线,控制偏心距为 2 mm(如图 8.20 所示)。各工步内容见表 8.7。

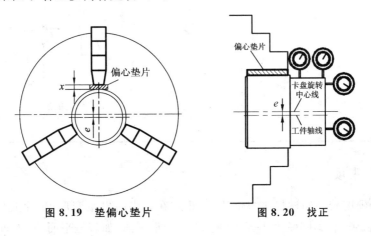

图 8.19 垫偏心垫片   图 8.20 找正

提示

① 找正端面后,在端面上移动时,应以百分表指针不发生变化为准。

② 找正外圆的步骤和标准是:工件旋转一圈,百分表示数最大值和最小值之差是 4 mm,即百分表旋转 4 圈,说明外圆已找正;然后纵向移动床鞍,百分表示数无变化,说明轴向已找正。

③ 端面和外圆找正后,应夹紧工件,为准确起见,可复核一遍。

表 8.7　车削工序四的工步内容

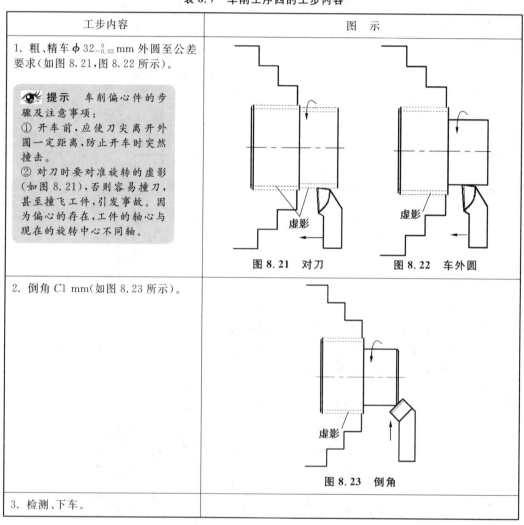

工步内容	图　示
1. 粗、精车 $\phi 32_{-0.02}^{0}$ mm 外圆至公差要求(如图 8.21,图 8.22 所示)。 **提示**　车削偏心件的步骤及注意事项: ① 开车前,应使刀尖离开外圆一定距离,防止开车时突然撞击。 ② 对刀时要对准旋转的虚影(如图 8.21),否则容易撞刀,甚至撞飞工件,引发事故。因为偏心的存在,工件的轴心与现在的旋转中心不同轴。	图 8.21　对刀　　图 8.22　车外圆
2. 倒角 C1 mm(如图 8.23 所示)。	图 8.23　倒角
3. 检测、下车。	

3. 注意事项

① 选择硬度较高的材料作为垫片,防止它在装夹时发生变形;垫片上与卡爪接触的一面应做成圆弧面,其圆弧大小等于(或小于)卡爪圆弧,如若是平面,则中间会产生间隙,造成偏心距误差。

②装夹工件时,工件轴线不能歪斜,以免影响加工质量。为保证偏心轴两轴线平行,装夹时应用百分表校正工件外圆,保证偏心距正确,同时用百分表校正外圆侧素线与车床主轴平行。

③由于工件偏心,在开车前车刀不能靠近工件,以防工件碰撞车刀。

④车削速度不宜过大,以防高速使工件飞出。

4. 检测评价

（1）主要位置检测

应根据偏心距的大小确定偏心距的检验方法。

①偏心距较小时,可直接用百分表检测。

将工件用两顶尖支撑或套在心轴上用两顶尖支撑,百分表测量头与零件偏心部分表面接触,工件转动一周,百分表指示的最大值和最小值差值的一半就是该零件的偏心距。若工件两端面无顶尖孔时,则可使用 V 型架支撑工件两端基准轴颈,校平中心线后再用百分表按上述方法测量。

②偏心距较大时,可采用间接法测量偏心距（如图 8.24 所示）。

由于百分表测杆位移量有限,不能直接读出较大的偏心值,可采用间接法测量偏心距。使用 V 型架支撑偏心零件,转动工件,用百分表找出其最高点并固定不动,再沿工件轴向方向水平移动百分表测出基准圆与偏心圆间的距离 a,然后按下式计算出偏心距:

$$e = \frac{D-d}{2} - a,$$

式中：D——基准圆直径,mm;

$\quad\quad d$——偏心圆直径,mm;

$\quad\quad a$——基准圆与偏心圆最高点间的距离,mm。

使用间接法测量偏心距,须准确测量基准圆直径及偏心圆直径的实际尺寸,否则计算的偏心距会出现误差。

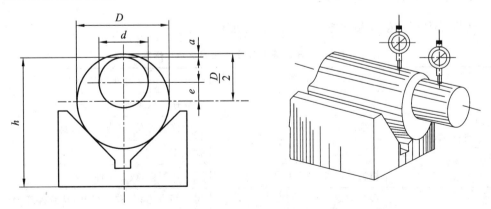

图 8.24　间接测量——在 V 型架上测量

（2）评价反馈

按照图样要求,逐项检测质量,并参照表 8.8 评价及反馈。

表 8.8 质量检测评分反馈表

零件：				姓名：		成绩：			
项目	序号	考核内容和要求	配分	评分标准		学生自测		教师评测	
						自测	得分	检测	得分
外圆	1	$\phi 32^{0}_{-0.02}$ mm	10	每超差 0.01 mm 扣 1 分；超差 0.03 mm 以上不得分					
	2	$\phi 40^{0}_{-0.02}$ mm	10						
长度	3	20 mm	10	超差不得分					
	4	45 mm	10	超差不得分					
其他	5	C1 mm(2 处)	2×5	超差不得分					
	6	$e=2\pm0.02$ mm	10	超差不得分					
	7	// 0.04 A	10	超差不得分					
		$Ra1.6\ \mu m$	10	超差不得分					
	8	$Ra3.2\ \mu m$	10	超差不得分					
安全文明生产	9	无违章操作	10	否则扣 5~10 分					
	10	无撞刀及其他事故		否则扣 5~10 分					
	11	机床清洁保养		否则扣 5~10 分					
需改进的地方									
教师评语									
学生签名				小组长签名					
日期				教师签名					

5. 废品原因与预防措施

车偏心件时产生废品的原因与预防措施见表 8.9。

表 8.9 车削偏心件废品原因及防止措施

废品表现	产生原因	预防措施
外圆不同轴	镶条过松	调整镶条松紧程度至合理位置
	切削时车刀磨损严重	及时修磨刀具；更换锋利刀具
	未完全找正	找正工件
	切削量过大，使工件不正	减小切削量，找正工件
尺寸不正确	粗心大意，没有按照图样要求车削，没有正确测量	树立细心意识，看清尺寸，认真操作，仔细测量
	自动进给没来得及换手动进给，致使阶台长度车过	在自动进给车至近阶台处时，迅速或提前以手动代替自动进给

废品表现	产生原因	预防措施
毛坯表面没完全车出	加工余量不够	粗加工后要留适当精加工余量
	工件装夹歪斜	装夹工件必须找正外圆和端面

 任务巩固

试编制图8.25所示图样的加工工艺,并实际操作检验一下工艺的可行性。

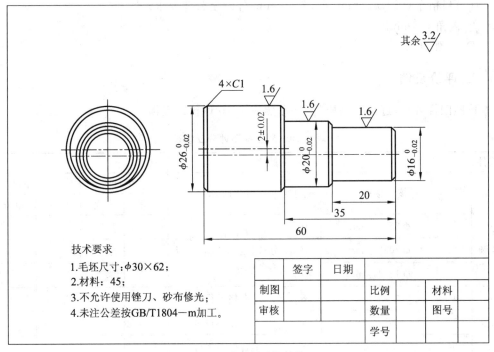

技术要求
1.毛坯尺寸：$\phi30 \times 62$;
2.材料：45;
3.不允许使用锉刀、砂布修光;
4.未注公差按GB/T1804—m加工。

	签字	日期				
制图			比例		材料	
审核			数量		图号	
			学号			

（a）偏心轴零件图样

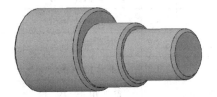

（b）偏心轴三维图

图 8.25　偏心轴

1. 参考加工步骤

车削工序一　三爪卡盘装夹毛坯外圆,伸出长度约为 42 mm。

① 车平端面;

② 车 $\phi 26_{-0.02}^{0}$ mm 至公差要求,长度为 40 mm。

③ 倒角 $C1$ mm。

车削工序二   掉头装夹 $\phi 26_{-0.02}^{0}$ mm 外圆,使伸出长度为 38 mm,找正 $\phi 26_{-0.02}^{0}$ mm 外圆。

① 粗、精车端面,保证总长 60 mm。

② 粗车 $\phi 25$ mm 外圆,长度 34.90 mm。

③ 倒角 $C1.1$ mm。

车削工序三   将偏心垫片放在任一卡爪与 $\phi 26_{-0.02}^{0}$ mm 外圆之间,校正偏心距及外圆侧素线符合要求,并夹紧工件。

① 粗、精车 $\phi 20_{-0.02}^{0}$ mm, $\phi 16_{-0.02}^{0}$ mm 外圆至公差要求。

② 倒角 $C1$ mm。

③ 检测、下车。

2. 评价反馈

按照图样要求,逐项检测质量,并参照表 8.10 评价及反馈。

表 8.10   质量检测评分反馈表

零件:				姓名:	成绩:			
项目	序号	考核内容和要求	配分	评分标准	学生自测		教师评测	
					自测	得分	检测	得分
外圆	1	$\phi 26_{-0.02}^{0}$ mm	10	每超差 0.01 mm 扣 1 分;超差 0.03 mm 以上不得分				
	2	$\phi 20_{-0.02}^{0}$ mm	10					
	3	$\phi 16_{-0.02}^{0}$ mm	10					
长度	4	20 mm	8	不合格不得分				
	5	35 mm	8	不合格不得分				
	6	60 mm	8	不合格不得分				
其他	7	$e=2\pm 0.02$ mm	10	不合格不得分				
	8	$C1$ mm(4 处)	4×3	不合格不得分				
	9	$Ra1.6\ \mu$m	3×2	不合格不得分				
	10	$Ra3.2\ \mu$m	8	不合格不得分				
安全文明生产	11	无违章操作	10	否则扣 5～10 分				
	12	无撞刀及其他事故		否则扣 5～10 分				
	13	机床清洁保养		否则扣 5～10 分				
需改进的地方								
教师评语								
学生签名				小组长签名				
日期				教师签名				

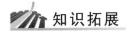 **知识拓展**

——偏心件的其他车削方法

（1）在四爪卡盘上车偏心工件

在四爪上车削偏心工件时，必须按已划好的偏心和侧素线找正，使偏心轴线与车床主轴线重合，工件装夹后即可车削（如图 8.26 所示）。此方法适用于工件数量少，长度较短，不便于在两顶尖上装夹的偏心件加工。

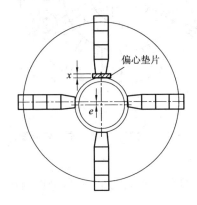

图 8.26 在四爪卡盘上车偏心工件

（2）在两顶尖间车偏心工件

一般的偏心轴或较长的偏心轴，只要两端能钻中心孔，且具有装夹鸡心夹头的位置，都可以使用两顶尖装夹进行车削（如图 8.27 所示）。这种方法优点是偏心中心孔已钻好，不需花费时间去找偏心，定位精度也较高。

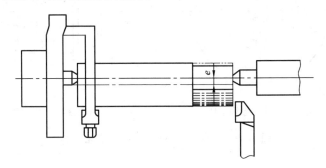

图 8.27 在两顶尖间车削偏心零件

（3）在偏心卡盘上车偏心工件

车削精度较高的偏心工件，可用偏心卡盘来车削，偏心卡盘的偏心距可用量块或百分表测得，故可获很高精度。另外，偏心卡盘调整方便，通用性强，是一种较理想的车偏心工件夹具。例如可以采用四爪单动卡盘与三爪定心卡盘相结合的方法来装夹工件（如图 8.28 所示）。

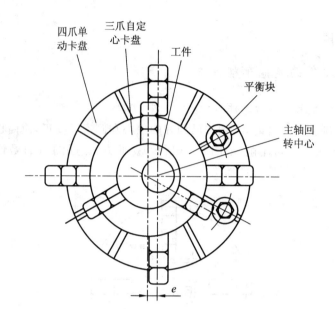

图 8.28　在双重卡盘上车削偏心零件

（4）在专用偏心夹具上车偏心工件

加工数量较多,偏心距精度要求较高的工件时,可以制造专用偏心夹具来装夹和车削（如图 8.29 所示）。

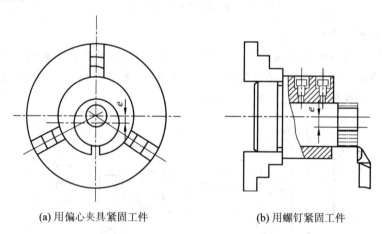

(a) 用偏心夹具紧固工件　　　　　(b) 用螺钉紧固工件

图 8.29　在专用偏心夹具上车削偏心零件

任务二　加工薄壁件

◎ **知识目标**：掌握薄壁件的技术要求；正确识读零件图含义。

◎ **技能目标**：掌握薄壁件的车削方法；会综合考虑减少误差最优加工方法。

◎ **素养目标**：养成总体考虑问题的习惯，制定全局之策；培养分析问题、解决问题的能力；养成团队协作、互助的习惯。

任务描述

本任务就是加工如图 8.30 所示的薄壁套。

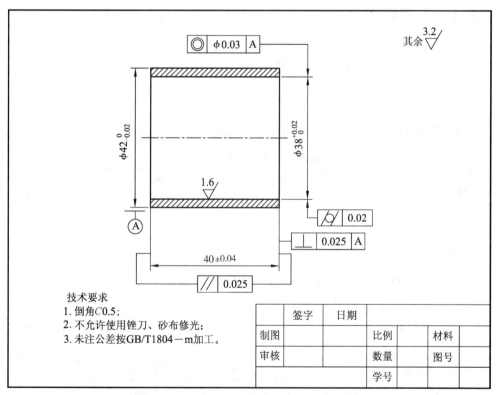

图 8.30　薄壁套图样

任务分析

1. 图样分析

薄壁套工件的刚性不足,加工难度较高。图样中的技术要求主要有:

① 尺寸精度:外径 $\phi 42_{-0.02}^{0}$ mm,$\phi 38_{0}^{+0.02}$ mm,零件长度 40 ± 0.04 mm,倒角 $C0.5$ mm。

② 形状位置精度:圆柱度 $\boxed{\cancel{/}\ |\ 0.02}$ 不大于 0.02 mm,同轴度 $\boxed{\odot\ |\ \phi0.03\ |\ A}$ 不大于 $\phi 0.03$ mm,平行度 $\boxed{//\ |\ 0.025}$ 不大于 0.025 mm,垂直度 $\boxed{\perp\ |\ 0.025\ |\ A}$ 不大于 0.025 mm,均有较高要求。

③ 表面粗糙度:重要表面粗糙度值不大于 $Ra1.6$ μm,其余表面粗糙度值不大于 $Ra3.2$ μm。

图样中没有给出毛坯尺寸,操作时,为了提高外圆和内孔的位置精度,可以选择长度大于 40 mm 的毛坯件,一次装夹完成钻孔、车外圆后切断工件,继续后续加工。

2. 加工路线描述

① 装夹毛坯→钻孔→车端面、外圆、倒角→切断;

② 精车端面→倒角→精车内孔→检测下车。

3. 工艺分析

薄壁工件车削的工序卡片见表 8.11,刀具选择见表 8.12。

表 8.11　车薄壁套工序卡片

工厂名称			机械加工 工序卡片	产品型号		零(部)件型号			第　　页	
				产品名称		零(部)件名称			共　　页	
材料牌号	45	毛坯 种类	棒料	毛坯 尺寸		备注				
工序 名称	工 步	工步内容	切削用量			设备名称 及型号	工艺装备名称及型号		工时	
			主轴转速 /(r/min)	进给量 /(mm/r)	背吃刀量 /mm		夹具	刀具	量具	单件	终准
锯	1	锯割下料				锯床 GZT—180		带锯	钢直尺	2 min	
车 一		装夹毛坯,伸出 长度约为 50 mm				CA6140A	三爪 卡盘		钢直尺		
	1	钻 ϕ 36 mm 的 孔,深度约为 45 mm	280~450 (冷却液)			CA6140A	锥柄 钻套	ϕ 26 mm 麻花钻			
	2	车端面,车平 即可	800	0.1	0.2~1.0	CA6140A	三爪 卡盘	45° 车刀			

工序名称	工步	工步内容	切削用量			设备名称及型号	工艺装备名称及型号			工时	
			主轴转速/(r/min)	进给量/(mm/r)	背吃刀量/mm		夹具	刀具	量具	单件	终准
	3	粗、精车 $\phi 42_{-0.02}^{0}$ mm 外圆至公差要求	500，1 250	0.05～0.20	0.1～3.0	CA6140A	三爪卡盘	90°车刀	游标卡尺、外径千分尺		
	4	倒角 C0.5 mm	800			CA6140A	三爪卡盘	45°车刀			
	5	切断，保证切下部分长度大于 40 mm(可取41 mm)	280～500			CA6140A	三爪卡盘	车槽刀	钢直尺		
车二		调头垫开缝套筒装夹 $\phi 42_{-0.02}^{0}$ mm 外圆约 30 mm，找正外圆				CA6140A	三爪卡盘、开缝套筒		百分表		
	1	精车端面，保证总长及垂直度	1 250	0.05	0.1～1.0	CA6140A	三爪卡盘、开缝套筒	45°车刀	钢直尺、游标卡尺		
	2	倒角 C0.5 mm	800			CA6140A	三爪卡盘、开缝套筒	45°车刀			
	3	精车 $\phi 38_{0}^{+0.02}$ mm 至公差要求	800	0.05～0.10	0.1～1.0	CA6140A	三爪卡盘、开缝套筒	内孔车刀	游标卡尺、内径百分表		
	4	检测、下车				CA6140A	三爪卡盘、开缝套筒				
保养		打扫卫生，保养机床									

					编制/日期		审核/日期		会签/日期	
标记	标记	更改文件号	签字	日期	标记	标记	更改文件号	签字	日期	

表 8.12　车薄壁件刀具卡片

零件型号		零件名称			产品型号		共　页	第　页
工步号	刀具号	刀具名称	刀具规格	数量	刀具		备注 1	备注 2
					直径/mm	长度/mm		
	T01	45°车刀	YT15	1				
	T02	90°粗车刀	YT15	1				
	T03	90°精车刀	YT15	1				
	T04	内孔粗车刀	YT15	1	小于 φ36	有效长度 大于 45		
	T05	内孔精车刀	YT15	1	小于 φ36	有效长度 大于 45		
	T06	φ36 mm 麻花钻	高速钢	1	φ36	大于 50		
	T07	切断刀	高速钢	1		大于 45		
标记	标记	更改 文件号	签字	编制/日期	审核/日期		会签/日期	

4. 相关工艺知识

(1) 薄壁工件的加工特点

① 工件壁薄,在夹紧力的作用下工件易变形,从而影响工件的尺寸精度和形状精度。

② 工件壁较薄,切削热会引起工件热变形,使工件尺寸难以控制。

③ 在切削力尤其是背向力的作用下,容易产生振动和变形,影响工件的尺寸精度、表面粗糙度、形状精度和位置精度。

(2) 防止和减少薄壁工件变形的方法

① 调整夹紧力。车削时分粗车和精车,粗车时夹紧力稍大,变形大,但由于切削余量较大,不会影响工件最终精度;精车时夹紧力稍小些,一方面夹紧变形小,另一方面可以抵消因切削力过大而产生的变形。

② 合理选择刀具的几何参数。要求刀柄的刚度高,修光刃不宜过长(一般 0.2～0.3 mm),刃口要锋利。

③ 增加装夹接触面积。

使用开缝套筒或特制的软卡爪等径向均匀定心夹紧机构,增大装夹时的接触面积,使夹紧力均布在薄壁工件上,因而夹紧时工件不易产生变形。图 8.31 所示是开缝套筒,当卡爪夹紧时,卡爪几点作用力经开缝套筒形成均匀分布在工件上的力,工件不易变形;图 8.32 所示是碟形弹簧片定心夹紧夹具,当旋转压紧螺母时,碟形弹簧片压缩,外径胀大,从而达到定心夹紧的目的。

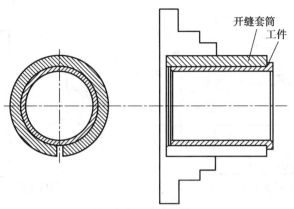

图 8.31　使用开缝套筒夹紧

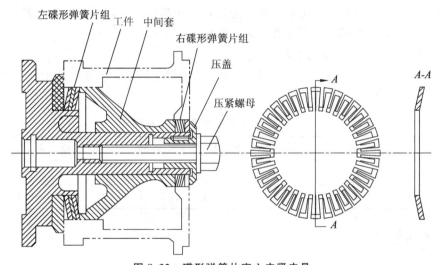

图 8.32　碟形弹簧片定心夹紧夹具

 加油站

什么是软卡爪?

普通夹头配的爪称为硬爪,它经过淬火有硬度。用不淬火的钢材或铜铝做的爪称为软爪,一般焊接在硬爪上,它定位好,不易夹伤工件,使用前要加工一下(车或磨都可以)。

④ 应用轴向夹紧夹具。

车削薄壁工件时,为防止装夹变形,尽量不使用径向夹紧方法,优先选用轴向夹紧方法。图 8.33a 所示的为一种轴向压紧夹具,使用时将心轴锥柄安装在车床主轴锥孔中,工件以内孔在夹具外圆定位(根据情况,也可将夹具制成以工件外圆定位),轴向压紧即可加工。

⑤ 增加工艺肋。有些薄壁工件在其装夹部位特制几根工艺肋(如图 8.33b 所示),以增加刚性,夹紧时力更多地作用在工艺肋上,减少工件变形。待加工完成后,再去掉工艺肋。

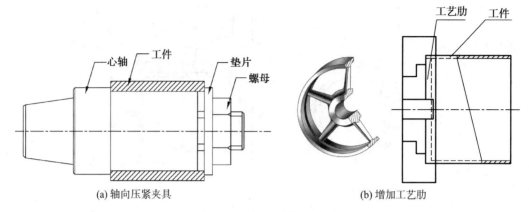

图 8.33　轴向压紧与工艺肋

（a）轴向压紧夹具　　　　　　　　　（b）增加工艺肋

⑥ 浇注充分的切削液。使用冷却性能较好的切削液,可降低切削温度,减少工件热变形,这是一种防止和减少薄壁工件变形的有效方法。

（3）薄壁工件车削用量的选择

薄壁工件的特点是刚性差、易变形,应适当减少切削用量。一般按照中速、小吃刀和快进给的原则来选择(见表 8.13)。

表 8.13　车薄壁件的切削用量选择

加工性质	切削速度 v_c/(m/min)	进给量 f/(mm/min)	背吃刀量 a_p/mm
粗车	70～80	0.6～0.8	1
精车	100～120	0.15～0.25	0.3～0.5

任务实施

1. 准备工作

车削薄壁工件的工作准备见表 8.14。

表 8.14　车薄壁件的准备事项

准备事项	准备内容
材料	45 钢,可选直径尺寸为 ϕ45 mm 的棒料,长度大于 40 mm
设备	CA6140A 车床(三爪自定心卡盘)
刀具	45°车刀,90°车刀,ϕ36 mm×45 mm 内孔车刀,ϕ36 mm 麻花钻,中心钻
量具	游标卡尺 0.02 mm/(0～200 mm),外径千分尺 0.01 mm/(25～50 mm),百分表 0.01 mm/(0～10 mm)及磁力表座,内径百分表 0.01 mm/(35～50 mm),钢直尺(0～150 mm),游标深度尺 0.02 mm/(0～200 mm),90°角尺
工、辅具	铜棒,变径钻套,开缝套筒(ϕ42 mm),常用工具等

2. 操作步骤

车削工序一　三爪自定心卡盘装夹毛坯,使伸出长度约为 50 mm,具体操作见表 8.15。

表 8.15　车削工序一的工步内容

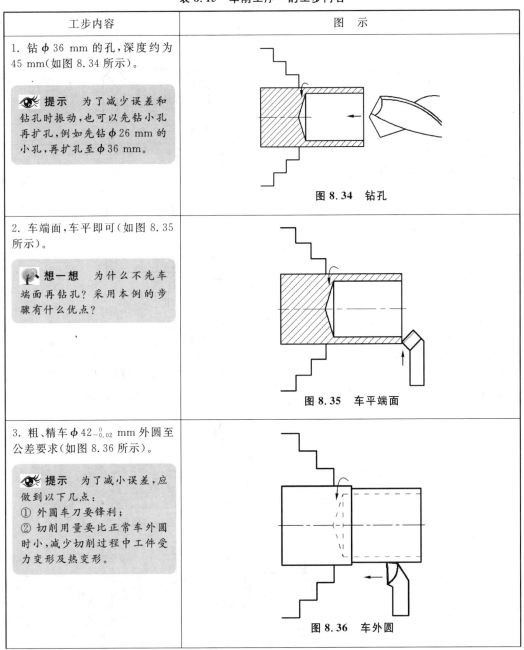

工步内容	图　示
1. 钻 ϕ 36 mm 的孔,深度约为 45 mm(如图 8.34 所示)。 ⊙ 提示　为了减少误差和钻孔时振动,也可以先钻小孔再扩孔,例如先钻 ϕ 26 mm 的小孔,再扩孔至 ϕ 36 mm。	图 8.34　钻孔
2. 车端面,车平即可(如图 8.35 所示)。 想一想　为什么不先车端面再钻孔?采用本例的步骤有什么优点?	图 8.35　车平端面
3. 粗、精车 ϕ 42$_{-0.02}^{0}$ mm 外圆至公差要求(如图 8.36 所示)。 ⊙ 提示　为了减小误差,应做到以下几点: ① 外圆车刀要锋利; ② 切削用量要比正常车外圆时小,减少切削过程中工件受力变形及热变形。	图 8.36　车外圆

工步内容	图　示
4. 倒角 C0.5 mm(如图 8.37 所示)。	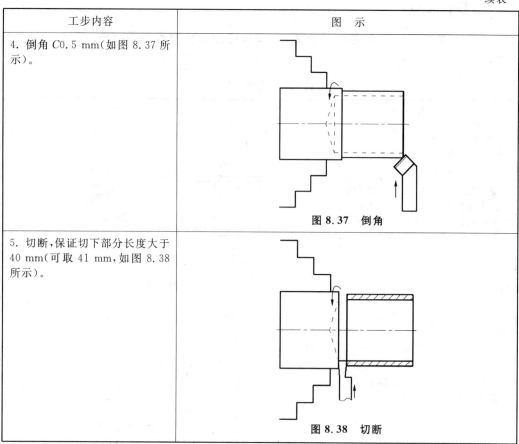
5. 切断,保证切下部分长度大于 40 mm(可取 41 mm,如图 8.38 所示)。	

图 8.37　倒角

图 8.38　切断

车削工序二　选择切下部分,垫开缝套筒装夹 $\phi 42_{-0.02}^{0}$ mm 外圆约 30 mm,使切断端面朝外,找正 $\phi 42_{-0.02}^{0}$ mm 外圆素线(如图 8.39 所示)。操作内容见表 8.16。

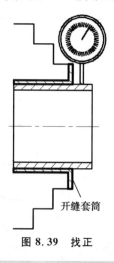

开缝套筒

图 8.39　找正

提示　装夹时夹紧力要适中,过紧会使工件变形,过松又易造成事故。

表 8.16　车削工序二的工步内容

工步内容	图　示
1. 精车端面,保证总长及垂直度（如图 8.40 所示）。	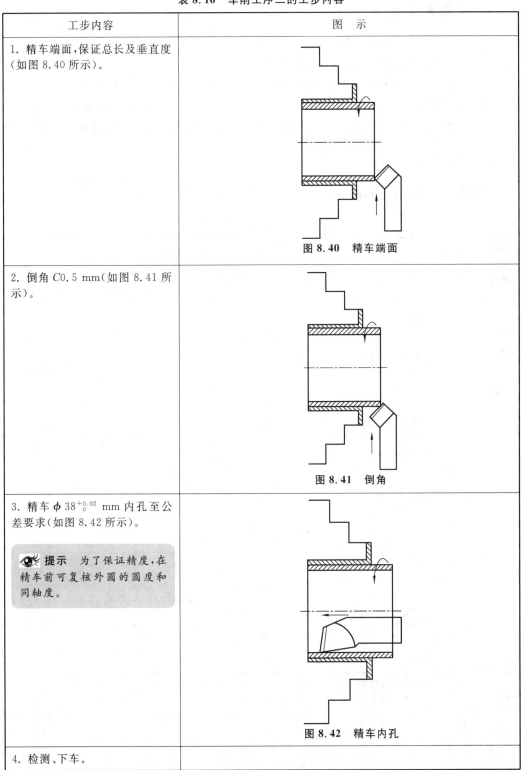 图 8.40　精车端面
2. 倒角 C0.5 mm（如图 8.41 所示）。	图 8.41　倒角
3. 精车 $\phi 38^{+0.02}_{0}$ mm 内孔至公差要求（如图 8.42 所示）。 提示　为了保证精度,在精车前可复核外圆的圆度和同轴度。	图 8.42　精车内孔
4. 检测、下车。	

3. 注意事项

① 为防止变形和振动,使用开缝套筒装夹。

② 刀具要锋利,必要时充分冷却防止热变形。

③ 工件在夹具中装夹加工会出现多种误差。如定位误差,夹具制造及安装误差,工艺系统在车削中变形、磨损和操作等产生的加工误差,各种误差之和必须小于或等于工件的公差 δ_a,即 $\Delta_{定}+\Delta_{制}+\Delta_{安}+\Delta_{工}\leqslant\delta_a$,这个不等式是夹具设计及应用中必须遵守的原则。

4. 检测评价

按照图样要求,逐项检测质量,并参照表 8.17 评价及反馈。

表 8.17　质量检测评分反馈表

零件:					姓名:		成绩:		
项目	序号	考核内容和要求	配分	评分标准		学生自测		教师评测	
						自测	得分	检测	得分
外圆	1	$\phi 42_{-0.02}^{0}$ mm	10	每超差 0.01 mm 扣 1 分;超差 0.03 mm 以上不得分					
内孔	2	$\phi 38_{0}^{+0.02}$ mm	10						
长度	3	40 ± 0.04 mm	10	超差不得分					
其他	4	⟋ | 0.02	8	超差不得分					
	5	// | 0.025	8	超差不得分					
	6	◎ | ϕ 0.03 | A	8	超差不得分					
	7	⊥ | 0.025 | A	8	超差不得分					
	8	C0.5 mm(4 处)	4×3	超差不得分					
	9	Ra1.6 μm	10	超差不得分					
	10	Ra3.2 μm	6	超差不得分					
安全文明生产	11	无违章操作	10	否则扣 5~10 分					
	12	无撞刀及其他事故		否则扣 5~10 分					
	13	机床清洁保养		否则扣 5~10 分					
需改进的地方									
教师评语									
学生签名				小组长签名					
日期				教师签名					

5. 废品原因与预防措施

车薄壁件时产生废品的原因与预防措施见表8.18。

表8.18 车薄壁件的废品原因及防止措施

废品表现	产生原因	预防措施
工件变形,表面粗糙	① 因工件壁薄,受夹紧力及切削力作用而变形。 ② 因工件薄,受切削热影响导致变形。 ③ 在切削力作用下,容易产生振动。 ④ 残留应力导致工件变形。	① 工件分粗、精加工。粗车时夹紧些,精车时夹松一些。 ② 选用合理刀具几何参数。 ③ 增加装夹接触面积。 ④ 应用轴向夹紧。 ⑤ 加注切削液,减少切削热影响。 ⑥ 增加工艺肋。

 任务巩固

试编制图8.43所示图样的加工工艺,并实际操作检验一下工艺的可行性。

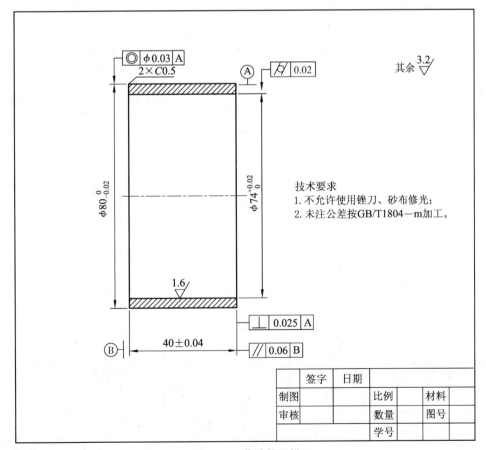

图8.43 薄壁件图样

1. 参考加工步骤

车削工序一　三爪卡盘装夹毛坯外圆,装夹毛坯伸出长度约为 50 mm。

① 钻 $\phi 72$ mm 的孔,深度约为 45 mm。

② 车端面,车平即可。

③ 粗、精车 $\phi 80_{-0.02}^{0}$ mm 外圆至公差要求。

④ 倒角 C0.5 mm。

⑤ 切断,保证切下部分长度大于 40 mm(可取 41 mm)。

车削工序二　调头垫开缝套筒装夹 $\phi 80_{-0.02}^{0}$ mm 外圆约 30 mm,找正外圆。

① 精车端面,保证总长及垂直度。

② 倒角 C0.5 mm。

③ 粗、精车 $\phi 74_{0}^{+0.02}$ mm 内孔至公差要求。

④ 检测、下车。

2. 评价反馈

按照图样要求,逐项检测质量,并参照表 8.19 评价及反馈。

表 8.19　质量检测评分反馈表

零件:				姓名:	成绩:			
项目	序号	考核内容和要求	配分	评分标准	学生自测		教师评测	
					自测	得分	检测	得分
外圆	1	$\phi 80_{-0.02}^{0}$ mm	10	每超差 0.01 mm 扣 1 分;超差 0.03 mm 以上不得分				
内孔	2	$\phi 74_{0}^{+0.02}$ mm	10					
长度	3	40 ± 0.04 mm	10	超差不得分				
其他	4	⌒ | 0.02	8	超差不得分				
	5	∥ | 0.025	8	超差不得分				
	6	◎ | $\phi 0.03$ | A	8	超差不得分				
	7	⊥ | 0.025 | A	8	超差不得分				
	8	C0.5 mm(4 处)	4×3	超差不得分				
	9	Ra1.6 μm	10	超差不得分				
	10	Ra3.2 μm	6	超差不得分				

续表

项目	序号	考核内容和要求	配分	评分标准	学生自测		教师评测	
					自测	得分	检测	得分
安全文明生产	11	无违章操作	10	否则扣5~10分				
	12	无撞刀及其他事故		否则扣5~10分				
	13	机床清洁保养		否则扣5~10分				
需改进的地方								
教师评语								
学生签名				小组长签名				
日期				教师签名				

知识拓展

——细长轴的车削

（1）细长轴的加工特点

① 在车削过程中工件受热伸长易产生变形,甚至会使工件卡死在顶尖而无法加工。

② 工件受切削力产生弯曲,易引起振动,影响精度和表面粗糙度(如图 8.44 所示)。

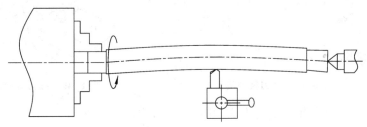

图 8.44　顶弯工件

③ 工件本身的自重、变形、振动,影响工件圆柱度和粗糙度。

④ 工件高速旋转时,受离心力作用,这加剧工件弯曲与振动,因此,切削速度不能过高。

（2）细长轴的装夹方法

① 用中心架支承细长轴装夹加工如图 8.45 所示,可用两种方式加工。

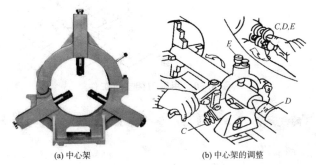

(a) 中心架   (b) 中心架的调整

图 8.45　中心架及其调整方法

中心架直接支承在工件中间的方法如图 8.46 所示。

用过渡套筒支承细长轴的车削方法如图 8.47 所示。

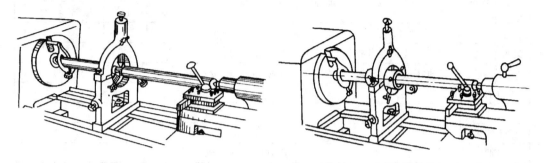

图 8.46　用中心架直接支承细长轴　　　　　图 8.47　用过渡套筒支承细长轴

② 用跟刀架支承细长轴的装夹方法见图 8.48~8.50 所示。图 8.48 所示是跟刀架的类型,跟刀架的调整方法如图 8.49 所示。

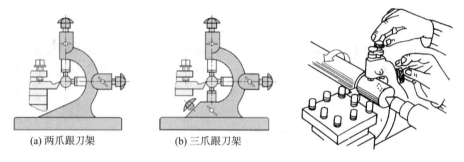

(a) 两爪跟刀架　　　　　　(b) 三爪跟刀架

图 8.48　跟刀架的类型　　　　　图 8.49　跟刀架的调整

用跟刀架支承细长轴的装夹方法如图 8.50 所示。

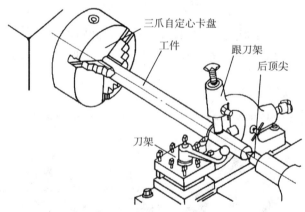

图 8.50　用跟刀架支承工件

👁 **提示**　跟刀架的支承爪跟工件的接触压力不宜过大,如果压力过大,会把工件车成"竹节形"。

（3）车削细长轴时的热变形伸长量控制

细长轴车削加工时工件热变形伸长量 ΔL 可按下式计算：

$$\Delta L = \alpha_1 L \Delta t,$$

式中：α_1——热膨胀系数，$1/℃$；

　　L——工件的总长，mm；

　　Δt——工件升高的温度，℃。

减少车削细长轴热变形伸长量的措施如下：

① 使用弹性回转顶尖来补偿工件热变形伸长（如图 8.51 所示）；

② 加注充分的切削液；

③ 刀具应经常保持锐利状态；

④ 采用乳化液做切削液；

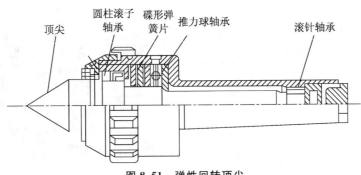

图 8.51　弹性回转顶尖

加油站

　　在车削加工中，有时会碰到一些外形不规则的工件，如轴承座、支撑座等，不能直接在卡盘上装夹，这时可采用在花盘、角铁上装夹的方法。

项目九

车削技术基础

9

卧式车床

　　本项目围绕车床的基础知识、量具的使用和维护,以及生产工艺知识三部分内容,讲解车床的使用及维护、车床的命名方式,安全文明生产,量具的使用、保养和维护,图纸的识读与工艺编制。

任务一　车床的使用与维护

◎ **知识目标**：了解车床的种类、典型车床的结构；安全文明生产常识认知；掌握 CA6140A 车床的操作。

◎ **技能目标**：了解常见车床的类型；认识 CA6140A 车床的结构及功用；掌握车床基本操作技能；牢记安全文明操作规范。

◎ **素养目标**：培养分析问题、解决问题的能力，养成团队协作互助的习惯。

知识拓展

——车床的种类

1. 常见车床类型

车床按照主轴形式可分为卧式车床和立式车床。

（1）卧式车床

一般地，将主轴与水平面平行的车床称为卧式车床，如图 9.1 所示。卧式车床加工范围广，能加工工件的外圆、端面、内孔、沟槽和螺纹等表面，主要由手工操作，适用于单件、小批生产和零件修配。

图 9.1　普通卧式车床

（2）立式车床

一般地，将主轴与水平面垂直的车床称为立式车床，根据垂直刀架的个数可分为单柱和双柱两种形式，如图 9.2 所示。工件装夹在水平的回转工作台上，刀架在横梁或立柱上移动，主要用于直径大、长度短的大型、重型工件和不易在卧式车床上装夹的零件的加工。

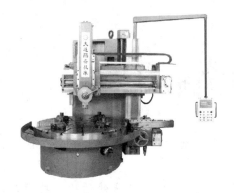
(a) 单柱式立式车床

(b) 双柱式立式车床

图 9.2　立式车床

2. 其他车床简介

（1）马鞍车床

马鞍车床将卧式车床靠近主轴箱一端的导轨改成马鞍状的可装卸导轨（如图 9.3 所示）。当卸去马鞍导轨时，可扩大工件的直径加工范围。但由于经常装卸马鞍导轨，机床的刚性和加工精度会有所降低，所以这种机床适用于设备较少、单件小批量生产的小工厂及修理车间。

图 9.3　马鞍车床

（2）转塔车床

转塔车床在卧式车床的基础之上，去掉了尾座和丝杠，并在床身尾座位置装有转塔式刀架，能同时装多把刀具，在工件的一次装夹中完成多道工序，如图 9.4 所示，适用于复杂零件，特别是有内孔和内螺纹，需要频繁换刀、对刀、移动尾座、试切、测量等的成批零件生产。

（3）仿形车床

仿形车床能仿照样板或样件的形状尺寸，自动完成工件的加工循环，适用于

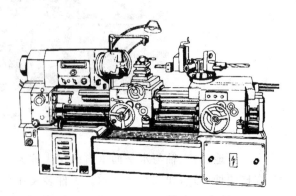

图 9.4　转塔车床

形状较复杂的工件的小批和成批生产,生产率比普通车床高 10～15 倍,如图 9.5 所示,仿形车床有多刀架、多轴、卡盘式、立式等多种类型。

图 9.5 仿形车床

 加油站 目前市场上很多木工仿形车床,用于车削曲线楼梯扶手等,应用广泛。

（4）半自动车床

半自动车床主要有单轴、多轴、卧式和立式形式,主要用于盘类、环类和轴类工件的加工,其生产效率比普通车床高 3～5 倍,主要适用于复杂小零件的成批加工,如图 9.6 所示。

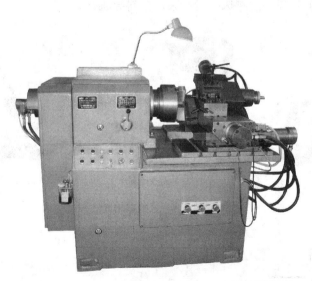

图 9.6 液压多刀半自动车床

（5）自动车床

自动车床是通过凸轮来控制加工程序的自动加工机床。这种机床具有高性能、高精度、低噪音等特点,其基本特点是经过一定的设置与调整后,可以长时间重复加工一批同样的工件,适用于大批量生产,如图 9.7 所示。

图 9.7　自动车床

(6)数控车床

数控车床是一种通过数字信息控制,使刀具按照指定的轨迹进行车削加工的机电一体化设备,如图 9.8 所示。

数控车床按照主轴形式可分为卧式和立式两大类。卧式车床又有水平导轨和倾斜导轨两种,档次较高的数控卧式车床一般都采用倾斜导轨。

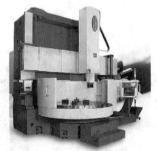

(a)卧式数控车床　　(b)单柱式立式数控车床　　(c)双柱式立式数控车床

图 9.8　数控车床

任务分析

——车床的组成及传动

1. 机床型号的编制方式

我国按 GB/T15375—2008《金属切削机床型号编制方法》对机床进行型号编制。型号由基本部分和辅助部分组成,中间用"/"隔开,读作"之"。前者需统一管理,后者纳入型号与否由企业自定。型号构成如图 9.9 所示。

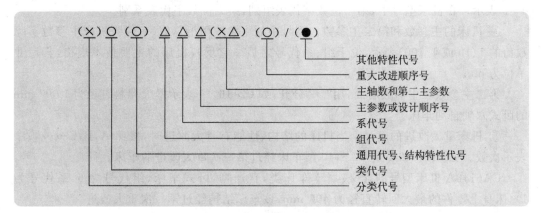

图 9.9 金属切削机床的型号

在图 9.9 中,△表示数字;○表示大写汉语拼音;括号中为可选项,若无内容时不表示,有内容时则不带括号;●表示大写汉语拼音字母或阿拉伯数字,或两者兼有之。

① 机床的类代号用大写的汉语拼音字母表示。机床按其工作原理可分为 11 大类(见表 9.1),如有分类则在其类代号前加数字表示,例如第二分类磨床则在 M 前加"2",即 2M。

表 9.1 机床类代号和分类代号

类别	代号	类别	代号
车床	C	螺纹加工机床	S
钻床	Z	铣床	X
镗床	T	刨插床	B
磨床	M	拉床	L
	2M	锯床	G
	3M	其他机床	Q
齿轮加工机床	Y		

② 机床的通用特性代号。当某类型机床除了普通型外,还具有表 9.2 所列的通用特性时,则在类代号之后,用大写的汉语拼音予以表示。例如精密车床,则在"C"后面加"M"。

表 9.2 机床通用特性代号

通用特性	代号	通用特性	代号
高精度	G	仿形	F
精密	M	轻型	Q
自动	Z	加重型	C
半自动	B	柔性加工单元	R
数控	K	数显	X
加工中心(自动换刀)	H	高速	S

③ 机床的组、系代号。每类机床按其结构、性能和用途等分为若干组,如车床分 10 组,用数字 0~9 表示。每一组又分为若干系,如"落地及卧式车床组"有 6 个系,用数字 0~5 表示。在机床型号中,第一位数字代表组别,第二位数字代表系别。

④ 机床的主参数和第二主参数。型号中的主参数用折算值(一般为机床主参数实际数值的 1/10 或 1/100)表示,位于组、系代号之后。它反映机床的主要技术规格,其尺寸单位为 mm。

第二主参数在主参数后面,用"×"分开,如 C2116×6 表示最大棒料直径为 1 600 mm 的卧式六轴自动车床。

⑤ 机床重大改进的序号。当机床的结构、性能有重大改进时,按照 A,B,C……顺序表示次数。如 CA6140A 是 CA6140 型车床经过第一次重大改进的车床。

CA6140A 机床型号的含义:属于车床类,普通型,卧式车床(组代号为 6、系代号为 1),床身上零件的最大回转直径为 400 mm,该车床结构经过第一次重大改进。

对于以前生产的老型号机床,仍按 1959 年前公布的机床型号编制办法编定,型号不再改变。例如 C616-1 机床型号的含义:属于车床类,卧式车床(组代号为 6,以前没有系代号),主轴中心到床面垂直高为 160 mm,该车床结构经过第一次重大改进。

2. CA6140A 车床组成及功用

CA6140A 车床的主要结构如图 9.10 所示。

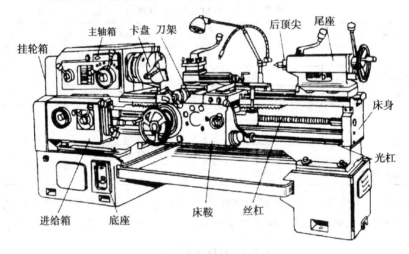

图 9.10 CA6140A 型卧式车床

(1) 车头部分

CA6140A 机床车头部分如图 9.11 所示,主要包括主轴箱和卡盘。

① 主轴箱:用来通过车床主轴及卡盘带动工件作旋转运动。箱内有多组齿轮变速机构,变换箱外手柄的位置,可以使主轴得到各种不同的转速。

② 卡盘:用来夹持工件,带动工件一起旋转。

（2）挂轮箱部分

挂轮箱用来把主轴的旋转运动传送给进给箱。变换箱内的齿轮,并与进给箱及长丝杠配合,可以车削各种不同规格的螺纹,如图 9.12 所示。

图 9.11　车头部分

图 9.12　挂轮箱

（3）进给部分

① 进给箱:利用它内部的齿轮传动机构,可以把主轴传递的动力传给光杠或丝杠。按照铭牌表变换箱外手柄的位置,可以使光杠或丝杠得到各种不同的传动速度,如图 9.13 所示。

② 光杠:用来传递进给箱的旋转运动,带动床鞍、中滑板,使车刀作纵向或横向的进给运动,如图 9.14 所示。

图 9.13　进给箱

图 9.14　光杠

③ 丝杠:用来车螺纹,它能使滑板和车刀按要求的速比作精确的直线运动,如图 9.15 所示。

（4）溜板部分

① 溜板箱:变换箱外手柄的位置,在光杠或丝杠的传动下,可使车刀按要求方向和进给量作进给运动,如图 9.16 所示。

图 9.15　丝杠

图 9.16　溜板箱

② 滑板:分床鞍(大滑板)、中滑板、小滑板三种。床鞍作纵向移动,中滑板作横向移动,小滑板通常作纵向移动或车削角度工件。

③ 刀架:用来装夹刀具,如图 9.17 所示。

(5) 尾座

尾座用来安装顶尖,支顶较长的工件,它还可以装钻头、铰刀、丝锥架等刀具和工具,加工带孔的工件,如图 9.18 所示。

图 9.17　刀架

图 9.18　尾座

(6) 床身

床身用来支持和安装车床的各个部件。床身上面有两条平行的精密的导轨,床鞍和尾座可沿着导轨面移动。

(7) 附件

① 中心架:车削较长工件时,用来支承工件。

② 冷却系统:用来浇注切削液,起冷却润滑作用。

③ 照明系统:用于机床照明,采用 24 V 直流供电,以确保安全(安全电压≤36 V DC)。

3. 车床传动系统简介

电动机输出的动力,经皮带传给主轴箱带动主轴、卡盘和工件作旋转运动,形成车削的主运动,如图 9.19 所示。此外,主轴的旋转还通过挂轮箱带动进给箱,经丝杠或光杠传递到溜板箱,带动滑板、刀架沿导轨作直线运动,形成车削的进给运动。

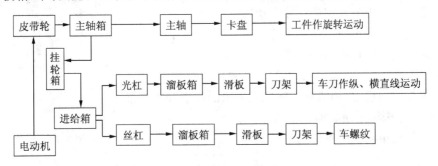

图 9.19 CA6140A 车床传动系统传动示意图

4. 安全文明生产

安全与文明生产是工厂管理的一项十分重要的内容,直接影响着产品质量的好坏,影响设备和工、夹、量具的使用寿命,影响操作工人技能的发挥。所以作为职业学校的学生、工厂后备技术力量,从开始学习基本操作技能时,就要重视养成文明生产的良好习惯。

(1) 安全操作规程

① 操作时必须穿工作服,戴袖套和防护眼镜,女同志要戴安全帽(如图 9.20 所示)。

② 操作时不准戴手套(如图 9.21 所示)。

图 9.20 正确着装

图 9.21 严禁戴手套

③ 操作时必须集中精力,车床开动时不得离开车床或做与操作无关的事,更不允许在车床周围说笑、打闹。

④ 操作时不得倚靠在车床上操作(图 9.22)。

⑤ 装夹刀具和工件必须牢固。

⑥ 卡盘扳手用完后必须随手取下,以防飞出伤人。

⑦ 不能用手来刹住正在旋转的卡盘和齿轮、丝杠等。

⑧ 不可用手触摸转动着的卡盘或工件表面。

⑨ 在切削工件期间不要清理切屑。

⑩ 清除切屑要用钩子和刷子,不可用手直接清除。

⑪ 车床主轴未停稳时,不能用精密量具测量工件。

⑫ 安装或卸下刀具都应在停车状态下进行。

⑬ 一定要在停车状态下调整冷却液的喷嘴。

⑭ 未经允许不得动用任何车床。

⑮ 不要随便拆装车床上的电气设备和其他附件。

⑯ 工作完毕后,必须清除车床及其周围的铁屑和冷却液,并用棉纱将车床擦干净后加上机油。

⑰ 工作结束后关掉车床总电源。

图 9.22 请勿倚靠

 加油站

搞好安全生产,可以改善劳动条件,可以调动工人的生产积极性;可以减少人员伤亡机会,可以减少劳动力的损失;可以减少财产损失,增加企业效益,所以安全生产至关重要。

(2)文明生产

① 工作服、鞋、帽等应经常保持整洁。

② 图样、工艺卡片安放位置应便于阅读,并注意保持清洁和完整。

③ 工具、刃具和量具都要按现代工厂对定置管理的要求,做到分类定置和分格存放。使用时要求做到重的放下面,轻的放上面;不常用的放里面,常用的放在随手可取的方便处。应按工具箱内的定置图示位置存放,每班工作结束应整理清点一次。

④ 精加工零件应用工位器具存放,使加工面隔开,以防止相互磕碰而损伤表面。精加工表面完工后,应适当涂油以防锈蚀。

 加油站

文明生产可以把人、机、环境有效地协调统一起来,通过文明生产提高职工队伍素质,树立职工新风尚、企业的新形象,增强企业的核心竞争力。

任务实施

——CA6140A 车床的操作

1. 车床的启动操作

① 检查车床各变速手柄是否处于空档位置,离合器是否处于正确位置,操纵杆是否处于停止状态,确认无误后,合上车床电源总开关。

② 按下床鞍上的绿色启动按扭,电动机启动。

③ 向上提起溜板箱右侧的操纵杆手柄,主轴正转;操纵杆手柄回到中间位置,主轴停止转动;操纵杆向下压,主轴反转。

④ 主轴正反转的转换要在主轴停止转动后进行,避免因连续转换操作使瞬间电流过大而发生电器故障或因旋转惯性而打伤主轴齿轮。

⑤ 按下床鞍上的红色停止按钮,电动机停止工作。

2. 主轴箱的变速操作

① 主轴变速:通过改变主轴箱正面右侧的 2 个叠套手柄的位置来控制主轴转速。前面的手柄有 6 组挡位,每组有 4 级转速,由后面的手柄控制,所以主轴共有 24 级转速,如图 9.23a 所示。

② 螺纹旋向变换:主轴箱正面左侧的手柄用于螺纹的左右旋向变换和加大螺距,共有 4 个挡位,即左旋螺纹、右旋螺纹、左旋加大螺距螺纹和右旋加大螺距螺纹,其挡位如图 9.23b 所示。

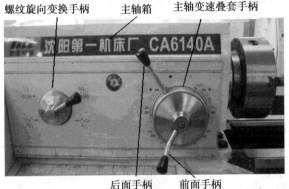
(a) 车床主轴箱变速操作手柄

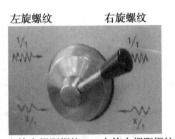
(b) 螺纹旋向变换手柄

图 9.23　主轴箱的操作手柄示意图

3. 进给箱的变速操作

CA6140A 型车床上进给箱正面左侧有一个手轮,手轮有 8 个挡位,右侧有前、后叠装的 2 个手柄,前面的手柄是丝杠、光杠变换手柄,后面的手柄有 Ⅰ、Ⅱ、Ⅲ、Ⅳ 共 4 个挡位,与手轮配合,用以调整螺距或进给量。根据加工要求调整所需螺距或进给量时,可通过查找进给箱油池盖上的调配表来确定手轮和手柄的具体位置,其手柄如图 9.24 所示。

图 9.24　进给箱的操作手柄

4. 溜板箱的操作

溜板箱部分实现车削时绝大部分的进给运动:床鞍及溜板箱作纵向移动,中滑板作横向移动,小滑板可作纵向或斜向移动。进给运动有手动进给和自动进给两种方式(小滑板只能手动进给),如图 9.25 所示。

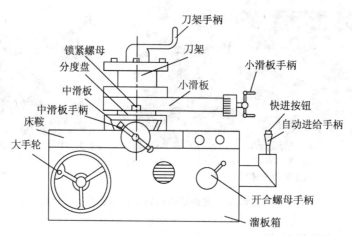

图 9.25　溜板的结构示意图

(1)溜板箱部分的手动操作

① 床鞍及溜板箱的纵向移动由溜板箱正面左侧的大手轮控制。顺时针方向转动大手轮时,床鞍向右运动;逆时针方向转动大手轮时,向左运动。大手轮轴上的刻度盘圆周等分为 300 格,刻度盘每转过 1 格,纵向移动 1 mm。

② 中滑板的横向移动由中滑板手柄控制。顺时针方向转动手柄时,中滑板向前运动(即横向进刀);逆时针方向转动手轮时,中滑板向操作者方向运动(即横向退刀)。手轮轴上的刻度盘圆周等分为 100 格,刻度盘每转过 1 格,横向移动 0.05 mm。但必须注意,工件直径尺寸的变化量是横向移动量的两倍。

③ 小滑板在小滑板手柄控制下可作短距离的纵向或斜向移动。小滑板手柄顺时针方向转动时,小滑板向左运动;逆时针方向转动手柄时,小滑板向右运动。小滑板手轮轴

上的刻度盘圆周等分为 100 格,刻度盘每转过 1 格,纵向或斜向移动 0.05 mm。小滑板的分度盘在刀架需斜向进给车削短圆锥体时,可顺时针或逆时针地在 90°范围内偏转所需角度,调整时,先松开锁紧螺母,转动小滑板至所需角度位置后,再锁紧螺母将小滑板固定。

(2) 溜板部分的自动进给操作练习

① CA6140A 型车床的纵、横向自动进给和快速移动采用单手柄操纵。自动进给手柄在溜板箱右侧,可沿十字槽纵、横向扳动,手柄扳动方向与刀架运动方向一致,操作简单、方便。手柄在十字槽中央位置时,自动进给停止(手动进给启动)。在自动进给手柄顶部有一黑色的快进按钮,按下此钮,快速电动机工作,床鞍或中滑板便按照手柄扳动方向作纵向或横向快速移动,松开按钮,快速电动机停止转动,快速移动中止。

② 溜板箱正面右侧有一开合螺母操作手柄,用于控制溜板箱与丝杠之间的运动联系。车削非螺纹表面时,开合螺母手柄位于上方;车削螺纹时,顺时针方向扳下开合螺母手柄,使开合螺母闭合并与丝杠啮合,将丝杠的运动传递给溜板箱,使溜板箱、床鞍按预定的螺距作纵向进给。车完螺纹应立即将开合螺母手柄扳回到原位。

(3) 消除刻度盘的机械间隙

在车削工件时,为了正确和迅速地控制阶台长度、切削深度等尺寸,通常利用床鞍(大滑板)、中滑板和小滑板的刻度盘,将距离换算成应转过的刻度格数。

由于丝杠和螺母之间配合往往存在间隙,因此使用刻度盘时会产生空行程(即刻度盘转动而滑板未移动)。所以使用刻度盘进给超过格数时,必须向相反方向退回全部空行程,然后再转至需要的格数,而不能直接退回至需要的格数。

5. CA6140A 尾座操作

尾座的结构如图 9.26 所示。

① 沿床身导轨纵向手动方式移动尾座至合适的位置,逆时针方向扳动尾座固定手柄,将尾座固定。注意移动尾座时用力不要过大。

② 逆时针方向移动套筒固定手柄,摇动手轮,使套筒作进、退移动。顺时针方向转动套筒固定手柄,将套筒固定在选定的位置。

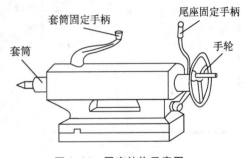

图 9.26　尾座结构示意图

③ 擦净套筒内孔和顶尖锥柄,安装后顶尖;松开套筒固定手柄,摇动手轮使套筒退出后顶尖。

6. 安全注意事项

① 严格遵守车工安全操作规程。

② 通电前检查机床各部分位置是否正确。

③ 操作时要集中注意力,以防刀具与工件或夹头、滑板与卡爪等碰撞。

④ 变换主轴转速时应先停车,后变速。

⑤ 车削过程中出现异响,要停车检查。

7. 车床的日常保养

车床的日常保养工作要求见表9.3。

表 9.3　普通车床的维护内容

日常保养内容和要求	定期保养的内容	
	保养部位	保养要求
1. 班前 ① 擦净机床各部分外露导轨及滑动面。 ② 按规定润滑各部位,油质油量符合要求。 ③ 检查各手柄位置。 ④ 空车试运转几分钟。	外表	① 清洗机床外表及死角,拆洗各罩盖,要求内外清洁,无锈蚀、无黄斑,漆见本色铁见光。 ② 清洗丝杠、光杠、齿条,清除油垢。 ③ 检查螺钉、手柄、手球有否缺损。
	床头箱	① 拆洗滤油器。 ② 检查主轴定位螺丝是否调整适当。 ③ 调整摩擦片间隙和刹车装置。 ④ 检查油质是否保持良好。
2. 班后 ① 将铁屑清扫干净。 ② 擦净机床各部位。 ③ 部件归位。 ④ 认真填写交接班记录及其他记录。	刀架及滑板	① 拆洗刀架、小滑板、中滑板部件。 ② 安装时调整好中滑板、小滑板的丝杠间隙和斜铁间隙。
	挂轮箱	① 拆洗挂轮及挂轮架,并检查轴套有无晃动现象。 ② 安装时调整好齿轮间隙,并注入新油。
	尾座	① 拆洗尾座各部。 ② 清除毛刺,检查丝杠、螺母间隙。 ③ 安装时要求达到灵活可靠。
	走刀箱及溜板箱	清洗油线、油毡,注入新油。
	润滑及冷却	① 清洗冷却泵、冷却槽。 ② 油质保持良好,油杯齐全,油窗明亮。 ③ 清洗油线、油毡,注入新油,要求油路畅通。
	电器箱	① 清扫电机及电器箱内外灰尘。 ② 检查擦拭电气元件及触点,要求完好可靠。 ③ 确保线路安全可靠。

任务巩固

——车床操作练习

（1）主轴变速操作练习

① 调整主轴转速分别为 18,450,1 600 r/min,确认后启动车床并观察转速情况。每次进行主轴转速调整前必须停车。

② 选择车削右旋螺纹和车削左旋加大螺距螺纹的手柄位置。

（2）进给箱变速操作练习

① 确定选择纵向进给量为 0.46 mm/r,横向进给量为 0.20 mm/r 时手轮和手柄位

置,并进行调整。

　　② 确定车削螺距分别为 1.0,1.5,2.0 mm 的普通螺纹时,进给箱上手轮和手柄位置,并进行调整。

　　(3) 滑板手动进给操作练习

　　① 摇动大手轮,使床鞍向左或向右作纵向移动;

　　用左手、右手分别摇动中滑板手柄,作横向进给和退出移动;

　　用双手交替摇动小滑板手柄,作纵向短距离的左、右移动。

　　要求做到操作熟练自如,床鞍、中滑板、小滑板的移动平稳、均匀。

　　② 用左手摇动大手轮,右手同时摇动中滑板手柄,纵、横向快速趋近和快速退出工件。

　　③ 利用大手轮刻度盘使床鞍纵向移动 250,324 mm;

　　利用中滑板手柄刻度盘,使刀架横向进刀 0.50,1.25 mm。

　　利用小滑板分度盘使小滑板纵向移动 5.0,5.8 mm,注意消除丝杠的间隙。

　　④ 利用小滑板分度盘扳转角度,使刀架可车削圆锥角 $\alpha = 30°$ 的圆锥体(小端在右端)。

　　(4) 滑板自动进给操作练习

　　① 用自动进给手柄作床鞍的纵向进给和中滑板的横向进给的自动进给练习。

　　② 用自动进给手柄和手柄顶部的快进按钮作纵向、横向的快速进给操作。

　　③ 操作进给箱上的丝杠、光杠变换手柄,使丝杠旋转,将溜板箱向右移动足够远的距离,扳下开合螺母,观察床鞍是否按选定螺距作纵向进给。扳下和抬起开合螺母的操作应果断有力,练习中体会手的感觉。

　　④ 左手操作中滑板手柄,右手操作开合螺母,两手配合动作练习每次车完螺纹时的横向退刀。

　　操作时要注意:当床鞍快速移动至离主轴箱或尾座距离不足而中滑板伸出床鞍足够远时,应立即松开快速按钮,停止快速进给,以避免床鞍撞坏主轴箱或尾座,避免因中滑板伸出太长而使燕尾导轨受损。

任务二　量具的使用与维护

　　◎ **知识目标**:认识钢直尺、游标卡尺、千分尺的测量原理,以及量表、量块的测量原理。

　　◎ **技能目标**:掌握钢直尺、游标卡尺、千分尺、量表的使用方法;能合理选择量具;了解量块的使用条件;学会量具的维护和保养。

　　◎ **素养目标**:养成一丝不苟和有耐心的习惯。

任务实施

——常用量具的种类及使用方法

1. 钢直尺及其使用方法

钢直尺是最简单的长度量具,按量程分 $0\sim150$ mm, $0\sim300$ mm, $0\sim500$ mm 和 $0\sim1\,000$ mm 四种规格。图 9.27 所示的是常用的 $0\sim150$ mm 钢直尺。

图 9.27 钢直尺

钢直尺的测量精度不高。这是由于钢直尺的刻线间距为 1 mm,而刻线本身的宽度就有 $0.1\sim0.2$ mm,所以测量时读数误差比较大,只能读出毫米数,即它的最小读数值为 1 mm。

钢直尺的使用方法如图 9.28 所示。

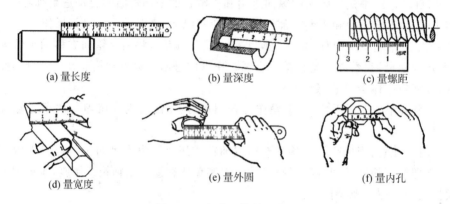

(a) 量长度   (b) 量深度   (c) 量螺距

(d) 量宽度   (e) 量外圆   (f) 量内孔

图 9.28 钢直尺的使用方法

2. 游标卡尺

游标卡尺是常用的中等精度量具,结构简单、使用方便,用于测量零件的外径、内径、长度、宽度、厚度、深度和孔距等,应用范围很广。

（1）游标卡尺样式及结构

游标卡尺的式样很多,按照测量精度的不同,有 0.1 mm（10 分度）,0.05 mm（20 分度）和 0.02 mm（50 分度）三种。图 9.29 所示的是 50 分度游标卡尺的结构。

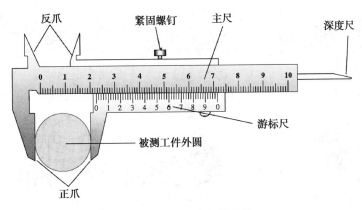

图 9.29　游标卡尺的结构

（2）游标卡尺测量原理

主尺上刻度线每一格为 1 mm，游标尺上刻度线总长为 49 mm，并等分为 50 格，因此每格为 49/50＝0.98 mm，则尺身和游标相对之差为 1－0.98＝0.02 mm，所以它的测量精度为 0.02 mm。

（3）游标卡尺的使用方法

① 游标卡尺读数方法：首先读出游标零线，在尺身上多少毫米的后面，其次看游标上哪一条刻线与尺身上的刻线相对齐，把尺身上的整毫米数和游标上的小数加起来，即为测量的尺寸读数。

例 9.1　用游标卡尺（游标尺上有 50 个等分刻度）测定某工件的外圆直径时，其示数如图 9.30 所示，此工件的直径为＿＿＿＿＿＿ mm。

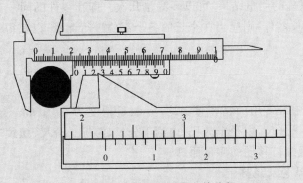

图 9.30　游标卡尺测量工件外径

👁 提示　测量时注意有标尺上面一小格是 0.02 mm。

② 游标卡尺的测量方法如图 9.31 所示。

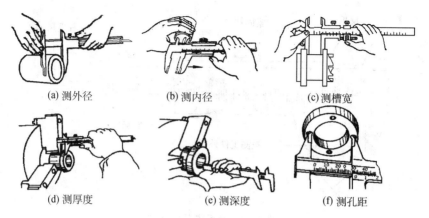

(a) 测外径　　(b) 测内径　　(c) 测槽宽

(d) 测厚度　　(e) 测深度　　(f) 测孔距

图 9.31　游标卡尺的测量方法

（4）游标卡尺的使用注意事项

① 测量前应把卡尺揩干净,检查卡尺的两个测量面和测量刃口是否平直无损,把两个量爪紧密贴合时,应无明显的间隙,同时游标和主尺的零位刻线要相互对准。这个过程称为校对游标卡尺的零位。

② 移动尺框时,活动要自如,不应有过松或过紧,更不能有晃动现象;用紧固螺钉固定尺框时,卡尺的读数不应有改变;在移动尺框时,不要忘记松开紧固螺钉,亦不宜过松以免掉落。

③ 用游标卡尺测量零件时,不允许过分地施加压力,所用压力应使两个量爪刚好接触零件表面。如果测量压力过大,不但会使量爪弯曲或磨损,且量爪在压力作用下产生弹性变形,使测量的尺寸不准确(即外尺寸读数小于实际尺寸,内尺寸读数大于实际尺寸)。

④ 为了获得正确的测量结果,可以多测量几次。即在零件的同一截面上的不同方向进行测量。对于较长零件,则应当在全长的各个部位进行测量,以获得一个比较正确的测量结果。

3. 千分尺

千分尺是生产中最常用的精密量具之一,测量精度为 0.01 mm。根据用途的不同,千分尺可分为外径千分尺、内径千分尺、内测千分尺、游标千分尺、螺纹千分尺和壁厚千分尺等,都是利用测微螺杆移动的测量原理。

（1）千分尺的结构及规格

千分尺主要由尺架、测砧、测微螺杆、锁紧螺钉、固定套管、微分筒、旋钮和测力装置等组成,如图 9.32 所示。测量范围有 $0\sim25,25\sim50,50\sim75,75\sim100$ mm……每隔 25 mm 为一挡规格。

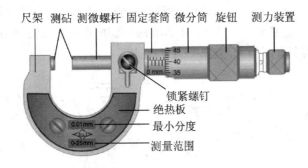

尺架 测砧 测微螺杆 固定套筒 微分筒 旋钮 测力装置

锁紧螺钉
绝热板
最小分度
测量范围

图 9.32 外径千分尺的结构

（2）千分尺的工作原理

千分尺是利用螺旋放大的原理制成的，即测微螺杆旋转一周，螺杆便沿着轴线方向移动一个螺距的距离。因此，沿轴线方向移动的微小距离，就能用圆周上的读数表示出来。千分尺测微螺杆的螺距为 0.5 mm，微分筒上有 50 个等分刻度，旋转一周，测微螺杆移动 0.5 mm，旋转每个小分度，相当于测微螺杆前进或后退 0.5/50＝0.01 mm。因此当微分筒转一格时（1/50 转），测微螺杆移动 0.5/50＝0.01 mm，所以常用的千分尺的测量精度为 0.01 mm。

由于还能再估读一位，可读到毫米的千分位，故名为千分尺。

（3）千分尺的使用方法

① 千分尺的读数方法

步骤一 先读出固定套管上露出刻线的整毫米数和半毫米数（注意与卡尺配合使用）；

步骤二 看准微分筒上那一格与固定套管基准线对齐，其格数乘以 0.01 mm，即得到尺寸毫米的小数值；

步骤三 把两个数加起来，即为被测工件的实际尺寸。

例 9.2 图 9.33 所示的为某次测量的结果，试读取其示数。

解 （a）的示数为_____ mm；（b）的示数为_____ mm。

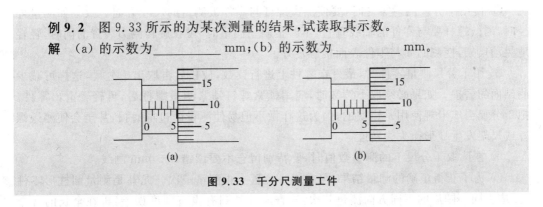

(a)   (b)

图 9.33 千分尺测量工件

② 千分尺的测量方法

千分尺的测量方法如图 9.34 所示。单手使用时，可用大拇指和食指或中指捏住活动套筒，小指勾住尺架并压向手掌上，大拇指和食指转动测力装置来测量；双手测量时，可按图 9.34b 所示的方法进行。

要注意避免错误的测量方法:比如为贪图快一点得出读数,握着微分筒来回转动(如图9.34c所示),这样会破坏千分尺的内部结构;又如用千分尺测量旋转的工件(如图9.34d所示),这很容易使千分尺磨损,而且测量也不准确。

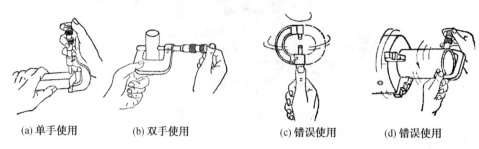

(a) 单手使用　　　　(b) 双手使用　　　　(c) 错误使用　　　　(d) 错误使用

图 9.34　外径千分尺的使用方法

(4) 千分尺的使用注意事项

① 测量前,必须校正零位,如果零位不准,可用专用扳手调整。

② 转动测力装置时,微分筒应能自由灵活地沿着固定套筒活动,否则应将千分尺送计量站检修。

③ 测量前,应把零件的被测量表面擦干净,以免有脏物存在而影响精度。绝对不允许用千分尺测量带有研磨剂的表面,以免损伤测砧面的精度。用千分尺测量表面粗糙的零件亦是错误的,这样易使测砧面磨损。

④ 测量时,应手指握测力装置的转帽来转动测微螺杆,使测砧表面保持标准的测量压力,即听到"吱吱"的声音,表示压力合适,可开始读数。要避免因测量压力不等而产生测量误差。

⑤ 绝对不允许用力旋转微分筒来增加测量压力,使测微螺杆过分压紧零件表面,致使精密螺纹因受力过大而发生变形,影响千分尺的精度。有时用力旋转微分筒后,虽可能对精密螺纹的损坏不严重,但是微分筒打滑后,百分尺的零位走动了,就会造成质量事故。

⑥ 使用千分尺测量零件时,要使测微螺杆与零件被测量的尺寸方向一致。如测量外径时,测微螺杆要与零件的轴线垂直,不要歪斜。测量时,可在旋转测力装置的同时,轻轻地晃动尺架,使测砧面与零件表面接触良好。

⑦ 用千分尺测量零件时,最好在零件上进行读数,放松后再取出千分尺,这样可减少测砧面的磨损。如果必须取下读数时,应用锁紧螺钉锁紧测微螺杆后,再轻轻滑出零件。把千分尺当成卡规使用是错误的,因为这样做不但易使测量面过早磨损,甚至会使测微螺杆或尺架发生变形而失去精度。

⑧ 在读取千分尺上的测量数值时,要特别留意不要读错 0.5 mm 测线。

⑨ 为了获得正确的测量结果,可在同一位置上再测量一次。尤其是测量圆柱形零件时,应在同一圆周的不同方向测量几次,检查零件外圆有没有圆度误差,再在全长的各个部位测量几次,检查零件外圆有没有圆柱度误差。

⑩ 对于非常温的工件,不要进行测量,以免产生读数误差。

4. 量表

量表是一种精度较高的比较量具,它只能测出相对数值,不能测出绝对值。主要用于校正零件的安装位置,检验零件的形状精度和相互位置精度,以及测量零件的内径等。百分表的精度值为 0.01 mm,千分表的读数精度比较高,为 0.001 mm。

（1）百分表的样式及结构

百分表测量范围(即测量杆的最大移动量)有0～3,0～5,0～10 mm 三种。百分表的各部分结构及名称如图 9.35 所示。表盘上刻有 100 个等分格,指针每转动一格为 0.01 mm,转数指示针(小指针)每转动一小格为 1 mm。测量杆是作直线移动的,可用来测量长度尺寸。

（2）百分表的测量原理

小指针的刻度范围为百分表的测量范围。刻度盘可以转动,供测量时大指针对零用。百分表的测量准确度为 0.01 mm,读数值为小指

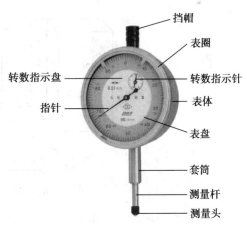

图 9.35　百分表的结构

针的毫米整数与表盘上的毫米小数之和。当测量杆向上或向下移动 1 mm 时,通过齿轮传动系统带动大指针转一圈,同时小指针转一格。

（3）百分表的使用

① 使用前,应检查测量杆活动的灵活性。即轻轻推动测量杆时,测量杆在套筒内的移动要灵活,没有任何"轧卡"现象,且每次放松后,指针能回复到原来的刻度位置。

② 使用百分表或千分表时,必须把它固定在可靠的夹持架上(如固定在万能表架或磁性表座上),夹持架要安放平稳,以免使测量结果不准确或摔坏百分表。

5. 量块

（1）量块的样式及结构

量块又称块,是用铬锰钢等特殊合金钢或线膨胀系数小、性质稳定、耐磨以及不易变形的其他材料制成的。其形状有长方体和圆柱体两种,常用的是长方体量块,如图 9.36 所示。它是国家尺寸标准的实物载体,是技术测量上长度计量的基准。量块是精密的尺寸标准件,不容易制造。

量块的精度(级)按国家标准 GB6093－85 要求制造,量块按制造精度分 6 级,即 00,0,1,2,3 和 K 级,其中 00 级精度最高,3 级最低,K 级为校准级,这主要根据量块长度极限偏差、测量面的平面度、粗糙度及量块的研合性能等指标来划分。

（2）量块的使用方法及注意事项

① 使用前,先用汽油清洗、洁净软布擦干,待量块温度与环境温度相同后方可使用。不要用棉纱头去擦量块的工作面,以免损伤量块的测量面。

② 不要直接用手接触清洗后的量块表面,以免汗液腐蚀量块以及手温影响测量精

度,应当用软绸衬起来拿。若必须用手拿量块时,应当把手洗干净,并且要拿在量块的非工作面上。

③ 把量块放在工作台上时,应使量块的非工作面与台面接触(图 9.36)。不要把量块放在蓝图上,防止各种腐蚀性物质及灰尘对测量面的损伤,影响其贴合性。

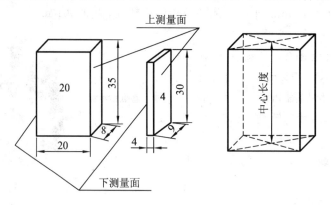

图 9.36　长方体量块放置

④ 不要使量块的工作面与非工作面进行推合,以免擦伤测量面。

⑤ 量块使用后,应及时用汽油清洗干净,软绸揩干后,涂上防锈油,放在专用的盒子里。若经常需要使用,可在洗净后不涂防锈油,放在干燥缸内保存。绝对不允许将量块长时间地贴合在一起,以免由于金属黏结而引起不必要损伤。

⑥ 量块必须在使用有效期内使用,否则应及时送专业部门检定。

⑦ 分清量块的"级"与"等",注意使用规则。

⑧ 轻拿、轻放量块,杜绝磕碰、跌落等情况的发生。

知识拓展

——量具的维护和保养

正确地使用精密量具是保证产品质量的重要条件之一。要保持量具的精度和它工作的可靠性,除了在使用中要按照合理的使用方法进行操作以外,还必须做好量具的维护和保养工作。

① 测量前应把量具的测量面和零件的被测量表面都要擦干净,以免因有脏物存在而影响测量精度。用精密量具(如游标卡尺、百分尺和百分表等),去测量锻铸件毛坯,或带有研磨剂(如金刚砂等)的表面是错误的,这样易使测量面很快磨损而失去精度。

② 量具在使用过程中,不要和工具、刀具(如锉刀、榔头、车刀和钻头等)堆放在一起,以免碰伤量具。也不要随便放在机床上,以免因机床振动而使量具掉下来损坏,尤其是游标卡尺等,应平放在专用盒子里,以免使尺身变形。

③ 量具是测量工具,绝对不能作为其他工具的代用品。例如拿游标卡尺划线、拿千分尺当小榔头、拿钢直尺当起子旋螺钉以及用钢直尺清理切屑等,这些方法都是错误的。也不能把量具当玩具耍,如把千分尺等拿在手中任意挥动或摇转等也是错误的,这都易使

量具失去精度。

④ 温度对测量结果影响很大,零件的精密测量一定要使零件和量具都在 20℃的情况下进行。一般测量可在室温下进行,但必须使工件与量具的温度一致,否则,由于金属材料的热胀冷缩的特性,使测量结果不准确。

⑤ 温度对量具精度的影响亦很大,量具不应放在阳光下或床头箱上,因为量具温度升高后,也量不出正确尺寸。更不要把精密量具放在热源(如电炉、热交换器等)附近,以免使量具受热变形而失去精度。

⑥ 不要把精密量具放在磁场附近,例如磨床的磁性工作台上,以免使量具感磁。

⑦ 发现精密量具有不正常现象时,如量具表面不平、有毛刺、有锈斑,以及刻度不准、尺身弯曲变形、活动不灵活等,使用者不应当自行拆修,更不允许自行用榔头敲、锉刀锉、砂布打光等粗糙办法修理,以免增大量具误差。发现上述情况,使用者应当主动报告指导教师,送交计量站检修,并经量具精度检定后再继续使用。

⑧ 量具使用后,应及时擦干净,除不锈钢量具或有保护镀层者外,金属表面应涂上一层防锈油,放在专用的盒子里,保存在干燥的地方,以免生锈。

⑨ 精密量具应实行定期检定和保养,长期使用的精密量具,要定期送计量站进行保养和精度检定,以免因量具的示值误差超差而造成产品质量事故。

任务三　图纸的识读与工艺编制

◎ **知识目标**:熟知零件图包含的元素、含义。

◎ **技能目标**:掌握零件图元素的识读方法;掌握零件的表达方法;明确工艺卡片的意义。

◎ **素养目标**:培养分析问题、解决问题的能力,养成团队协作、互助的习惯。

 任务分析

——识图

零件的加工源于图纸,图纸包含图形、数字、符号和文字等元素(如图 9.37 所示)。这种准确表达零件或机器的形状、大小和技术要求的图称为机械图样。

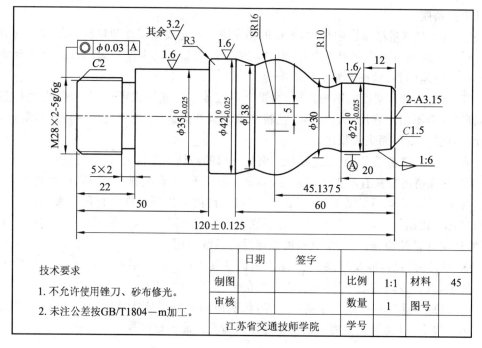

技术要求

1. 不允许使用锉刀、砂布修光。

2. 未注公差按GB/T1804—m加工。

	日期	签字				
制图			比例	1:1	材料	45
审核			数量	1	图号	
江苏省交通技师学院			学号			

图 9.37　输出轴图样

加油站

图纸是工程技术人员交流技术思想的重要工具,是生产过程中加工和检验的依据,被誉为"工程技术语言"。学会看图是每一个机加工人员上岗的必要条件。

1. 认识图纸

（1）图纸幅面及格式

国家标准（GB/T 14609.1－2008）规定图纸上图框必须用粗实线画出,其格式分为不留装订边和留有装订边两种,同一产品中所有图样均应采用同一种格式（如图 9.38 所示）。

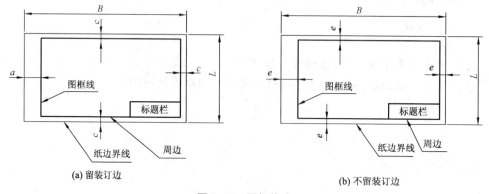

图 9.38　图框格式

图纸幅面的规定见表 9.4。

表 9.4　图纸基本幅面的尺寸

mm

幅面代号	A0	A1	A2	A3	A4
$B \times L$	841×1 189	594×841	420×594	297×420	210×297
e	20			10	
c	10			5	
a	25				

（2）标题栏

标题栏一般放置在图纸的右下角，标题栏中的文字方向与看图方向一致，按照国标规定格式如图 9.39a 所示。而在学生练习时则采用简化版，如图 9.39b 所示。

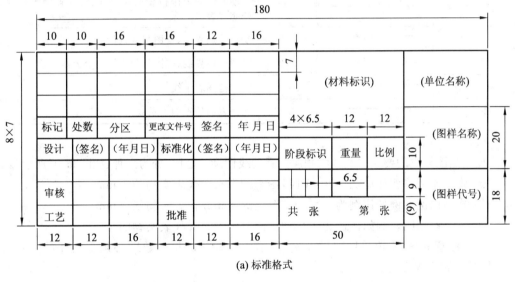

(a) 标准格式

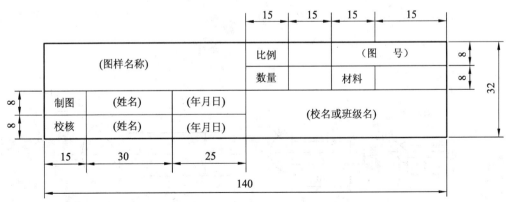

(b) 学生作业用简化格式

图 9.39　标题栏

2. 图纸元素

（1）图线

图线是构成视图的最基本的要素之一，机械图样中各种图线的名称、形式、代号、宽度以及在图上的一般应用见表9.5所示。

表 9.5　常用图线形式

名称	线型	线宽	应用范围
粗实线	———————	d	可见轮廓线
细虚线	- - - - - - - -	$d/2$	不可见轮廓线
细实线	———————	$d/2$	尺寸线、尺寸界线、剖面线、重合断面的轮廓线等
细点划线	—·—·—·—·—	$d/2$	轴线、对称中心线等
细双点划线	—··—··—··	$d/2$	可动零件的极限位置的轮廓线、相邻辅助零件的轮廓线等
波浪线	～～～～	$d/2$	断裂处边界线、视图与剖视的分界线
双折线	─〰─〰─	$d/2$	断裂处边界线、视图与剖视图的分界线
粗点划线	—·—·—·—	d	限定范围表示线
粗虚线	- - - - - - -	d	允许表面处理的表示线

（2）比例

比例是图样中的要素与其实物相应要素的线性尺寸之比，分为三种（如图9.40所示）：

① 放大比例。例如比例为 2∶1 时，图上的 2 mm 代表实物的 1 mm。

② 缩小比例。例如比例为 1∶2 时，图上的 1 mm 代表实物的 2 mm。

③ 与实物相同。例如比例为 1∶1 时，图上的 1 mm 代表实物的 1 mm。

但应注意的是，不论采用何种比例，图形中所标注的尺寸数字必须是物体的实际大小，与图形的比例无关。

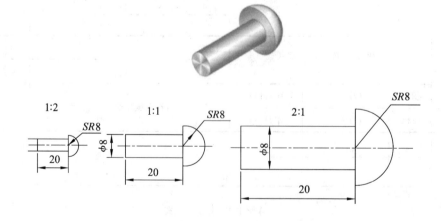

图 9.40　不同比例的尺寸标注

（3）尺寸标注

尺寸是表示物体的形状大小且有特定单位的数值。在分析图样的尺寸时,应从图样的长、宽、高三个方向标注的尺寸数字进行分析。一般地,未注明单位的尺寸都是 mm,读竖直方向的尺寸时应字头朝左倒。

① 常见的符号及其含义见表 9.6。

表 9.6　常见的符号及其含义

符号	含义	符号	含义
M	普通三角形螺纹	φ	直径
C	45°倒角	▷	锥度
R	半径	∠	斜度
SR	球半径	A××	中心孔类别代号

② 倒角的标注规定及其他特殊标注见表 9.7。

表 9.7　倒角的标注及其他特殊标注

结构名称	尺寸标注方法	说明
倒角		一般 45°倒角按"C 宽度"注出;倒角不是 45°时应分开标注角度和宽度
退刀槽		一般按"槽宽×槽深"或"槽宽×直径"标注

③ 螺纹的标注见前述螺纹部分的工艺介绍,常见螺纹参数见表 9.8。

表 9.8　普通螺纹的公称直径和螺距

公称直径 D,d			螺距 P					
第一系列	第二系列	第三系列	粗牙	细牙				
10			1.5	1.25	1	0.75	(0.5)	
		11		(1.5)		1	0.75	(0.5)
12			1.75	1.5	1.25	1	(0.75)	(0.5)

续表

公称直径 D,d			螺距 P					
第一系列	第二系列	第三系列	粗牙	细牙				
	14		2	1.5	1.25	1	(0.75)	(0.5)
		15		1.5		(1)		
16			2	1.5		1	(0.75)	(0.5)
		17		1.5		(1)		
	18		2.5	2	1.5	1	(0.75)	(0.5)
20			2.5	2	1.5	1	(0.75)	(0.5)
	22		2.5	2	1.5	1	(0.75)	(0.5)
24			3	2	1.5	1	(0.75)	
	27		3	2	1.5	1	(0.75)	
30			3.5	(3)	2	1.5	1	(0.75)

注:括号内的螺距尽可能不用。

④ 斜度与锥度的区别如图 9.41 所示。

斜度是指一直线对另一直线(或平面)的倾斜程度,即斜度 $\tan\alpha = H : L$。

锥度是指圆锥的底面直径与锥体高度之比,如果是圆台,则为上、下两底圆的直径差与锥台高度之比值。

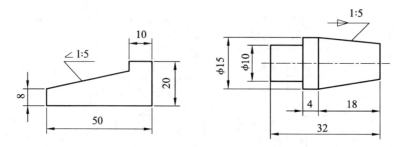

图 9.41　斜度和锥度的区别

(4)字体

图样上除了表达物体形状的图形外,还要用数字和文字说明物体的大小、技术要求和其他内容。

(5)技术要求

在零件上必须注明零件在制造过程中必须达到的质量要求,即技术要求,如表面粗糙度、尺寸公差、形位公差、材料热处理及表面处理等。技术要求一般应尽量用技术标准规定的代号(符号)标注在零件图中,没有规定的可用简明的文字逐项写在标题栏附近的适当位置。

① 尺寸公差

零件在制造过程中,由于加工或测量等因素的影响,完工后的实际尺寸总存在一定的误差。为保证零件的互换性,必须将零件的实际尺寸控制在允许变动的范围内,这个允许的尺寸变动量称为尺寸公差。

> **例** 设计给定的尺寸 $30^{+0.01}_{-0.01}$ mm,基本尺寸为 30 mm。
>
> 极限尺寸:即允许尺寸变动的两个极限值。
>
> 最大极限尺寸=30+0.01=30.01 mm,
>
> 最小极限尺寸=30-0.01=29.99 mm。
>
> 极限偏差:极限尺寸减基本尺寸所得的代数值,即最大极限尺寸和最小极限尺寸减基本尺寸所得的代数差,分别为上偏差和下偏差,统称极限偏差。
>
> 上偏差=30.01-30=+0.01 mm,
>
> 下偏差=29.99-30=-0.01 mm。
>
> 尺寸公差:允许尺寸的变动量,即最大极限尺寸减最小极限尺寸,也等于上偏差减下偏差所得的代数差。尺寸公差是一个没有符号的绝对值。
>
> 公差:30.01-29.99=0.02 mm 或 0.01-(-0.01)=0.02 mm。
>
> 标准公差:国标 GB1800.1-2009 将确定尺寸精度的标准公差等级分为 20 级,分别用 IT01,IT0,IT1,IT2…IT18 表示。从 IT01 到 IT18 相应的公差数值依次加大,精度依次降低。
>
> 切削加工所获得的尺寸精度一般与使用的设备、刀具和切削条件等密切相关。尺寸精度愈高,零件的工艺过程愈复杂,加工成本也愈高。因此在设计零件时,应在保证零件的使用性能的前提下,尽量选用较低的尺寸精度。
>
> 基本尺寸至 500 mm 的孔轴公差都可以通过查表确定。

② 形位公差

机械加工后零件的实际要素和理想要素总有误差,包括形状公差和位置公差,统称形位公差。形位公差常用特征项目符号见表 9.10。

表 9.10 形位公差常用特征项目符号

公 差		特征项目	符 号	有或无基准要求
形状	形状	直线度	——	无
		平面度	▱	无
		圆度	○	无
		圆柱度	⌭	无
形状或位置	轮廓	线轮廓度	⌒	有或无
		面轮廓度	◠	有或无

续表

公　差		特征项目	符　号	有或无基准要求
位置	定向	平行度	∥	有
		垂直度	⊥	有
		斜度	∠	有
	定位	位置度	⊕	有或无
		同轴(同心)度	◎	有
		对称度	=	有
	跳动	圆跳动	↗	有
		全跳动	↗↗	有

③ 表面粗糙度

表面粗糙度是指加工表面具有的较小间距峰谷不平度,属于微观几何形状误差。表面粗糙度符号的意义和画法见表 9.11。

表 9.11　表面粗糙度符号的意义和画法

符号	意义及说明	符号画法
∨	基本符号,表示表面可用任何方法获得	
∇	表示表面是用去除材料的方法获得,例如:车、铣、刨、磨、钻等。可称其为加工符号	
◡/	表示表面是用不去除材料的方法获得,例如:铸、锻、轧等。可称其为毛坯符号	h= 字体高度

表面粗糙度及相应的加工方法见表 9.12。

表 9.12　表面粗糙度及加工方法

表面特征		代　号			加工方法	应　用
加工面	粗　面	$\frac{50}{}$	$\frac{25}{}$	$\frac{12.5}{}$	粗车、粗铣、粗刨、钻孔等	非加工面,不重要的接触面
	半光面	$\frac{6.3}{}$	$\frac{3.2}{}$	$\frac{1.6}{}$	精车、精铣、精刨、粗磨等	重要接触面,一般要求的配合面
	光　面	$\frac{0.8}{}$	$\frac{0.4}{}$	$\frac{0.2}{}$	精车、精磨、研磨、抛光等	重要的配合表面
	极光面		$\frac{0.1}{}$		研磨、抛光等特殊加工	特别重要的配合面,特殊装饰面
毛坯面			◡/		铸、锻、轧等,经表面清整	自由表面

知识拓展

——机件的表达方法

为了完整、清晰、简便、规范地将机件的内外形状结构表达出来,机械制图国家标准中规定了各种画法,如视图、剖视、断面、局部放大图、简化画法等。

1. 视图

视图主要用来表达机件的外部结构和形状,一般只画出机件的可见部分,必要时才用虚线表达其不可见部分。视图的种类通常有基本视图、向视图、局部视图和斜视图4种。

(1) 基本视图

在原有3个投影面的基础上,再增设3个投影面,构成一个正六面体,这6个面称为基本投影面。将机件放在正六面体内,分别向各基本投影面投射,所得的视图称为基本视图。除了常用的主视图、俯视图、左视图3个视图外,还有从右向左投射所得的右视图,从下向上投射所得的仰视图,从后向前投射所得的后视图。6个基本投影面的展开方法如图9.42所示。6个基本视图的配置关系如图9.43所示。在同一张图纸内照此配置视图时,可不标注视图名称。

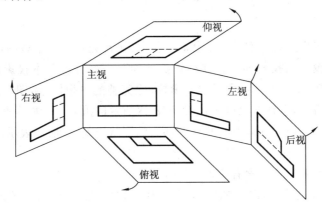

图 9.42 6 个基本投影面展开

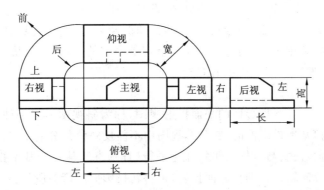

图 9.43 6 个视图的配置关系

6个基本视图之间符合"长对正、高平齐、宽相等"的投影规律。除后视图外,各视图的里侧(靠近主视图的一侧)均表示机件的后面;各视图的外侧(远离主视图的一侧)均表示机件的前面。

（2）向视图

向视图是可以自由配置的视图。为了便于读图,向视图必须进行标注,即在向视图的上方标注"×"("×"为大写字母),相应视图的附近用箭头指明投射方向,并标注相同的字母,如图9.44所示。

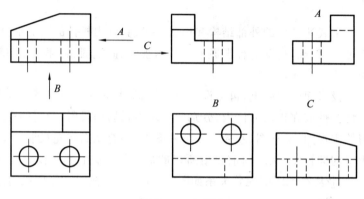

图9.44   向视图

（3）局部视图

如只需表示机件上某一部分的形状时,可不必画出完整的基本视图,而只把该部分的局部结构向基本投影面投射即可。这种将机件的某一部分向基本投影面投射所得的视图,称为局部视图。如图9.45a所示的压紧杆,除完整的主视图外,图9.45b中的俯视图只画出其中的一部分,右视图只画出图形 B 表达凸台的形状,采用了两个局部视图代替俯、右两个基本视图,即将圆筒及其凸台等部分的形状完整、简明地表示出来,既避免了重复,看图、画图也都很方便。

局部视图的配置形式通常有两种:

① 按基本视图的形式配置,如图9.45b 中的视图,即当局部视图按投影关系配置,中间又没有其他图形隔开时,可省略标注。

② 按向视图的形式配置,如图9.45b 中的 B 视图。

局部视图的表达形式通常有两种:局部视图的断裂边界以波浪线(或双折线)表示,如图9.45b所示中的俯视图;当表示的局部结构是完整的,且外形轮廓成封闭状态时,波浪线可省略不画,如图9.45b所示的 C 视图。

（4）斜视图

机件向不平行于基本投影面的平面投射视图,称为斜视图。当机件上某部分的倾斜结构不平行于任何基本投影面时,在基本视图中不能反映该部分的实形。这时,可选择一个新的辅助投影面,使它与机件上倾斜部分平行(且垂直于某一个基本投影面)。然后将机件上的倾斜部分向新的辅助投影面投射,再将新投影面按箭头所指方向,旋转到与其垂直的基本投影面重合的位置,即可得到反映该部分实形的视图,其断裂边界可用波浪线

（或双折线）表示，如图 9.45b 的 A 向视图所示。

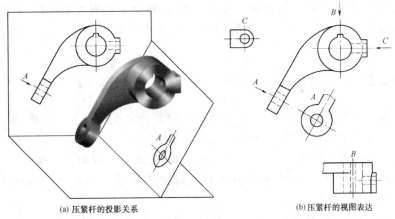

(a) 压紧杆的投影关系   (b) 压紧杆的视图表达

图 9.45 局部视图和斜视图

斜视图通常按向视图配置并标注，如图 9.45b 所示的 A 视图。必要时，允许将斜视图旋转配置，但需画出旋转符号。表示该视图名称的大写字母，应靠近旋转符号的箭头端，也允许将旋转角度标注在字母之后。斜视图可顺时针旋转或逆时针旋转，但旋转符号的方向要与实际旋转方向一致，以便于看图者识别。

2. 剖视图

假想用剖切面剖开机件，将处在观察者和剖切面之间的部分移去，而将其余部分向投影面投射所得的图形，称为剖视图，如图 9.46 所示。

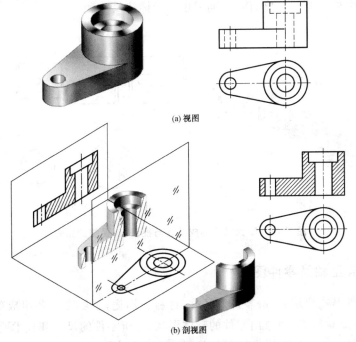

(a) 视图

(b) 剖视图

图 9.46 视图与剖视图的比较

将主视图与剖视图相比较可以看出,由于主视图采用了剖视的画法,将机件上不可见的部分变成了可见的,图中原有的虚线变成了实线,再加上剖面线的作用,所以使机件内部结构形状的表达既清晰,又有层次感,同时画图、看图和标注尺寸也都更为简便。

 加油站 画剖视图时,应注意以下几点:

① 因为剖切面是假想的,并不是真把机件切开并拿走一部分。因此,当一个视图取剖视后,其余视图仍按完整机件画出。

② 剖切面与机件的接触部分,应画上剖面线(金属材料的剖面线通常用与水平成45°的细实线绘制)。应注意:同一机件在各个剖视图中,其剖面线的画法均应一致,即间距相等、方向相同。

③ 为使图形清晰,剖视图中看不见的结构形状,在其他视图中已表示清楚时,其虚线可省略不画,但对尚未表达清楚的内部结构形状,其虚线不可省略。

④ 在剖切面后面的可见轮廓线,应全部画出,不得遗漏。

3. 断面图

假想用剖切面将物体的某处切断,仅画出该剖切面与物体接触部分的图形,称为断面图。断面图实际上就是使剖切平面垂直于结构要素的中心线(轴线或主要轮廓线)进行剖切,然后将断面图形旋转 $90°$ 使其与纸面重合而得到的,如图 9.47 所示。该图中,主视图上表明了键槽的形状和位置,键槽的深度虽然可用视图或剖视图来表达,但通过比较不难发现,用断面表达,图形更清晰、简洁,同时也便于标注尺寸。

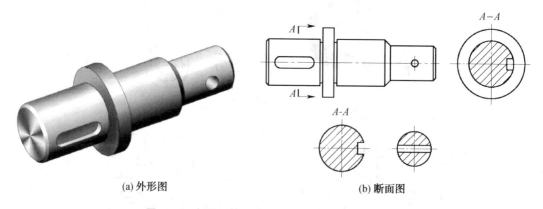

(a) 外形图   (b) 断面图

图 9.47   断面图的形成及其与视图、剖视图的比较

4. 识读典型轴类零件图

看零件图的基本要求:了解零件的名称、材料和用途;了解零件各组成部分的几何形状、相对位置和结构特点,想象出零件的整体形状;分析零件的尺寸和技术要求。

现在结合图 9.37 的实例,介绍零件的识读方法和步骤。

（1）一看标题栏，了解零件概况

从标题栏可知，该零件叫输出轴。输出轴是用来传递动力和运动的，其材料为 45 号钢，比例 1∶1，数量 1，属于轴类零件。

（2）二看视图，想象零件形状

该零件采用一个主视图表达。主视图按加工位置水平放置，表明该轴是由 5 段直径不同的并在同一轴线的回转体组成的。其轴向尺寸远大于径向尺寸。轴上有倒角、圆角、退刀槽等工艺结构。

（3）三看尺寸标注，分析尺寸基准。

① 定形尺寸。该零件的定形尺寸从左至右分别为：

2－A3.15 表示左、右端面中心孔的类型为 A 型，尺寸为 3.15 mm。

C2 表示角度为 45°，长度为 2 mm 的倒角。

M28×2 表示公称直径是 28 mm，螺距为 2 mm 的普通细牙螺纹。

5×2 表示宽度是 5 mm，深度是 2 mm 的螺纹退刀槽。

ϕ35 表示直径是 35 mm 的圆柱。

R3 表示半径为 3 mm 的圆角。

ϕ42 表示直径是 42 mm 的圆柱。

SR16 表示半径为 16 mm 的球面。

ϕ25 表示直径是 25 mm 的圆柱。

▷ 1∶6 表示锥度为 1∶6 的圆锥面，长度是 12 mm。

C1.5 表示角度为 45°，长度为 1.5 mm 的倒角。

② 定位尺寸及尺寸基准：

根据设计要求，轴线为径向尺寸的主要基准。M28×2 轴肩左端面为该轴长度方向尺寸的第一辅助基准。根据加工工艺要求确定右端面为主要基准。

（4）四看技术要求，掌握关键质量

① 尺寸公差：

注有极限偏差的尺寸是 ϕ35 mm，ϕ42 mm，ϕ25 mm 和 ϕ120 mm，有公差带代号的尺寸是 M28×2-5g/6g，它们都是保证配合质量的尺寸，均有一定的公差要求。

② 形位公差：

注有形位公差要求的尺寸是 M28×2－5g/6g，◎ ϕ0.03 A 表示同轴度为 ϕ0.03 mm，A 为基准面（图中为 ϕ25 mm 的圆柱面）。

③ 表面粗糙度：

零件图中表面粗糙度要求有两种，Ra1.6 μm 和 Ra3.2 μm，其中表面粗糙度为 Ra1.6 μm 有 ϕ42 mm，ϕ35 mm，ϕ25 mm 三处，其余加工表面的粗糙度均为 Ra3.2 μm。表面粗糙度的数值越大，工件表面要求越低。

④ 其他：

从图样"技术要求"栏读出以下信息：未注公差按 GB/T1804－m 加工；零件加工必须以切削工艺保证表面粗糙度要求，而不允许用砂布、油石等修整。

知识拓展

——制定机械加工工艺

1. 工艺的基本概念

（1）工艺

工艺是指使各种原材料、半成品成为产品的方法和过程,通俗地讲就是"工作的艺术"。

（2）机械加工工艺过程

改变零件的形状、尺寸、相对位置和性质,使其成为成品或半成品的过程称为工艺过程。工艺过程包括机械加工工艺过程、热处理工艺过程和装配工艺过程等。机械加工工艺过程由若干个顺序排列的工序组成,而工序又由工位、工步等组成。

① 工序

工序指在一台机床上或在同一个工作地点对一个或一组工件连续完成的那部分工艺过程。划分工序的依据是工作地点是否变化和工作是否连续。

对于图 9.48 所示的阶梯轴零件,单件小批生产和大批量生产时,按照常规加工方法划分工序分别如表 9.13 和表 9.14 所示。

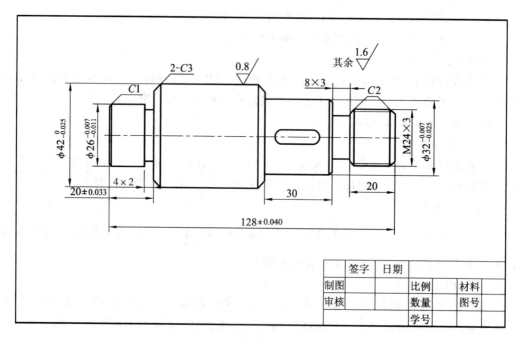

图 9.48　阶梯轴零件

表 9.13　单件小批量生产工艺过程

工序号	工序内容	设　备
1	车端面,钻端面中心孔	车床
2	车外圆,车槽和倒角	车床
3	铣键槽,去毛刺	铣床,钳工台
4	磨外圆	磨床

表 9.14　大批量生产工艺过程

工序号	工序内容	设　备
1	两端面同时铣平,钻中心孔	专用机床
2	车一端外圆,车槽和倒角	车床
3	车另一端外圆,车槽和倒角	车床
4	铣键槽	铣床
5	去毛刺	钳工台或专用去毛刺机
6	磨外圆	磨床

② 工步

工步指在一个工序中,当工件的加工表面、切削刀具和切削用量中的转速与进给量均保持不变时所完成的那部分工序。工步是构成工序的基本单元。表 9.13 中的工序 1 有 4 个工步,表 9.14 中的工序 4 只有一个工步。

③ 工位

相对刀具或设备的固定部分,工件所占有的每一个加工位置称为工位。如图 9.49 所示,用移动工作台或夹具,在一次安装中可完成铣端面、钻中心孔两个工位的加工。采用多工位加工方法,可减少安装次数,提高加工精度和效率。

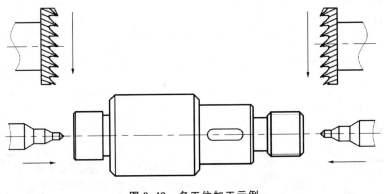

图 9.49　多工位加工示例

(3) 工艺规程

工艺规程是具体指导工人进行加工制造的操作文件。它是最重要的一种工艺文件,包括工艺规程、工艺装备图、工时定额与原材料消耗定额等。工艺规程是安排生产作业计划、生产调度、质量控制、原材料与工具供应、生产组织和劳动力组织的基础资料,是十分重要的生产指导文件。工艺规程的主要内容是:产品及其各部分的制造方法和顺序、设备的选择、加工规范的选择、工艺装备的确定、劳动量及工作物等级的确定、设备调整方法、产品装配与零件加工的技术条件等。工艺规程有 4 种表达方式:工艺过程卡片(工艺路线卡)、工艺卡片、工序卡片和工艺守则。此外,还有调整卡片和检查卡片等辅助文件。

① 机械加工工艺过程卡片

工艺过程卡片是以工序为单位简要说明产品或零件、部件的加工过程的一种工艺文件。在单件小批生产中通常不编制比它更详细的工艺文件,而是以这种卡片指导生产,其格式见图 9.50。

(单位名称)	加工工艺过程卡片	产品名称		图号			
		零件名称		数量		第　页	
材料牌号		毛坯种类		毛坯尺寸		共　页	
工序号	工序内容		车间	设备	工艺装备		计划工时	实际工时
					夹具	量、刃具		
				设计(日期)	校正	审核	批准	
标记	更改号	更改者	日　期				

图 9.50　机械加工工艺过程卡片

② 机械加工工艺卡片

工艺卡片是按产品或零件、部件的某一工艺阶段编制的一种工艺文件。它以工序为单元,详细说明产品(或零件、部件)在某一工艺阶段中的工序号、工序名称、工序内容、工艺参数、操作要求以及采用的设备和工艺装备等,其格式见图9.51。

机械加工工艺卡片					产品型号			零(部)件图号				共 页	
机械加工工艺卡片					产品名称			零(部)件名称				第 页	
材料牌号			毛坯种类		毛坯外形尺寸		每毛坯制件数			每台件数			
工序	装夹	工步	工序内容	同时加工零件数	切削用量				设备名称及编号	工艺装备名称及编号		工时定额	
					切削深度	切削速度	每分钟转数或往复次数	进给量双行程		夹具	刀具	单件	
								编制(日期)	审核(日期)	会签(日期)			
标记	处数	更改文件号	签字	日期	标记	处数	更改文件号	签字	日期				

图9.51　机械加工工艺卡片

③ 机械加工工序卡片

工序卡是为工艺卡片中的每道工序而制定的。一般配有工序简图,并详细说明该工序的每个工步的加工内容、工艺参数、操作要求以及采用的设备和工艺装备,其格式见图9.52。

机械加工工序卡片		产品型号		零(部)件图号		共　页
		产品名称		零(部)件名称		第　页

材料牌号	毛坯种类	毛坯外形尺寸	每毛坯制件数	每台件数	备注

车间	工序号	工序名称	材料牌号
毛坯种类	毛坯外形尺寸	每毛坯件数	每台件数
设备名称	设备型号	设备编号	同时加工件数
夹具编号		夹具名称	冷却液

			工序工时	
			准终	单件

工步号	工步内容	工艺装备	主轴转速/(r/min)	切削速度/(m/min)	进给量/(mm/r)	切削深度/mm	进给次数	工时定额	
								机动	辅助

				编制(日期)	审核(日期)	会签(日期)

标记	处数	更改文件号	签字	日期	标记	处数	更改文件号	签字	日期

图 9.52　机械加工工序卡片

2. 制订工艺规程

（1）制订工艺规程的步骤

① 研究产品的装配图和零件图；

② 进行工艺审查；

③ 熟悉和确定毛坯；

④ 拟定加工工艺路线；

⑤ 确定满足各工序要求的工艺装备（包括机床、夹具、刀具和量具等）；

⑥ 确定各主要工序的技术要求和检验方法；

⑦ 确定各工序的加工余量、计算工序尺寸和公差；

⑧ 确定切削用量及时间定额；

⑨ 填写工艺文件。

（2）加工工艺的主要内容

加工工艺主要包括以下内容：

① 工艺准备

　　a. 识图：分析图纸，明确加工内容和技术要求。

　　b. 工艺制定：

　　　　选择设备、毛坯件、刀具、量具；

　　　　工件装夹与找正，即选择零件定位基准、夹具方案以及找正方式；

　　　　工艺计算、选择切削用量。

　　c. 准备刀具，包括刃磨刀具、确定刀具的几何参数、确定刀具装夹要求。

② 工件加工

　　a. 划分工序，确定加工顺序；

　　b. 选择合适的车削方法；

　　c. 尺寸的控制。

③ 精度检测

　　a. 测量，按照图样要求，逐项检测加工质量；

　　b. 废品原因及预防措施分析；

　　c. 填写相关工艺文件。

3. 生产纲领与生产类型

（1）生产纲领

生产纲领一般就是产品的年生产量，可以按下列公式计算：

$$N = Qn(1+a)(1+b),$$

式中，N——零件的年产量，件/年；

　　Q——产品的年产量，台/年；

　　n——每台产品中该零件的数量，件/台；

　　a——该零件的备品率%；

　　b——该零件的废品率%。

（2）生产类型

在制定机械加工工艺规程时，一般按照零件的生产纲领，把零件划分为三种生产类型。

① 单件生产

单个地生产某一零件，很少重复，甚至完全不重复生产。如新产品的试制或机修配件均属单件生产。

② 成批生产

成批地制造相同的零件，每相隔一段时间又重复生产，每批所制造的相同零件的数量称为批量。根据批量的多少又可分为小批生产、中批生产和大批生产。如机床制造、电机制造等。

③ 大量生产

当同一产品的制造数量很大，在大多数工作地点经常重复地进行一种零件某一工序的生产，为大量生产。如轴承制造、汽车制造等。

生产类型不同时，生产的组织管理、车间布置、毛坯选择、设备选择、工装夹具选择、以及加工方法和对工人技术水平要求均有所不同，所以设计工艺规程时，必须与生产类型相适应，以取得最大的经济效益。

参 考 文 献

[1] 韦富基.零件普通车削加工[M].北京:电子工业出版社,2010.
[2] 陈海魁.车工技能训练[M].第 4 版.北京:中国劳动社会保障出版社,2005.
[3] 刘小年,刘振魁.机械制图[M].北京:高等教育出版社,2000.
[4] 张孝平.高级车工实训指导[M].北京:中国劳动社会保障出版社,2008.